数据同化创新与实践

NLS-4DVar 理论与应用

田向军　著

科学出版社

北京

内 容 简 介

本书系统介绍NLS-4DVar混合数据同化方法，该方法实现了数据同化领域两大主流方法（即四维变分同化与集合卡尔曼滤波方法）的优劣互补。全书内容主要包括数据同化的基本概念与历史上多种数据同化方法的发展历程、概念理论与算法实现；NLS-4DVar方法的理论推导及其各项配套关键技术以及NLS-4DVar方法在目标观测、大气同化与反演领域的应用。

本书可作为相关专业高年级本科生、硕士研究生和博士研究生的教材和参考资料，也可供从事数据同化与反演系统发展科学研究和教学的科研人员和教师阅读。

审图号：GS京(2024)1030号

图书在版编目(CIP)数据

数据同化创新与实践：NLS-4DVar理论与应用/田向军著. —北京：科学出版社，2024.6. —ISBN 978-7-03-078779-8

I. P456.7

中国国家版本馆CIP数据核字第202472NQ91号

责任编辑：董 墨 赵 晶 / 责任校对：郝甜甜
责任印制：徐晓晨 / 封面设计：无极书装

科学出版社出版
北京东黄城根北街16号
邮政编码：100717
http://www.sciencep.com
北京建宏印刷有限公司印刷
科学出版社发行 各地新华书店经销
*
2024年6月第 一 版 开本：720×1000 1/16
2025年1月第二次印刷 印张：12 3/4
字数：248 000
定价：148.00元
（如有印装质量问题，我社负责调换）

序　一

数据同化，最初来源于数值天气预报，是一种为数值天气预报提供最优初始场的数据处理理论、方法与技术。其主要任务是将不同来源、不同误差信息、不同时空尺度的观测资料融入数值模式模拟，依据严格的数学最优化理论，在模式解与实际观测之间找到一个最优解，为动力模式提供初始分析场，以此不断循环下去，使得模式模拟与预报结果不断向观测靠拢、提高数值预报的精度，这对于数值天气预报的意义非凡。正是因为数据同化的重要性，它很快应用于大气、海洋、环境、生态等诸多地学新领域，而在目前大数据时代背景下，它的重要性愈发凸显出来。

向军研究员自博士毕业后进入这一领域，首先涉足的是陆面数据同化，构建了对陆表参数与状态变量进行联合优化的全球陆面数据同化系统、实现了对常规观测与微波亮温的同时同化，显示出优异的同化效果。后面他长期深耕、发挥本硕数学专业的优势、专注于先进数据同化方法与理论的研发工作，持续发展一种先进的非线性最小二乘集合四维变分同化方法 NLS-4DVar，该方法将非线性最小二乘最优化理论体系与集合四维变分同化方法相融合，实现了数据同化领域两大主流方法的优劣互补，精度高、易实现、计算高效；同时他研制了其他相关先进的配套技术，比如样本的更新技术、正则化技术以及高效局地化技术等，并实现与 NLS-4DVar 方法深度融合，不断推升该方法的性能。多年来，NLS-4DVar 系列方法一直处于国际数据同化方法与理论研究领域的领跑态势。

令人欣喜的是，由于其先进性与易实现，NLS-4DVar 已被广泛应用于作物、陆面、气象、大气化学、核辐射、生态水文同化及目标观测等诸多领域，服务于这些领域的科研与应用。特别地，向军还成功构建了多个先进数据同化系统。比如，在气象领域，基于 NLS-4DVar 方法、高精度快速局地化方案、多尺度同化策略、业务化的多源观测算子与质控模块，构建了多源、多尺度同化系统框架，可自由适配全球或区域数值预报模式，形成可业务化的全球/区域数值天气预报数据同化系统 SNAP；在大气污染领域，基于 WRF-CMAQ 模式平台与双通优化框架，利用 NLS-4DVar 构建了 $PM_{2.5}$ 预报数据同化系统 NASM；而在碳循环领域，基于 NLS-4DVar 方法所构建的“贡嘎”系统则成为首获“全球碳计划”认证的中国自主大气反演系统，使我国在全球碳收支评估中的角色从观测数据贡献者转变为大气反演领域引领者。向军研制的这些同化系统涉及众多领域，均领跑于国际同行，实属罕见、着实不易。

作为向军的师长与朋友，我很高兴地看到他将多年潜心研究的成果在本书中进行了系统地归纳与总结。虽然具有相当深厚的数学功底，但他并不拘泥于理论的严谨性，力求摒弃晦涩的数学推导，希望给非数学专业的读者一种特别容易亲近的阅读感受。该书的内容丰富、设计巧妙，前面主要通过由浅入深、层层递进的方式介绍这套方法理论，并特意附上了算法实现的伪代码，这样就非常便于读者的理解与实际应用。后面对于目标观测、SNAP 系统以及“贡嘎”系统的介绍，又为读者提供同化系统构建与应用的相应范例。我认真阅读了全书，相信该书的出版一定会对气象、水文、生态以及碳循环等领域的相关研究起到特别积极的促进作用。

最后，我甚是感慨。在科研体制破“四唯”的时代背景下，像向军这种潜心问道、成就斐然的学者尤为珍贵。我由衷地向大家推荐他这本呕心之作。

戴永久

中国科学院院士

2024 年 5 月 6 日

序　二

数据同化，是指利用最优化的理论与方法将各种有效观测信息与数值模拟结果充分融合以获取物理变量最优分析场的科学，也是大气、海洋、生态乃至整个地球科学研究的热点领域。随着观测数据的海量增加、数值模式的快速发展，其重要性日益凸显。对数据同化方法的同化精度、计算效率及易实现性都提出更加严苛的要求。

田向军研究员多年来深耕此领域，聚焦先进数据同化理论发展与系统构建，在国家高技术研究发展计划（863 计划）、国家重点基础研究发展计划（973 计划）、第二次青藏高原综合科学考察研究与国家自然科学基金等项目支持下取得一系列重要学术成果，可概括为“研发了自主方法，打造了自主系统”。

在方法发展上，他多年来持续研发一种新方法——非线性最小二乘集合四维变分同化方法（NLS-4DVar），该方法将非线性最小二乘最优化理论体系与集合四维变分同化方法相融合，实现了数据同化领域两大主流方法（集合卡尔曼滤波与四维变分同化方法）的优劣互补，具有精度高、易实现、计算高效的突出优势，首次实现了初始与模式误差的整体校正。目前，NLS-4DVar 方法已实现体系化发展，集合样本的生成与更新、高效局地化、自适应因子膨胀、无伴随正则化、多重网格、非线性迭代等系列技术迅速发展并与 NLS-4DVar 充分融合，使得 NLS-4DVar 方法的代码实现更简单、计算更高效、精度也更高，已跻身世界先进数据同化方法行列。

在方法应用上，NLS-4DVar 方法已被广泛应用于作物同化、陆面同化、气象同化、大气化学同化、核辐射同化以及目标观测等领域，服务于这些领域的科研与应用。比如在我所熟悉的碳循环领域，基于 NLS-4DVar 方法所构建的“贡嘎”系统成为首获“全球碳计划”认证的中国自主大气反演系统，使我国在全球碳收支评估中的角色从观测数据贡献者转变为大气反演领域引领者。实际上，除我国自主“贡嘎”系统之外，其他所有参与系统均采用通常的集合卡尔曼滤波或四维变分同化方法，两种方法各有优劣；而“贡嘎”所则采用了将两者优劣互补的 NLS-4DVar 方法，得益于此，“贡嘎”系统在“全球碳计划”2022 年独立评估中，关键定量性指标全球第一。

本书聚焦 NLS-4DVar 方法的发展与应用，不拘泥于严格的数学推导，在深入浅出地引入数据同化的概念之后，以多角度、逐步深入的方式详尽介绍 NLS-4DVar

的理论与算法，并提供了算法实现的伪代码，方便读者的理解以及实践应用。本书的最后三章还特别遴选了基于 NLS-4DVar 的目标观测、气象同化与大气反演等实际应用案例进行深入讨论，充分展现了其在实际应用中的有效性。希望并相信该书的出版对于数据同化与反演等相关领域的发展会起到巨大的促进作用。

朴世龙

中国科学院院士、北京大学副校长

2024 年 5 月 18 日

前　言

数据同化，又称为资料同化，是指利用最优化的理论与方法将各种有效观测信息与数值预报模拟结果充分融合以获取物理变量最优分析场的科学，其在大气、海洋乃至地学其他领域都应用甚广，在大数据时代背景下的应用前景更是令人期待。作者十多年来致力于一种先进数据同化方法 NLS-4DVar 的发展与应用，该方法实现了数据同化领域两大主流方法（四维变分同化与集合卡尔曼滤波）的优劣互补，具有精度高、易实现、计算高效的突出优势，已广泛应用于天气、陆面、生态、污染、碳循环以及核辐射数据同化等诸多领域，服务于各领域的科研与应用。

本书聚焦 NLS-4DVar 发展与应用的梳理与总结，共分为 9 章，前 6 章侧重于 NLS-4DVar 方法的理论发展与算法实现：在深入浅出地引入数据同化的概念之后（第 1 章），重点介绍集合卡尔曼滤波 (EnKF) 与四维变分同化 (4DVar) 方法的概念理论与算法实现、分析对比它们各自的优势与不足，进而推出实现两者优劣互补的 NLS-4DVar 方法（第 2 章）。进一步地，从样本生成与更新（第 3 章）、高效局地化（第 4 章）、多重网格 NLS-4DVar（第 5 章）以及整体校正初始与模式误差的 NLS-i4DVar（第 6 章）等多角度、递进式对 NLS-4DVar 方法予以介绍，还配以算法实现的伪代码；第 7~9 章则重点介绍 NLS-4DVar 方法的应用，其中第 7 章主要介绍 NLS-4DVar 方法在目标观测上的应用，而第 8~9 章则重点介绍基于 NLS-4DVar 所构建的多源、多尺度数值天气预报数据同化系统 SNAP（第 8 章）以及首获“全球碳计划”认证的中国自主全球大气碳反演系统“贡嘎”（第 9 章）。全书不囿于严格的数学理论推导，力求论述由浅入深，通俗易懂，希望能给读者以亲近的阅读感受，而非压迫感。

本书得到第二次青藏高原综合科学考察研究“青藏高原气候变化与生态系统碳循环”(2022QZKK0101)、国家自然科学基金委员会“青藏高原地球系统基础科学中心项目”(41988101)、国家自然科学基金资助项目 (41975140)、中国科学院青藏高原研究所引进人才匹配科研项目和西藏自治区科技计划项目“青藏高原科学大数据平台关键技术研究”（XZ202301ZY0035G）的共同资助。

希望本书的出版能够为数据同化领域的研究者和从业者提供有益指导，同时也能激发更多人对该领域的兴趣和探索热情。

由于作者研究水平有限，书中难免存在疏漏和不足之处，敬请各位同行专家和读者们及时给予批评指正。

作　者

2024 年 1 月

目　　录

第 1 章 什么是数据同化?

1.1 利用一个简单例子认识数据同化

让我们从一个简单的例子认识数据同化。酷暑，当人们从炎热的室外进入冷气十足的室内，或许会说“呀，真冷，这空调估计开到 18°C 了?”，那这个 18°C 是什么呢？自然是人类这一“生物智能”(对应目前火热的“人工智能”) 对当前室内平均气温的一种猜测，在本书“数据同化”这一主题中，一般称其为“背景场”、“预报场”或者“初猜场”等。为后续方便，用数学符号 x_f 表示对室内气温的预报场，即 $x_f = 18°\text{C}$。这样的预报或猜测一定存在 (较大的) 误差，假如长期的经验告诉我们这个猜测误差 p^f 在 $-2 \sim 2°\text{C}$ 波动，因其对应着“背景场”，故称其为“背景误差”，于是应该有

$$x_f = x_t + p^f \tag{1.1}$$

式中，x_t 为永远无法真正得到的真实值。

另外，室内恰好放有一支气温计，其温度显示为 19.8°C，这一数值自然是对室内温度的一种测量或者观测，可用数学符号 y_o 来表示，也就是 $y_\text{o} = 19.8°\text{C}$。这样的测量误差虽然小，但肯定存在，如为 $-0.2 \sim 0.2°\text{C}$，同样地，再用数学符号 ε 对这个误差进行表示，并称其为观测误差：

$$y_\text{o} = x_t + \varepsilon \tag{1.2}$$

现在呢，我们有了两个对室内温度的度量：一个是背景场 $x_f = 18°\text{C}$，其背景误差 p^f 为 $-2 \sim 2°\text{C}$；另一个是观测场 $y_\text{o} = 19.8°\text{C}$，其观测误差 ε 为 $-0.2 \sim 0.2°\text{C}$。我们觉得应该兼听则明，寻求将两者融合，从而得到对当前室内温度的估计或预报[①]。

---

① 读者看到这应该会很自然地反驳，气温计的测量结果肯定要比人们猜测的准啊，为什么不直接采用气温计的测量结果呢？这里面的原因有二：第一，气温计不能进行预报，再精准的测量结果仅可告诉人们当时当地的结果，无法实现对未来的预测；而“生物智能”模式，以及其他更复杂、更先进的数值预报模式则能预报未来，预报结果或许会粗糙，但聊胜于无。另外，还可通过后续介绍的方式不断修订预报模式，提高预报精度。第二，真正的“预报模式”应该可以预报这个室内任何位置的大气温度，不同位置的温度也肯定存在差异。例如，靠近空调出风口处的温度总是要低一些，而温度计只能测量它所在位置处的温度值，没办法实现对室内所有位置温度的测量 (肯定无法在室内任何位置都放置温度计)。也就是说，测量信息很有用，但也有限，只有借助于“预报模式”才能实现对任何位置气温的预报与预测。

我们做一些必要的假设：假设背景/模拟误差 p^f 与观测误差 ε 均符合高斯分布[①]，也就是满足：

$$\overline{p^f} = 0, \overline{(p^f)^2} = B^f \tag{1.3}$$

$$\overline{\epsilon} = 0, \overline{\varepsilon^2} = R \tag{1.4}$$

$$\overline{\varepsilon p^f} = 0 \tag{1.5}$$

式中，上划线表示均值或者数学期望且 B^f 与 R 已知 [相关数学知识参阅工具书(邹晓蕾, 2009)等]。我们进一步假设 x_f 为随机变量，它的概率密度函数为 $f(x)$，依据贝叶斯理论 [请参阅邹晓蕾 (2009)2.5 节了解这一伟大的理论]，观测变量 $y_{\rm o}$ 的似然函数 $f(y_{\rm o}|x)$ 满足 [作为一个对数学基础有所要求的领域，我们默认读者熟悉这些数学知识，如果想进一步了解请参阅邹晓蕾 (2009)2.5 节等]：

$$f(x|y_{\rm o}) \propto f(x)f(y_{\rm o}|x) \tag{1.6}$$

式中，符号“$\propto$”表示“与…成正比例”。式 (1.6) 表明，基于观测变量 $y_{\rm o}$ 的后验估计 $f(x|y_{\rm o})$ 与先验估计 $f(x)$ 和观测变量似然估计 $f(y_{\rm o}|x)$ 之积成正比。

基于高斯分布的假设以及式 (1.1) 和式 (1.2)，可以定义如下先验估计 $f(x)$ 与似然估计函数 $f(y_{\rm o}|x)$：

$$f(x) \propto \exp[-\frac{1}{2}(x - x_f)(B^f)^{-1}(x - x_f)] \tag{1.7}$$

及

$$f(y_{\rm o}|x) \propto \exp[-\frac{1}{2}(x - y_{\rm o})R^{-1}(x - y_{\rm o})] \tag{1.8}$$

结合式 (1.6)，后验估计 $f(x|y_{\rm o})$ 可以表示为

$$f(x|y_{\rm o}) \propto \exp[-J(x)] \tag{1.9}$$

其中

$$J(x) = \frac{1}{2}(x - x_f)(B^f)^{-1}(x - x_f) + \frac{1}{2}(x - y_{\rm o})R^{-1}(x - y_{\rm o}) \tag{1.10}$$

进一步地，令 $x' = x - x_f$，将式 (1.10) 改写为

$$J(x') = \frac{1}{2}(x')(B^f)^{-1}(x') + \frac{1}{2}(x' - y'_{\rm o})R^{-1}(x' - y'_{\rm o}) \tag{1.11}$$

这里 $y'_{\rm o} = y_{\rm o} - x_f$。

① 选择高斯分布的原因是高斯分布最简单也最普遍。

自然地，我们希望最终求得 x 的最优结果 (称为分析场)，可使得后验估计 $f(x|y_{\mathrm{o}})$ 达到最大值，亦即式 (1.11) 对应达到最小值。对于目前这个简单的情形，只需求得代价函数式 (1.11) 如下的最小二乘解 x'_{a} 即可。

$$x'_{\mathrm{a}} = B^f(B^f + R)^{-1}y'_{\mathrm{o}} \tag{1.12}$$

$$x_{\mathrm{a}} = x_f + B^f(B^f + R)^{-1}y'_{\mathrm{o}} \tag{1.13}$$

我们把上述变量对应的取值代进去，则有 $x_{\mathrm{a}} = 18+2^2(2^2+0.2^2)^{-1}(19.8-18) \approx 19.78°\mathrm{C}$。下一步再结合式 (1.1) 就可以很有信心地预测房间内的平均气温大约是 19.78°C 了。

以上过程相对简单，却给出了一个比较完整的数据同化过程。这里略加归纳与总结：首先，数据同化需要一个简单或者复杂的数值预报模式 [如式 (1.1) 本质上就是一个基于恒等算子的简单预报模式] 对状态变量 (这里仅有一个室内平均气温 T，实际情形当然要复杂得多) 进行预报；其次，需要对与预报模式状态变量密切相关的变量 (这个很容易理解，有关系才可能有影响) 进行观测，这里更为简单，状态变量与观测变量都是室内平均气温 T，两者是一对一的关系 (当然现实一般都比较骨感，远非如此简单)；最后，需要利用最优化的理论与算法 (上面的例子采用的是简单的最小二乘算法) 实现预报与观测的融合，从而得到分析结果，并结合预报模式进行下一步的预报。

严肃起来，我们向大家认真介绍数据同化。上面的讨论表明数值预报模式的重要性，那么就先从它开始：所谓数值预报模式，可以简单地理解为一套求解描绘天气、气候变化过程的数学物理方程组 [实际复杂的数值预报模式当然还包括其他诸如物理参数化过程等 (托马斯等，2017)] 的软件系统，利用这样的软件系统便可以进行天气预报或气候预测。显然，作为一套求解数学物理方程组的软件系统，其预报精度会在很大程度上依赖于所给定的初/边值条件是否准确。近年来，数值预报模式的结构设计和物理方案不断完善，可以相当准确地描述实际天气过程的发展演变。随着模式的不断发展，对初始条件的确定性要求日趋提高，初始条件的准确程度将直接影响着数值天气预报的成败。借助观测资料是提高初始物理变量场精度的自然选择，而数据同化 (Bouttier and Courtier，2002) 正是将观测资料与模式模拟进行充分融合以获取准确初始变量场的有效手段。另外，随着观测技术的发展，全球天气观测系统不断完善，特别是各国多种气象观测卫星接连升空，人类已经构建了一个星、天、地一体的观测系统，观测资料获取越加丰富，时空分布不断扩大，类型和数目不断增多 (Kalnay，2005; 托马斯等，2017)。数据同化作为一种资料分析方法，能够将数值预报模式与观测资料紧密联系起来，其重要性日益凸显。

总结来说，数据同化，又称为资料同化，是指利用最优化的理论与方法将各种有效观测信息与数值模拟结果充分融合以获取物理变量最优分析场的科学，在大气与海洋科学研究领域内应用甚广 (Evensen,1994; Rabier et al.,2000; Lorenc,2003a, 2003b; Houtekamer et al.,2014)。一个完整的数据同化系统包括数值预报模式、观测算子 (含观测资料质量控制) 模块、观测数据以及数据同化方法。数据同化方法作为融合模式模拟结果与观测资料的联系纽带，一直是提高数值预报精度的核心所在。近年来，数据同化方法得以快速发展，主要有逐步订正法、最优插值 (OI) 法、变分同化方法、滤波方法与集合变分同化方法 (也称混合资料同化方法) 等。随着对数值预报精度要求的不断提高，对数据同化方法的同化精度、计算效率及易实现性都提出更加严苛的要求。

1.2 由简单到复杂一路走来的同化方法

早在 1904 年，挪威物理学家 Bjerknes 提出求解控制流体发展的基本方程式，即可预测天气。1922 年，英国科学家 Richardson 发表了一篇《用数值程序预报天气》的论文，设计出最早的数值天气预报模式，他把观测资料手工插值到网格点上作为数值预报的初始场 (联想到上面气温同化的简单例子，类似于将气温计处温度观测值插值到室内 x、y、z 三维的空间气温场)。这种方式被称为主观分析，耗时 6 周、预报 6h，然而他在预报过程中所采用的原始方程并没进行滤波处理 (如果不清楚滤波处理可暂时忽略)，导致最后的预报失败。随着计算机的发展，人们逐渐发展了客观分析方法，客观分析的结果是可重复的。1950 年，Charney 等采用客观分析方法确定初值，并在普林斯顿用第一代数位电脑产生了第一个数值天气预报，使得先前的预报方式全然改观。1949 年 Panofsky 发展了基于二维多项式的插值方案。Gilchrist 和 Cressman 在 1954 年针对位势高度发展了一种局地多项式插值方案。在实际应用中，由于模式维数远远大于观测资料的维数 [如果上面的室内气温同化考虑空间三维的情形，模式维数则变为 $n_m = n_x \times n_y \times n_z$，其中 n_x、n_y 与 n_z 分别为整个房间在水平 (平面上又分为 x、y 两个方向) 和垂直方向上划分的格点数]，利用空间插值将观测资料插值到规则网格点上是远远不够的。因此，人们引入短期预报的结果作为模式格点的第一猜测场 (或者背景场)(申思,2015; 张洪芹,2019; 张璐,2020; 张珊,2022; 金哲,2022)。

1.2.1 逐步订正法

逐步订正法 (successive correction method,SCM)(Bergthörsson and Döös,1955; Cressman,1959) 是引入第一猜测场的第一种方法。其基本原理是首先确定一个观测资料的影响半径，然后利用在影响半径内的全部观测资料减去第一猜测场 (背景场) 的值得到观测增量，通过进一步处理观测增量得到分析增量，然后将分析增量与背景场相加得到分析场。每一个分析格点上的分析增量是影响半径内所有观测增量的线性组合。该方法的分析公式如下：

$$\boldsymbol{x}_{\mathrm{a},i} = \boldsymbol{x}_{\mathrm{b},i} + \frac{\sum\limits_{k=1}^{n_i} \boldsymbol{K}(i,k)(\boldsymbol{y}_{\mathrm{o},k} - \boldsymbol{x}_{\mathrm{b},i})}{\sum\limits_{k=1}^{n_i} \boldsymbol{K}(i,k)} \tag{1.14}$$

式中，$\boldsymbol{x}_{\mathrm{a},i}$、$\boldsymbol{x}_{\mathrm{b},i}$ 分别为第 i 个分析格点的分析值和背景值; n_i 为第 i 个分析格点的影响半径内观测资料数; $\boldsymbol{y}_{\mathrm{o},k}$ 为影响半径内的第 k 个观测; $\boldsymbol{K}(i,k)$ 为第 k 个观测对第 i 个分析格点的经验权重函数值。在逐步订正法中常用的经验权重函数主要有以下两种。

1) Cressman 函数

$$\boldsymbol{K}(i,k) = \frac{r^2 - d_{i,k}^2}{r^2 + d_{i,k}^2} \tag{1.15}$$

2) Barnes 函数

$$\boldsymbol{K}(i,k) = \mathrm{e}^{\frac{-4d_{i,k}^2}{r^2}} \tag{1.16}$$

式中，$d_{i,k}$ 为两点 i、k 之间的距离; r 为给定的影响半径; 权重函数 $\boldsymbol{K}(i,k)$ 随着距离增加而递减。当 $d_{i,k} > r$(观测资料不在影响半径区域) 时，权重系数的值为 0，即该观测对分析格点不产生影响；当 $d_{i,k} = 0$(观测点与分析格点重合) 时，权重系数的值为 1；当 $d_{i,k} < r$ (观测资料在影响半径区域内) 时，权重系数的值在 $(0,1)$，即分析场是背景场和观测场加权平均的结果。

逐步订正法的特点有：引入第一初猜场 (背景场)；分析增量是观测增量的加权平均；权重函数是经验给定的；采用单点分析方案，只有在单点影响半径内的观测资料才对分析场起作用。

1.2.2　最优插值法

最优插值 (optimal interpolation，OI) 法最早由 Wiener 在 1949 年提出，是首个具有严谨数学意义的数据同化方法。Gandin 在 1963 年撰写了关于最优插值分析的专著《气象场的客观分析》。该资料同化方法应用观测资料和背景场提供的先验信息 (包括误差的统计特征)，通过最小方差估计确定最优权重函数，对背景场进行修订得到统计意义上的最优解。最优插值的一般分析公式为

$$\boldsymbol{x}_{\mathrm{a}} = \boldsymbol{x}_{\mathrm{b}} + \boldsymbol{K}(\boldsymbol{y}_{\mathrm{o}} - \boldsymbol{H}\boldsymbol{x}_{\mathrm{b}}) \tag{1.17}$$

式中，$\boldsymbol{x}_{\mathrm{a}}$、$\boldsymbol{x}_{\mathrm{b}}$ 分别为分析值和背景值。在背景场误差和观测误差符合高斯分布且

不相关的假设下，权重函数 (或增益矩阵) 的表达式为

$$\boldsymbol{K}=\boldsymbol{B}\boldsymbol{H}^{\mathrm{T}}(\boldsymbol{H}\boldsymbol{B}\boldsymbol{H}^{\mathrm{T}}+\boldsymbol{R})^{-1} \tag{1.18}$$

式中，$\boldsymbol{H}$ 为插值 (观测) 矩阵; $\boldsymbol{B}$ 和 $\boldsymbol{R}$ 分别为背景和观测误差协方差矩阵。

最优插值法首次引入了背景误差协方差和观测误差协方差矩阵的概念，通过背景误差协方差的构造，对分析变量实现了附加模式动力学约束的多变量分析，所用到的假定与近似条件包括：背景场误差是无偏、无相关且各向均匀的；观测误差无偏和无相关；观测误差与背景误差无相关。该方法对比以前的其他方法 (多项式插值、逐步订正法) 具有明显的优点，分析精度显著提高。但是，在该方法中，观测变量与分析变量之间必须满足线性关系的限制条件 (即观测算子 $\boldsymbol{H}$ 是线性的、不能同化非模式变量及采用复杂的物理约束关系)，直接影响了该方法对大量新型遥感观测资料的同化能力。

1.2.3 变分同化方法

变分方法源于非线性最优化理论，最早由Sasaki (1958)提出并将其应用于客观分析，变分方法将资料同化问题归纳为一个目标函数的极小化问题，这个目标函数被定义为以背景误差协方差矩阵的逆为权重的背景场与分析场的距离，加上以观测误差协方差矩阵的逆为权重的观测场与分析场的距离。变分法的优点是进一步摆脱了观测变量和分析变量之间是线性关系的限制，使得直接同化非常规观测资料成为可能，同时也可以把模式作为一个强约束进行求解，进而得到物理和动力上与模式协调的初始场。常用的变分同化主要包括三维变分数据同化 (three-dimensional variational data assimilation，3DVar) (Talagrand and Courtier，1987; Parrish and Derber，1992; Lorenc et al.,2000; Gauthier et al.,2007) 和四维变分数据同化 (four-dimensional variational data assimilation，4DVar) (Lewis and Derber，1985; Courtier et al.,1994)。

下面继续从对式 (1.1) 和式 (1.2) 的改进入手，进一步假设所有的变量为向量，同时引入所谓的 (线性或者非线性) 观测算子 H (就是将模式变量映射到观测变量空间的方程或者模式)，在形式上将式 (1.1)、式 (1.2) 与式 (1.10) 进行改写：

$$\boldsymbol{x}_{\mathrm{b}}=\boldsymbol{x}_t+\boldsymbol{p}^f \tag{1.19}$$

$$\boldsymbol{y}_{\mathrm{o}}=H\boldsymbol{x}_t+\boldsymbol{\epsilon} \tag{1.20}$$

以及

$$J(\boldsymbol{x})=\frac{1}{2}\left(\boldsymbol{x}-\boldsymbol{x}_{\mathrm{b}}\right)^{\mathrm{T}}\boldsymbol{B}^{-1}\left(\boldsymbol{x}-\boldsymbol{x}_{\mathrm{b}}\right)+\frac{1}{2}\left[\boldsymbol{y}_{\mathrm{o}}-H(\boldsymbol{x})\right]^{\mathrm{T}}\boldsymbol{R}^{-1}\left[\boldsymbol{y}_{\mathrm{o}}-H(\boldsymbol{x})\right] \tag{1.21}$$

式中，$\boldsymbol{x}_{\mathrm{b}}$、$\boldsymbol{x}_t$、$\boldsymbol{p}^f\in\Re^{n_{\mathrm{m}}}$; $\boldsymbol{y}_{\mathrm{o}}\in\Re^{n_{\mathrm{o}}}$; n_{m}、n_{o} 分别为预报模式状态变量与观测变

量的维数; $\boldsymbol{B} \in \Re^{n_\mathrm{m} \times n_\mathrm{m}}, \boldsymbol{R} \in \Re^{n_\mathrm{o} \times n_\mathrm{o}}$ 分别为背景误差和观测误差协方差矩阵，如上所述 $\boldsymbol{R}$ 多为对角矩阵。式 (1.21) 实际上就是所谓的三维变分数据同化 (3DVar) 的代价函数 [①]; $\boldsymbol{x}_\mathrm{b}$ 为背景场; $\boldsymbol{y}_\mathrm{o}$ 为观测向量; H 为 (线性或非线性) 观测算子 (将模式变量投影到观测空间); $H(x)$ 为模拟观测; 上标 T 表示转置; 下标 b 表示背景场。3DVar 的目的就是要求解代价函数式 (1.21) 的最优解，为了使其极小 (最优) 化，一般需要如下的代价函数的梯度信息：

$$\nabla J(\boldsymbol{x}) = \boldsymbol{B}^{-1}(\boldsymbol{x} - \boldsymbol{x}_\mathrm{b}) - \boldsymbol{H}^\mathrm{T}\boldsymbol{R}^{-1}[\boldsymbol{y}_\mathrm{o} - H(\boldsymbol{x})] \tag{1.22}$$

式中，$\boldsymbol{H}$、$\boldsymbol{H}^\mathrm{T}$ 分别为 H 的切线性与伴随算子[②]，使得梯度为零 $[\nabla J(\boldsymbol{x}) = 0]$ 的那个 $\boldsymbol{x}$ 就是所要求的最优分析场。这种非线性优化问题由于很难用解析的方法求得，大多采用数值求解(Zou et al., 1997)。在线性近似的假设下，可得如下三维变分的分析场公式(Zou et al., 1997)：

$$\boldsymbol{x}_\mathrm{a} = \boldsymbol{x}_\mathrm{b} + \boldsymbol{B}H(H\boldsymbol{B}H^\mathrm{T} + \boldsymbol{R})^{-1}[\boldsymbol{y}_\mathrm{o} - H(\boldsymbol{x}_\mathrm{b})] \tag{1.23}$$

由此可见，在 H 是线性算子的情况下，最优插值与三维变分在形式上是等价的。

当观测算子 H 为非线性时，能够实现对卫星亮温观测等复杂观测资料的直接同化，其优于最优插值的间接同化；变分法可以同时同化所有观测，避免了最优插值逐格点分析中人为挑选观测所导致的不同资料区边界出现的分析增量跳跃问题(Kalnay et al., 2005)，即进行的是三维空间的全局分析；另外，变分法的目标函数可以根据实际需要做相应的调整，如通过在目标函数中增加相应约束项来改善分析增量的平衡性 (Liang et al.,2007a，2007b)，或通过调整目标函数，在实现变分同化的同时对观测资料进行质量控制(朱江, 1995)[③]。

三维变分中，假定观测资料 $(\boldsymbol{y}_\mathrm{o})$ 和模式状态变量 $(\boldsymbol{x})$[④]都在同一时刻。四维变分是对三维变分在时间维上的扩展，不同时刻的观测资料 $[\boldsymbol{y}_{\mathrm{o},k} = \boldsymbol{y}_\mathrm{o}(t_k), k = 0, \cdots, S]$ 可以同时影响初始时刻的模式状态变量 $[\boldsymbol{x}_k = M_{t_0 \to t_k}(\boldsymbol{x}_0)]$，4DVar 的目标函数为

$$\begin{aligned} J(\boldsymbol{x}) = & \frac{1}{2}(\boldsymbol{x} - \boldsymbol{x}_\mathrm{b})^\mathrm{T}\boldsymbol{B}^{-1}(\boldsymbol{x} - \boldsymbol{x}_\mathrm{b}) \\ & + \frac{1}{2}\sum_{k=0}^{S}\left[H_k M_{t_0 \to t_k}(\boldsymbol{x}) - \boldsymbol{y}_{\mathrm{o},k}\right]^\mathrm{T}\boldsymbol{R}_k^{-1}\left[H_k M_{t_0 \to t_k}(\boldsymbol{x}) - \boldsymbol{y}_{\mathrm{o},k}\right] \end{aligned} \tag{1.24}$$

① 关于 3DVar 的具体推导过程，有兴趣的读者可以参考 Data Assimilation Concepts and Methods (https://www.ecmwf.int/en/elibrary/79860-data-assimilation-concepts-and-methods)，本书不再赘述。

② 切线性算子这个概念较难理解，可利用导函数类比理解；而伴随算子则可与矩阵的转置类比理解，其严谨的概念请参见 Zou 等 (1997)。

③ 难度级别较高，暂时了解即可。

④ 简单来讲，状态变量是完整描述系统运动的一组变量，它应能确定系统未来的演化行为。例如，理想气体的状态变量为温度 $\boldsymbol{T}$、压力 $\boldsymbol{P}$ 和体积 $\boldsymbol{V}$，一维质点运动的状态变量为它的位置和速度。

$S+1$ 为整个同化窗口 $[t_0, t_S]$ 内所有的观测时刻。不难看出，4DVar 代价函数中包含模式项 $[M_{t_0\to t_k}: \boldsymbol{x}_k = M_{t_0\to t_k}(\boldsymbol{x}_0)]$，通过模式强约束，使得 4DVar 得到在同化窗口内整体平衡的最优解。Courtier 等 (1994) 指出，在极小化代价函数过程中，采用增量法可以大大减小计算代价且比分析全量更协调。四维变分代价函数的增量形式为

$$
\begin{aligned}
J(\boldsymbol{x}') =& \frac{1}{2}(\boldsymbol{x}\prime)^{\mathrm{T}}\boldsymbol{B}^{-1}(\boldsymbol{x}') \\
&+ \frac{1}{2}\sum_{k=0}^{S}\left[\boldsymbol{H}_k'\boldsymbol{M}_{t_0\to t_k}'(\boldsymbol{x}') - \boldsymbol{y}_{\mathrm{o},k}'\right]^{\mathrm{T}}\boldsymbol{R}_k^{-1}\left[\boldsymbol{H}_k'\boldsymbol{M}_{t_0\to t_k}'(\boldsymbol{x}') - \boldsymbol{y}_{\mathrm{o},k}'\right]
\end{aligned} \tag{1.25}
$$

式中，$\boldsymbol{H}_k'$、$\boldsymbol{M}_{t_0\to t_k}'$ 分别为观测算子 H_k 与预报算子 $M_{t_0\to t_k}$ 的切线性算子(Zou et al., 1997)，而 $\boldsymbol{x}' = \boldsymbol{x} - \boldsymbol{x}_{\mathrm{b}}$，$\boldsymbol{y}_{\mathrm{o},k}' = \boldsymbol{y}_{\mathrm{o},k} - H_k M_{t_0\to t_k}(\boldsymbol{x}_{\mathrm{b}})$。Le Dimet 和 Talagrand(1986) 首次将利用伴随模式计算四维变分的代价函数梯度的策略引入大气资料同化中，从而成就了 4DVar 的业务化应用。

四维变分相比于三维变分的优势明显：①可以同化多个时刻的观测；②利用模式作为强约束得到同化窗口内的整体平衡解，使得分析场与模式有更好的协调性；③4DVar 隐含了在整个同化窗口内的背景误差协方差 ($\boldsymbol{B}$) 的流依赖，现实中的 $\boldsymbol{B}$ 矩阵会受模式积分、观测的质量与分布的影响，应具有随时间、空间流型变化的特性；而在早期，为了简便，将 $\boldsymbol{B}$ 矩阵的空间相关系数假定为均匀且各向同性的同心圆模型，而方差假定为常数，这并不符合实际大气运动的规律。但在 4DVar 的同化窗口中，通过预报模式和伴随模式的发展，$\boldsymbol{B}$ 矩阵已有一定程度的流依赖。

虽然 4DVar 优势明显，然而 4DVar 方法并没有在更大范围内推广，原因如下：4DVar 的代价函数中，控制变量 (初始场) 是以隐函数的形式出现的，为了求得代价函数相对初始场的梯度，需要给出预报模式的切线性模式及相应的伴随模式，伴随模式需依照现有预报模式专门开发，开发工作量大且随着预报模式的发展伴随模式也需同步更新；极小化代价函数也需要反复积分模式方程和伴随方程，计算效率极低；由于迭代求解的顺序执行，4DVar 计算并行度较低，对要求时效性的业务预报带来挑战；另外一个问题是预报模式本身难以线性化。

1.2.4 滤波方法

数据同化方法的另一分支是滤波方法，其起源于卡尔曼滤波 (Kalman filter, KF)，在 1960 年由数学家 Kalman 提出。Jones (1965)将其引入气象学研究，进行资料分析。KF 不仅给出了分析时刻的最优分析值，而且给出了分析误差的分布；预报误差随模式动力发展而发展，显式发展了背景误差协方差矩阵。但 KF 只适用于线性情形，而在实际应用中预报模式往往是高度非线性的。

为了解决这个问题，人们提出扩展卡尔曼滤波 (extended Kalman filter, EKF)，也就是对预报模式进行一阶线性化处理，从而使得预报误差协方差矩阵的演变也以线性化方式进行，该方案适用于弱的非线性系统。在计算背景误差协方差时，对非线性预报算子与非线性观测算子进行 Taylor 级数展开，略去二阶和三阶以上的高阶导数，保留一阶导数项来获取非线性方程的切线性方程，形式与标准的 KF 类似，但不适用于强非线性系统。对于强非线性系统而言，弱线性问题中被滤掉的二三阶甚至更高阶导数项，恰恰反映了强非线性的相互作用，这就会造成过度简化闭合方程和误差协方差而导致的误差无限增长等问题。Evensen (1992，1993) 将 EKF 方法应用于多层准地转模式取得了一定的效果。实现 KF 和 EKF 的实际困难之一是背景误差协方差矩阵的计算量和数据存储量太大。

为克服这一困难，20 世纪 90 年代中期，Evensen (1994)根据Siegel (1982)提出的随机动力预测理论，把集合预报的思想和 KF 相结合，发展了基于蒙特卡洛方法的集合卡尔曼滤波 (ensemble Kalman filter, EnKF) 方法，该方法利用集合预报对背景误差协方差矩阵进行更新，使其随天气、气候流型演变，由一组集合样本 $\boldsymbol{x}_i(i=1,\cdots,N)$ 估算而来，公式如下：

$$\boldsymbol{B} \approx \frac{1}{N-1}\boldsymbol{P}_x(\boldsymbol{P}_x)^{\mathrm{T}} \tag{1.26}$$

式中，N 为集合样本的数目; $\boldsymbol{P}_x=(\boldsymbol{x}'_1,\cdots,\boldsymbol{x}'_N), \boldsymbol{x}'_i=\boldsymbol{x}_i-\overline{\boldsymbol{x}}, \overline{\boldsymbol{x}}$ 为集合样本的平均值，$\boldsymbol{x}'_i$ 为第 i 个集合样本扰动。增益矩阵 $\boldsymbol{K}$ 完全可以通过集合计算得到，EnKF 的分析场也由此获得。EnKF 最大的特点是关于背景误差协方差 $\boldsymbol{B}$ 的估算，该方法利用有限个数的集合成员扰动 $\boldsymbol{P}_x$ 来估算，集合均值代表最优的状态估计，集合的分布代表误差的方差。

EnKF 方法具有以下优势:①解决了资料同化方法中关于背景误差协方差估计、预报困难的问题，部分解决了 KF 方法不适于非线性模式的问题；②避免了变分资料同化中的切线性和伴随模式;③易于实现，可移植性强，可有效实现计算的并行化(刘成思和薛纪善，2005);④作为一种集合同化方法，EnKF 可以生成一组分析样本，该样本本身代表着分析误差的分布，所以 EnKF 也常被用来产生集合预报的初始扰动集合 (Wang and Bishop，2003) 以及目标观测的研究 (Bishop and Toth，1999)。EnKF 被迅速地应用于大气、海洋和陆面资料同化试验 (Evensen,1994;Houtekamer and Mitchell，1998)。紧接着，EnKF 又被不断更新和发展，出现了集合变换卡尔曼滤波 (ensemble transform Kalman filter, ETKF) (Bishop and Toth，1999)、集合调整卡尔曼滤波 (ensemble adjustment Kalman filter, EAKF)(Anderson,2001)、集合平方根滤波 (ensemble square root filter, EnSRF) (Whitaker and Hamill，2002)、局部集合变换卡尔曼滤波 (local ensemble transform Kalman filter, LETKF)(Hunt et al.,2007) 和平方根分析集合卡尔曼滤波(Evensen, 2004)等。

EnKF 作为一种集合资料同化方法，也有着局限性：一般的模式空间的维数为 $10^6 \sim 10^9$，受限于计算成本，集合成员的维数一般不超过 10^2。集合样本不足使得样本误差协方差矩阵很难描绘 (严重低估) 真实的背景误差协方差矩阵，产生虚假相关性，进而产生虚假的分析增量，所以集合数据同化方法的分析结果通常会因取样误差而效果变差。同时，取样集合数过少也会限制分析增量所在的子空间，使得求解的分析场很可能并非全空间最优。而以上两个问题往往可以通过局地化策略 (Houtekamer and Mitchell，2001; Hamill et al.,2001) 和因子膨胀技术 (Li et al.,2009; Miyoshi,2011; Tian and Zhang，2019b) 来加以缓解①。

1.3 同化方法发展前瞻

变分资料同化系统已成功在欧洲中期天气预报中心以及其他重要的数值预报中心业务化运行 (Rabier et al.,2000; Rawlins et al.,2007)，它能够同化多源、复杂、非线性较强的观测资料。但 3DVar 同化方法采用完全静态的或者只有弱耦合预报模式动力的背景误差协方差；4DVar 同化方法仅可实现 $\boldsymbol{B}$ 矩阵在同化窗口中的发展演变。相对而言，EnKF 则可以用短期预报的集合样本来提供随流型变化的背景误差协方差矩阵 $\boldsymbol{B}$，但 EnKF 却难以应对预报模式与观测算子的高度非线性，目前其应用较少。变分同化方法与 EnKF 方法各有优点，同时也存在着固有的不足 (Hamill and Snyder,2000)，将集合变分相结合的思想目前已是资料同化方法发展的主流和趋势 (Hamill and Snyder,2000; Lorenc,2003b; Etherton and Bishop,2004; Zupanski,2005; Tian et al.,2008; Wang et al.,2010; Tian et al.,2011; Tian and Feng,2015; Tian et al.,2018)，包括英国气象局、加拿大环境部、美国国家环境预报中心、德国气象局、韩国气象厅等业务中心都在进行这方面的开发研究。集合变分同化方法主要分为 En3DVar(hybrid-3DVar)、En4DVar 以及 4DEnVar (Tian et al., 2018)。

1.3.1 En3DVar(hybrid-3DVar)

基于 3DVar 的框架，将集合估计的背景误差协方差矩阵耦合进变分框架 (Hamill and Snyder,2000;Lorenc,2003b; Etherton and Bishop,2004; Buehner,2005; Zupanski,2005) 已逐渐流行。Hamill 和 Snyder(2000) 认为，$\boldsymbol{B}$ 矩阵应该是气候态的 $\boldsymbol{B}_{\mathrm{c}}$ 和集合估计的 $\boldsymbol{B}_{\mathrm{e}}$ 的线性组合 $\boldsymbol{B} = \beta_1\boldsymbol{B}_{\mathrm{c}} + \beta_2\boldsymbol{B}_{\mathrm{e}}$(其中 β_1 与 β_2 为经验

① 一方面，请大家谨记背景误差协方差 B 对于数据同化的意义非凡；另一方面，这一部分或许略有生涩，后续会继续阐述。

给定的线性组合系数且 $\beta_1 + \beta_2 = 1$)。Lorenc (2003b)提出了扩展控制变量的方案，并将集合的 $\mathbf{B}_e$ 耦合进来。Wang 等 (2007) 理论上证明了以上两种方案当权重系数满足一定条件时是等价的。这种混合同化方法分别在区域 (Wang et al.,2008a; Wang et al.,2008b;Zhang and Zhang,2012; Barker et al.,2012) 和全球 (Buehner,2005;Buehner et al.,2010a; Buehner et al.,2010b; Bishop and Hodyss,2011; Clayton et al.,2013) 的数值天气预报中得到应用。许多研究都表明，混合同化框架要明显优于单一的变分和 EnKF 同化框架 (Wang et al.,2006; Buehner et al.,2010b; Zhang and Zhang,2012)。

1.3.2 En4DVar

基于 4DVar 的框架，在求解过程中需要预报模式的切线性和伴随模式，根据采用气候态的 $\boldsymbol{B}_c$ 和集合估计的 $\boldsymbol{B}_e$ 的线性组合，En4DVar 又分为两类：一类是 $\boldsymbol{B} = \boldsymbol{B}_e$(此时 $\boldsymbol{B}_c$ 的权重为 0)(Buehner et al.,2010a; Buehner et al.,2010b; Zhang and Zhang,2012; Clayton et al.,2013; Kuhl et al.,2013)；另一类可以看作是 En3DVar 方法在时间维上的扩展。无论是 En3DVar 还是 En4DVar，通过把集合和变分相结合，不仅能克服变分同化的 $\boldsymbol{B}$ 没有流依赖特征的缺陷，而且还能克服集合同化方法存在的滤波发散问题。

1.3.3 4DEnVar

该方案使用集合样本的信息来近似代替切线性、伴随模式 (Liu et al.,2008; Tian et al.,2008; Buehner et al.,2010a; Buehner et al.,2010b; Tian et al.,2011; Lorenc,2013; 申思,2015)，从而大大简化求解过程、降低计算资源。很多中国学者做出了相当出色的工作，如邱崇践等 (Qiu et al.,2007) 首先提出了利用集合预报思想求解 4DVar 的 SVD-4DVar 方法；王斌等 (Wang et al.,2010) 基于降维投影思想发展了 DRP-4DVar；自从 2008 年以来，田向军等 (Tian et al.,2008; Tian et al.,2011; Tian and Xie,2012; Tian and Feng,2015; Tian et al.,2018;Tian and Zhang,2019a; Tian et al.,2020; Zhang et al.,2022a; Zhang and Tian,2022) 持续研发一种将非线性最小二乘最优化问题的理论体系与集合四维变分同化方法相融合的非线性最小二乘集合四维变分同化方法 NLS-4DVar。该方法具有精度高、易实现、计算高效的突出优势 (Tian et al.,2018)，首次实现了初始与模式误差的整体校正 (Tian et al.,2021)。其因突出的优势被美国国家海洋和大气管理局 *Institutional Repository* 收录，还被回顾中国科学家在大气数值模拟领域的科学与技术进展的综述文章 *Recent Progress in Numerical Atmospheric Modeling in China*(Yu et al., 2019)作为先进数据同化方法的代表予以介绍。NLS-4DVar 被广泛应用，如作物同化 (Jiang et al.,2014)、陆面数据同化 (Tian et al.,2009，Tian et al.,2010b)、气象同

化 (Zhang et al.,2015，Zhang et al.,2017a，Zhang et al.,2017b，Zhang et al.,2020a，Wang et al.,2020，Zhang and Tian,2021，Zhang et al.,2020b)、大气化学同化 (Tian et al.,2014，Zhang et al.,2021，Zhang et al.,2022b，Jin et al.,2023)、核辐射同化 (Geng et al.,2018)、生态水文同化 (Ma et al.,2017; Li et al.,2020)、目标观测 (Tian et al.,2010a，Tian et al.,2016，Tian and Feng,2017，Tian and Feng,2019) 等，服务于各领域的科研与应用。

已有研究工作表明，4DEnVar 的同化精度或略逊于 En4DVar (Buehner et al.,2010b; Fairbairn et al.,2014;Lorenc et al.,2015)，主要因为 En4DVar 方法采用切线性和伴随模式，从而保证了更高的同化精度。而Lorenc (2013)指出，4DEnVar 方法可能是未来同化方法发展的最优方向，主要因为它不需要切线性、伴随模式的开发与维护，求解简单、易于并行等。因此，开发同化精度不逊于 En4DVar 但实现却相当简单的 4DEnVar 方法值得大家付出更多的努力。

同样地，集合变分同化方法是基于集合的同化方法，也受限于有限的集合样本数量，需要局地化策略来缓解由此引发的问题 (Buehner,2005; Zhang and Tian,2018a; Tian et al.,2018)。

1.3.4 基于机器学习的数据同化方法

数据同化与机器学习相结合的方式目前主要两种：一方面，利用深度学习训练替代模型，以取代数值天气预报数据同化中的关键组成部分，包括传统数值预报模式、预报误差协方差矩阵以及切线性和伴随模式等，以降低数据同化中高额的计算代价；另一方面，以连续长时间序列的高质量大气再分析数据 (Hersbach et al.,2020) 作为标准进行训练：其输入端为模式状态变量背景场 + 观测数据，输出端则为高质量大气再分析变量与背景场之差。初始误差、模式误差、背景误差协方差以及观测误差协方差矩阵均不加区分，蕴含于训练生成的机器学习模型之中。显然，后者严重依赖于高质量的大气再分析数据，而这种大气再分析数据需由稳健、成熟的传统大气同化系统不间断地同化高质量多源观测数据生成；另外，一旦有新型的观测出现 (且未被再分析系统吸纳)，则上述机器学习模型不可用，必须要重新生成再分析数据再进行训练才可以。

第 2 章 NLS-4DVar：4DVar 与 EnKF 的融合

在1.1节的基础上，本章将继续从模式预报结果与观测数据相融合的分析格式入手，正式引入分析方程与数据同化的概念；然后从最为经典的 KF 出发，用一种非常直观的方式将集合预报的思想与之相融合，推出了 EnKF 公式，并特别介绍一种应用广泛的 EnKF 变形方法：LETKF(Hunt et al.,2007)，进而给出了基于非线性最小二乘最优化理论，将 EnKF 与 4DVar 的优势充分融合且贯通 En4DVar 与 4DEnVar 的系列方法 NLS-4DVar。

2.1 分析格式：数据同化的朴素解释

如下给出对某一物理变量 $\boldsymbol{x}$(如某一特定时刻的三维空间大气温度场) 的两个不同来源的估计：

$$\boldsymbol{x}_{\mathrm{b}} = \boldsymbol{x}_t + \boldsymbol{p}^{\mathrm{b}} \tag{2.1}$$

$$\boldsymbol{y}_{\mathrm{o}} = \boldsymbol{x}_t + \boldsymbol{\varepsilon} \tag{2.2}$$

式中，$\boldsymbol{x}_{\mathrm{b}} \in \Re^{n_m}$ 为数值模式的模拟值; $\boldsymbol{y}_{\mathrm{o}} \in \Re^{n_{\mathrm{o}}}$ 为观测值; $\boldsymbol{x}_t \in \Re^{n_m}$ 为真实值 (永远无法得到); $\boldsymbol{p}^{\mathrm{b}} \in \Re^{n_m}$ 为模式模拟值的误差; $\boldsymbol{\varepsilon} \in \Re^{n_{\mathrm{o}}}$ 为观测误差。假设两个未知误差项 $\boldsymbol{p}_{\mathrm{b}}$ 与 $\boldsymbol{\varepsilon}$ 符合高斯分布且满足：

$$\begin{aligned}
&\overline{\boldsymbol{p}^{\mathrm{b}}} = 0, \overline{(\boldsymbol{p}^{\mathrm{b}})(\boldsymbol{p}^{\mathrm{b}})^{\mathrm{T}}} = \boldsymbol{B} \\
&\overline{\boldsymbol{\varepsilon}} = 0, \overline{(\boldsymbol{\varepsilon})(\boldsymbol{\varepsilon})^{\mathrm{T}}} = \boldsymbol{R} \\
&\overline{\boldsymbol{\varepsilon}(\boldsymbol{p}^{\mathrm{b}})^{\mathrm{T}}} = 0
\end{aligned} \tag{2.3}$$

式中，上划线表示均值或者期望且 $\boldsymbol{B}$ 与 $\boldsymbol{R}$ 已知。根据式 (2.1)~式 (2.3) 可以将 $\boldsymbol{x}_{\mathrm{b}}$ 与 $\boldsymbol{y}_{\mathrm{o}}$ 相组合得到对真实值 $\boldsymbol{x}_t$(在某种意义下) 的最优分析场。

同样地，假设 $\boldsymbol{x}_{\mathrm{b}}$ 的概率密度分布函数为 $f(\boldsymbol{x})$，依据贝叶斯理论，观测变量 $\boldsymbol{y}_{\mathrm{o}}$ 的似然函数 $f(\boldsymbol{y}_{\mathrm{o}}|\boldsymbol{x})$ 满足：

$$f(\boldsymbol{x}|\boldsymbol{y}_{\mathrm{o}}) \propto f(\boldsymbol{x}) f(\boldsymbol{y}_{\mathrm{o}}|\boldsymbol{x}) \tag{2.4}$$

也就是说，基于观测 $\boldsymbol{y}_{\mathrm{o}}$ 的后验估计 $f(\boldsymbol{x}|\boldsymbol{y}_{\mathrm{o}})$ 与先验估计 $f(\boldsymbol{x})$ 和观测变量似然估计 $f(\boldsymbol{y}_{\mathrm{o}}|\boldsymbol{x})$ 之积成正比。

基于高斯分布的假设以及式 (2.1) 和式 (2.2)，可以定义如下的先验估计 $f(\boldsymbol{x})$ 与似然函数 $f(\boldsymbol{y}_{\mathrm{o}}|\boldsymbol{x})$:

$$f(\boldsymbol{x}) \propto \exp\left[-\frac{1}{2}(\boldsymbol{x}-\boldsymbol{x}_{\mathrm{b}})^{\mathrm{T}}\boldsymbol{B}^{-1}(\boldsymbol{x}-\boldsymbol{x}_{\mathrm{b}})\right] \tag{2.5}$$

以及

$$f(\boldsymbol{y}_{\mathrm{o}}|\boldsymbol{x}) \propto \exp\left[-\frac{1}{2}(\boldsymbol{x}-\boldsymbol{y}_{\mathrm{o}})^{\mathrm{T}}\boldsymbol{R}^{-1}(\boldsymbol{x}-\boldsymbol{y}_{\mathrm{o}})\right] \tag{2.6}$$

由此，后验估计 $f(\boldsymbol{x}|\boldsymbol{y}_{\mathrm{o}})$ 可以表达为

$$f(\boldsymbol{x}|\boldsymbol{y}_{\mathrm{o}}) \propto \exp\left(-\frac{1}{2}J(\boldsymbol{x})\right) \tag{2.7}$$

其中

$$J(\boldsymbol{x}) = \frac{1}{2}(\boldsymbol{x}-\boldsymbol{x}_{\mathrm{b}})^{\mathrm{T}}\boldsymbol{B}^{-1}(\boldsymbol{x}-\boldsymbol{x}_{\mathrm{b}}) + \frac{1}{2}(\boldsymbol{x}-\boldsymbol{y}_{\mathrm{o}})^{\mathrm{T}}\boldsymbol{R}^{-1}(\boldsymbol{x}-\boldsymbol{y}_{\mathrm{o}}) \tag{2.8}$$

在误差变量 $\boldsymbol{p}^{\mathrm{b}}$ 与 $\boldsymbol{\varepsilon}$ 满足正态分布的条件下，代价函数式 (2.8) 的最小二乘最小解 $\boldsymbol{x}_{\mathrm{a}}$ 恰好使得后验估计 $f(\boldsymbol{x}|\boldsymbol{y}_{\mathrm{o}})$ 达到最大值。令 $\boldsymbol{x}'=\boldsymbol{x}-\boldsymbol{x}_{\mathrm{b}}$，将式 (2.8) 改写为

$$J(x') = \frac{1}{2}(\boldsymbol{x}')^{\mathrm{T}}\boldsymbol{B}^{-1}(\boldsymbol{x}') + \frac{1}{2}(\boldsymbol{x}'-\boldsymbol{y}_{\mathrm{o}}')^{\mathrm{T}}\boldsymbol{R}^{-1}(\boldsymbol{x}'-\boldsymbol{y}_{\mathrm{o}}') \tag{2.9}$$

这里 $\boldsymbol{y}_{\mathrm{o}}'=\boldsymbol{y}_{\mathrm{o}}-\boldsymbol{x}_{\mathrm{b}}$。对 (2.9) 进行求导并令其为 0。

$$\mathrm{d}J(\boldsymbol{x}') = \boldsymbol{B}^{-1}(\boldsymbol{x}') + \boldsymbol{R}^{-1}(\boldsymbol{x}'-\boldsymbol{y}_{\mathrm{o}}') \tag{2.10}$$

可得

$$\boldsymbol{x}_{\mathrm{a}}' = \boldsymbol{B}(\boldsymbol{B}+\boldsymbol{R})^{-1}\boldsymbol{y}_{\mathrm{o}}' \tag{2.11}$$

$$\boldsymbol{x}_{\mathrm{a}} = \boldsymbol{x}_{\mathrm{b}} + \boldsymbol{B}(\boldsymbol{B}+\boldsymbol{R})^{-1}(\boldsymbol{y}_{\mathrm{o}}-\boldsymbol{x}_{\mathrm{b}}) \tag{2.12}$$

进一步引入所谓的 (线性或者非线性) 观测算子 H(就是将模式变量映射到观测变量空间的方程或者模式)，在形式上将式 (2.1)、式 (2.2) 与式 (2.9) 进行改写:

$$\boldsymbol{x}_{\mathrm{b}} = \boldsymbol{x}_t + \boldsymbol{p}^{\mathrm{b}} \tag{2.13}$$

$$\boldsymbol{y}_{\mathrm{o}} = H\boldsymbol{x}_t + \boldsymbol{\varepsilon} \tag{2.14}$$

以及

$$J(\boldsymbol{x}) = \frac{1}{2}(\boldsymbol{x}-\boldsymbol{x}_{\mathrm{b}})^{\mathrm{T}}(\boldsymbol{B}^{f})^{-1}(\boldsymbol{x}-\boldsymbol{x}_{\mathrm{b}}) + \frac{1}{2}(H\boldsymbol{x}-\boldsymbol{y}_{\mathrm{o}})^{\mathrm{T}}\boldsymbol{R}^{-1}(H\boldsymbol{x}-\boldsymbol{y}_{\mathrm{o}}) \tag{2.15}$$

式中，$\boldsymbol{B}$、$\boldsymbol{R}$ 分别为背景误差和观测误差协方差矩阵，式 (2.15) 实际上就是所谓三维变分同化 (3DVar) 的代价函数。

2.2 集合的思想：从 KF 到 EnKF

KF 本质上属于一种实时递推算法，适用范围为线性系统，通过吸纳实时观测信号对状态变量进行调整，其在导航、制导与控制领域内应用很广，但在大气、海洋科学领域内数据同化的实际应用却并不多见。究其原因，是因为针对线性系统所设计的 KF 难以应对大气和海洋科学中的高度非线性问题。尽管如此，KF 依然具备了一个完整的数据同化算法的所有要素。因此，通过了解这一简单的同化算法，大家可以比较容易地了解同化算法的核心要素与算法流程。下面我们将具体介绍 KF 的实施过程。

通过第 1 章的内容我们已经了解到数据同化是通过最优化的理论与算法 (此处为 KF)，将观测资料与预报模式的模拟结果进行融合以得到状态变量最优分析场 (解) 的科学。利用 KF 进行的数据同化主要由以下三个部分组成：①(线性) 预报模式；②观测资料及其与状态变量的联系 (由观测算子实现)；③同化算法——Kalman 滤波。

(1) 设离散线性预报模式为

$$\boldsymbol{x}_k = \boldsymbol{M}_{k,k-1}\boldsymbol{x}_{k-1} \tag{2.16}$$

式中，$\boldsymbol{x}_k \in \Re^{n_m}$ 是模式的 n_m 维状态变量；$\boldsymbol{M}_{k,k-1} \in \Re^{n_m \times n_m}$，为 $n_m \times n_m$ 维预报矩阵 (线性预报算子)。该离散预报模式实现了状态变量 $\boldsymbol{x}_k$ 从第 $k-1$ 到第 k 步的递推预报。

(2) 观测算子与观测资料：

$$\boldsymbol{y}_k = \boldsymbol{H}_k\boldsymbol{x}_k \tag{2.17}$$

式中，$\boldsymbol{y}_k$、$\boldsymbol{y}_{\text{o}} \in \Re^{n_{\text{o}}}$，分别为 n_{o} 维观测变量与实际观测向量；$\boldsymbol{H}_k \in \Re^{n_{\text{o}} \times n_m}$，为 $n_{\text{o}} \times n_m$ 维观测矩阵 (观测算子)；$\boldsymbol{H}_k$ 建立了状态变量 $\boldsymbol{x}_k$ 与观测变量 $\boldsymbol{y}_k$ 之间的联系，将状态变量映射到观测变量空间。

(3) 同化算法——KF。

KF 需要假定模式背景误差与观测误差都符合高斯白噪声分布且不相关 (付梦印等,2003)；另外，已知第 $k-1$ 步状态变量误差协方差矩阵为 $\boldsymbol{B}_{k-1}(\in \Re^{n_m \times n_m})$，第 $k-1$ 到第 k 步预报的状态变量误差协方差矩阵为 $\boldsymbol{B}_k^f(\in \Re^{n_m \times n_m})$，分析变量误差协方差矩阵为 $\boldsymbol{B}_k^a(\in \Re^{n_m \times n_m})$ 以及观测误差协方差矩阵为 $\boldsymbol{R}_k(\in \Re^{n_{\text{o}} \times n_{\text{o}}})$。通常 KF 包括以下预测与更新两个步骤。

预测步

$$
\begin{aligned}
&\text{状态变量：} \boldsymbol{x}_k^f = \boldsymbol{M}_{k,k-1}\boldsymbol{x}_{k-1} \\
&\text{误差矩阵：} \boldsymbol{B}_k^f = \boldsymbol{M}_{k,k-1}\boldsymbol{B}_{k-1}\boldsymbol{M}_{k,k-1}^{\mathrm{T}}
\end{aligned}
\tag{2.18}
$$

更新步

$$
\begin{aligned}
&\text{分析向量：} \boldsymbol{x}_k^a = \boldsymbol{x}_k^f + \boldsymbol{K}_k\left(\boldsymbol{y}_{\mathrm{o},k} - \boldsymbol{H}_k\boldsymbol{x}_k^f\right) \\
&\text{误差矩阵：} \boldsymbol{B}_k^a = \boldsymbol{B}_k^f - \boldsymbol{B}_k^f\boldsymbol{H}_k^{\mathrm{T}}\left(\boldsymbol{H}_k\boldsymbol{B}_k^f\boldsymbol{H}_k^{\mathrm{T}} + \boldsymbol{R}_k\right)^{-1}\boldsymbol{H}_k\boldsymbol{B}_k^f
\end{aligned}
\tag{2.19}
$$

其中，$\boldsymbol{K}_k$ 为滤波增益矩阵：

$$
\boldsymbol{K}_k = \boldsymbol{B}_k^f\boldsymbol{H}_k^{\mathrm{T}}\left(\boldsymbol{H}_k\boldsymbol{B}_k^f\boldsymbol{H}_k^{\mathrm{T}} + \boldsymbol{R}_k\right)^{-1} \tag{2.20}
$$

以上算法的详细推导请参见付梦印等 (2003)，这里不再赘述。不难看出，一旦观测算子 $\boldsymbol{H}_k$ 为单位矩阵 $\boldsymbol{I} \in \Re^{n_m \times n_m}$ 时，则有 $\boldsymbol{x}_k^a = \boldsymbol{x}_k^f + \boldsymbol{B}_k^f(\boldsymbol{B}_k^f + \boldsymbol{R}_k)^{-1}(\boldsymbol{y}_{\mathrm{o},k} - \boldsymbol{x}_k^f)$，与前面简单的分析格式在形式是统一的。需要指出的是，我们一般使用 $\boldsymbol{y}'_{\mathrm{o},k}$(新息增量) 表示 $\boldsymbol{y}_{\mathrm{o},k} - \boldsymbol{H}_k\boldsymbol{x}_k^f$，即 $\boldsymbol{y}'_{\mathrm{o},k} = \boldsymbol{y}_{\mathrm{o},k} - \boldsymbol{H}_k\boldsymbol{x}_k^f$。为了方便大家实际编程的需要，我们给出利用 KF 进行数据同化的拟程序——Algorithm 1和 Algorithm 2。

Algorithm 1: program Kalman

Data: $\boldsymbol{x}_0, \boldsymbol{B}_0$

Input: $\boldsymbol{x}_k^f, \boldsymbol{B}_k^f, \boldsymbol{H}_k, \boldsymbol{y}_{\mathrm{o},k}, \boldsymbol{R}_k$

Output: $\boldsymbol{x}_k^a, \boldsymbol{B}_k^a$

1 **foreach** $k = 1, n_{\max}^{\mathrm{AD}}$ **do**

  // $n_{\max}^{\mathrm{AD}}$ `is the total assimilation times`

2 Run the forecast model: $\boldsymbol{x}_k^f = \boldsymbol{M}_{k,k-1}\boldsymbol{x}_{k-1}$;

3 Forecast the error covariance: $\boldsymbol{B}_k^f = \boldsymbol{M}_{k,k-1}\boldsymbol{B}_{k-1}\boldsymbol{M}_{k,k-1}^{\mathrm{T}}$;

4 Input the observational information: $\boldsymbol{y}_{\mathrm{o},k}$ and $\boldsymbol{R}_k$;

5 call KF$(\boldsymbol{x}_k^f, \boldsymbol{B}_k^f, \boldsymbol{H}_k, \boldsymbol{y}_{\mathrm{o},k}, \boldsymbol{R}_k, \boldsymbol{x}_k^a, \boldsymbol{B}_k^a)$;

6 $\boldsymbol{x}_k = \boldsymbol{x}_k^a$;

7 $\boldsymbol{B}_k = \boldsymbol{B}_k^a$;

8 **end**

Algorithm 2: subroutine KF

Input: $\boldsymbol{x}_k^f, \boldsymbol{B}_k^f, \boldsymbol{H}_k, \boldsymbol{y}_{\mathrm{o},k}, \boldsymbol{R}_k$

Output: $\boldsymbol{x}_k^a, \boldsymbol{B}_k^a$

1 $\boldsymbol{K}_k = \boldsymbol{B}_k^f\boldsymbol{H}_k^{\mathrm{T}}(\boldsymbol{H}_k\boldsymbol{B}_k^f\boldsymbol{H}_k^{\mathrm{T}} + \boldsymbol{R}_k)^{-1}$

2 $\boldsymbol{x}_k^a = \boldsymbol{x}_k^f + \boldsymbol{K}_k(\boldsymbol{y}_{\mathrm{o},k} - \boldsymbol{H}_k\boldsymbol{x}_k^f)$

3 $\boldsymbol{B}_k^a = \boldsymbol{B}_k^f - \boldsymbol{B}_k^f \boldsymbol{H}_k^{\mathrm{T}}(\boldsymbol{H}_k \boldsymbol{B}_k^f \boldsymbol{H}_k^{\mathrm{T}} + \boldsymbol{R}_k)^{-1} \boldsymbol{H}_k \boldsymbol{B}_k^f$

4 end subroutine KF

要想真正实现以上的程序过程，我们还需要一些基本子程序，如矩阵/向量的乘积以及矩阵的求逆等；同时编写相应的子程序实现拟程序 subroutine KF——Algorithm 3里面对应的条目即可，如 Algorithm 3所示。

Algorithm 3: subroutine KF

Input: $\boldsymbol{x}_k^f, \boldsymbol{B}_k^f, \boldsymbol{H}_k, \boldsymbol{y}_{\mathrm{o},k}, \boldsymbol{R}_k$

Output: $\boldsymbol{x}_k^a, \boldsymbol{B}_k^a$

1 **call** KF_Gain($\boldsymbol{B}_k^f, \boldsymbol{R}_k, \boldsymbol{H}_k, \boldsymbol{K}_k$)

// Input: $\boldsymbol{B}_k^f, \boldsymbol{R}_k, \boldsymbol{H}_k$ | output: $\boldsymbol{K}_k$

2 **call** CompXa($\boldsymbol{x}_k^f, \boldsymbol{H}_k, \boldsymbol{K}_k, \boldsymbol{x}_k^a$)

// Input: $\boldsymbol{x}_k^f, \boldsymbol{H}_k, \boldsymbol{K}_k$ | output: $\boldsymbol{x}_k^a$

// To compute $\boldsymbol{x}_k^a = \boldsymbol{x}_k^f + \boldsymbol{K}_k(\boldsymbol{y}_{\mathrm{o},k} - \boldsymbol{H}_k \boldsymbol{x}_k^f)$

3 **call** Update($\boldsymbol{B}_k^f, \boldsymbol{R}_k, \boldsymbol{B}_k^a$)

// Input: $\boldsymbol{B}_k^f, \boldsymbol{R}_k$ | output: $\boldsymbol{B}_k^a$

// To update the error covariance matrix

// $\boldsymbol{B}_k^a = \boldsymbol{B}_k^f - \boldsymbol{B}_k^f \boldsymbol{H}_k^{\mathrm{T}}(\boldsymbol{H}_k \boldsymbol{B}_k^f \boldsymbol{H}_k^{\mathrm{T}} + \boldsymbol{R}_k)^{-1} \boldsymbol{H}_k \boldsymbol{B}_k^f$

需要指出的是，以上的拟程序仅侧重于同化算法的逻辑实现，主要体现了实现 KF 算法的基本思路，并没有特别考虑诸如内存、数组、并行等实际编码问题，这也不是本书所关注的重点。

KF 仅适用于线性预报与观测系统，一旦预报与 (或) 观测算子变为非线性的情形，即同化问题 [式 (2.16) 和式 (2.17)] 变为

(1) 设离散非线性预报模式为

$$\boldsymbol{x}_k = M_{k,k-1}(\boldsymbol{x}_{k-1}) \tag{2.21}$$

式中，$M_{k,k-1}(\cdot) : \Re^{n_m} \to \Re^{n_m}$ 为非线性预报算子。该离散非线性预报模式同样实现了状态变量 $\boldsymbol{x}_k$ 从第 $k-1$ 到第 k 步的递推预报。

(2) 观测算子：

$$\boldsymbol{y}_k = H_k(\boldsymbol{x}_k) \tag{2.22}$$

式中，$H_k(\cdot) : \Re^{n_m} \to \Re^{n_o}$ 为非线性观测算子，同样将状态变量 $\boldsymbol{x}_k$ 映射到观测变量 $\boldsymbol{y}_k$ 空间，对于这样的非线性系统，KF 就无能为力了。最初，人们在 KF 的基础之上提出了 EKF，也就是对预报模式进行一阶线性化处理，从而使得预报误差协方差矩阵的演变也以线性化方式进行，但该方案仅适用于弱的非线性系统。

为了解决这个难题，Evensen(1994，2003) 根据Siegel (1982)提出的随机动力预测理论，把集合预报的思想和 KF 相结合，发展了基于蒙特卡洛方法的 EnKF 方法，利用模式集合预报近似表征背景误差协方差矩阵与增益矩阵，从而实现了从经典 KF 到 EnKF 的进化，由此得到状态变量的分析场 $\boldsymbol{x}_k^a$ 及分析误差协方差矩阵 $\boldsymbol{B}_k^a$。对该过程的详细推导有兴趣的读者可参考Evensen(1994，2003，2004)。而在本书中，我们将采用一种非常直观的方式来向大家进行介绍：首先将非线性预报与观测算子 [式 (2.21) 和式 (2.22)] 及观测算子的切线性算子 $\boldsymbol{H}_k'$ 在形式上代入 KF 的公式 [式 (2.18)~式 (2.20)](但不包括一步预报的误差协方差矩阵 $\boldsymbol{B}_k^f$) 如下。

预测步

$$\begin{aligned}&\text{状态变量：}\boldsymbol{x}_k^f = M_{k,k-1}\boldsymbol{x}_{k-1}\\&\text{误差矩阵：}\boldsymbol{B}_k^f = ?\end{aligned}\tag{2.23}$$

更新步

$$\begin{aligned}&\text{分析向量：}\boldsymbol{x}_k^a = \boldsymbol{x}_k^f + \boldsymbol{K}_k\left[\boldsymbol{y}_{\mathrm{o},k} - H_k(\boldsymbol{x}_k^f)\right]\\&\text{增益矩阵: }\boldsymbol{K}_k = \boldsymbol{B}_k^f\boldsymbol{H}_k'^{\mathrm{T}}\left(\boldsymbol{H}_k'\boldsymbol{B}_k'^{\mathrm{T}} + \boldsymbol{R}_k\right)^{-1}\\&\text{误差矩阵：}\boldsymbol{B}_k^a = \boldsymbol{B}_k^f - \boldsymbol{B}_k^f\boldsymbol{H}_k'^{\mathrm{T}}\left(\boldsymbol{H}_k'\boldsymbol{B}_k^f\boldsymbol{H}_k'^{\mathrm{T}} + \boldsymbol{R}_k\right)^{-1}\boldsymbol{H}_k'\boldsymbol{B}_k^f\end{aligned}\tag{2.24}$$

下面我们将集合模拟的思想纳入进来，利用模式集合预报近似表征背景误差协方差矩阵 $\boldsymbol{B}_k^f$，其基本思路如下：

(1) 假定第 $k-1$ 步的随机集合样本 $\boldsymbol{x}_{k-1}^i(i=1,\cdots,N)$;

(2) 进行集合模拟 $\boldsymbol{x}_k^{i,f} = M_{k,k-1}(\boldsymbol{x}_{k-1}^i)$ 及背景模拟 $\boldsymbol{x}_k^f = M_{k,k-1}(\boldsymbol{x}_{k-1})$;

(3) 表征 $\boldsymbol{B}_k^f = \frac{(\boldsymbol{P}_{x,k}^f)(\boldsymbol{P}_{x,k}^f)^{\mathrm{T}}}{N-1}$，其中 $\boldsymbol{P}_{x,k}^f = (\boldsymbol{x}_k^{1,f\prime},\cdots,\boldsymbol{x}_k^{N,f\prime})$ 被称为集合样本扰动且 $\boldsymbol{x}_k^{i,f\prime} = \boldsymbol{x}_k^{i,f} - \boldsymbol{x}_k^f$。将 $\boldsymbol{B}_k^f = \frac{(\boldsymbol{P}_{x,k}^f)(\boldsymbol{P}_{x,k}^f)^{\mathrm{T}}}{N-1}$ 代入式 (2.24) 并进一步改写：

$$\begin{aligned}\boldsymbol{K}_k &= \frac{(\boldsymbol{P}_{x,k}^f)(\boldsymbol{P}_{x,k}^f)^{\mathrm{T}}}{N-1}\boldsymbol{H}_k'^{\mathrm{T}}\left[\boldsymbol{H}_k'\frac{(\boldsymbol{P}_{x,k}^f)(\boldsymbol{P}_{x,k}^f)^{\mathrm{T}}}{N-1}\boldsymbol{H}_k'^{\mathrm{T}} + \boldsymbol{R}_k\right]^{-1}\\&= \boldsymbol{P}_{x,k}^f(\boldsymbol{H}_k'\boldsymbol{P}_{x,k}^f)^{\mathrm{T}}\left[(\boldsymbol{H}_k'\boldsymbol{P}_{x,k}^f)(\boldsymbol{H}_k'\boldsymbol{P}_{x,k}^f)^{\mathrm{T}} + (N-1)\boldsymbol{R}_k\right]^{-1}\end{aligned}\tag{2.25}$$

再做如下近似：

$$\boldsymbol{H}_k'(\boldsymbol{x}_k^{i,f\prime}) = H_k(\boldsymbol{x}_k^f + \boldsymbol{x}_k^{i,f\prime}) - H_k(\boldsymbol{x}_k^f)\tag{2.26}$$

式 (2.26) 由对 $H_k(\boldsymbol{x}_k^f + \boldsymbol{x}_k^{i,f\prime})$ 在 $\boldsymbol{x}_k^f$ 处进行 Taylor 展开并略去高阶项得到，并令

$$\boldsymbol{y}_k^{i,f\prime} = \boldsymbol{H}_k'(\boldsymbol{x}_k^{i,f\prime})\tag{2.27}$$

以及

$$\boldsymbol{P}_{y,k}^{f}=(\boldsymbol{y}_{k}^{1,f\prime},\cdots,\boldsymbol{y}_{k}^{N,f\prime}) \tag{2.28}$$

这里 $\boldsymbol{P}_{y,k}^{f}\in\Re^{n_{\mathrm{o}}\times N}$。由此式 (2.25) 有如下表达：

$$\boldsymbol{K}_{k}=\boldsymbol{P}_{x,k}^{f}(\boldsymbol{P}_{y,k}^{f})^{\mathrm{T}}\left[(\boldsymbol{P}_{y,k}^{f})(\boldsymbol{P}_{y,k}^{f})^{\mathrm{T}}+(N-1)\boldsymbol{R}_{k}\right]^{-1} \tag{2.29}$$

类似地，我们同样可以用集合模拟近似表征分析向量及其误差矩阵，由此得到如下的 EnKF 公式。

预测步

$$\begin{aligned}&\text{状态变量：}\boldsymbol{x}_{k}^{f}=M_{k,k-1}(\boldsymbol{x}_{k-1})\\&\text{集合模拟：}\boldsymbol{x}_{k}^{i,f}=M_{k,k-1}(\boldsymbol{x}_{k-1}^{i})\\&\text{误差矩阵：}\boldsymbol{B}_{k}^{f}=\frac{(\boldsymbol{P}_{x,k}^{f})(\boldsymbol{P}_{x,k}^{f})^{\mathrm{T}}}{N-1}\end{aligned} \tag{2.30}$$

更新步

$$\begin{aligned}&\text{分析向量：}\boldsymbol{x}_{k}^{a}=\boldsymbol{x}_{k}^{f}+\boldsymbol{K}_{k}\left[\boldsymbol{y}_{\mathrm{o},k}-H_{k}(\boldsymbol{x}_{k}^{f})\right]\\&\text{增益矩阵: }\boldsymbol{K}_{k}=\boldsymbol{P}_{x,k}^{f}(\boldsymbol{P}_{y,k}^{f})^{\mathrm{T}}\left[(\boldsymbol{P}_{y,k}^{f})(\boldsymbol{P}_{y,k}^{f})^{\mathrm{T}}+(N-1)\boldsymbol{R}_{k}\right]^{-1}\\&\text{误差矩阵：}\boldsymbol{B}_{k}^{a}=\boldsymbol{B}_{k}^{f}-\frac{1}{N-1}\boldsymbol{P}_{x,k}^{f}(\boldsymbol{P}_{y,k}^{f})^{\mathrm{T}}\\&\qquad\times\left[(\boldsymbol{P}_{y,k}^{f})(\boldsymbol{P}_{y,k}^{f})^{\mathrm{T}}+(N-1)\boldsymbol{R}_{k}\right]^{-1}\boldsymbol{P}_{y,k}^{f}(\boldsymbol{P}_{x,k}^{f})^{\mathrm{T}}\end{aligned} \tag{2.31}$$

进一步地，式 (2.31) 中的误差矩阵可以变形为

$$\boldsymbol{B}_{k}^{a}=\frac{1}{N-1}\boldsymbol{P}_{x,k}^{f}\left\{\boldsymbol{I}-(\boldsymbol{P}_{y,k}^{f})^{\mathrm{T}}\left[(\boldsymbol{P}_{y,k}^{f})(\boldsymbol{P}_{y,k}^{f})^{\mathrm{T}}+(N-1)\boldsymbol{R}_{k}\right]^{-1}\boldsymbol{P}_{y,k}^{f}\right\}(\boldsymbol{P}_{y,k}^{f})^{\mathrm{T}} \tag{2.32}$$

此处 $\boldsymbol{I}(\in\Re^{N\times N})$ 为单位矩阵，假设 $\boldsymbol{C}(\in\Re^{N\times N})$ 矩阵为

$$\boldsymbol{C}=\boldsymbol{I}-(\boldsymbol{P}_{y,k}^{f})^{\mathrm{T}}\left[(\boldsymbol{P}_{y,k}^{f})(\boldsymbol{P}_{y,k}^{f})^{\mathrm{T}}+(N-1)\boldsymbol{R}_{k}\right]^{-1}\boldsymbol{P}_{y,k}^{f} \tag{2.33}$$

是满秩的，对其进行特征值分解如下：

$$\begin{aligned}\boldsymbol{C}&=\boldsymbol{Z}\wedge\boldsymbol{Z}^{\mathrm{T}}\\&=(\boldsymbol{Z}\wedge^{1/2})(\boldsymbol{Z}\wedge^{1/2})^{\mathrm{T}}\\&=\boldsymbol{C}^{1/2}(\boldsymbol{C}^{1/2})^{\mathrm{T}}\end{aligned} \tag{2.34}$$

由此，式 (2.32) 可以变形为

$$
\begin{aligned}
\boldsymbol{B}_k^a &= \frac{1}{N-1}(\boldsymbol{P}_{x,k}^f)\boldsymbol{C}(\boldsymbol{P}_{x,k}^f)^{\mathrm{T}} \\
&= \frac{1}{N-1}(\boldsymbol{P}_{x,k}^f\boldsymbol{C}^{1/2})(\boldsymbol{P}_{x,k}^f\boldsymbol{C}^{1/2})^{\mathrm{T}}
\end{aligned} \tag{2.35}
$$

假定集合样本扰动 $\boldsymbol{P}_{x,k}^f$ 对应的分析扰动集合为 $\boldsymbol{P}_{x,k}^a$，仿照 $\boldsymbol{B}_k^f$ 的表达，理应有

$$
\boldsymbol{B}_k^a = \frac{1}{N-1}(\boldsymbol{P}_{x,k}^a)(\boldsymbol{P}_{x,k}^a)^{\mathrm{T}} \tag{2.36}
$$

则由式 (2.35)~ 式 (2.36) 可得

$$
\boldsymbol{P}_{x,k}^a = \boldsymbol{P}_{x,k}^f\boldsymbol{C}^{1/2} \tag{2.37}
$$

由此，我们通过式 (2.37) 也实现了样本 (扰动) 集合的更新，那么 EnKF 的公式又可以进一步变形为

预测步

$$
\begin{aligned}
&\text{状态变量：} \boldsymbol{x}_k^f = M_{k,k-1}(\boldsymbol{x}_{k-1}) \\
&\text{集合模拟：} \boldsymbol{x}_k^{i,f} = M_{k,k-1}(\boldsymbol{x}_{k-1}^i) \\
&\text{误差矩阵：} \boldsymbol{B}_k^f = \frac{(\boldsymbol{P}_{x,k}^f)(\boldsymbol{P}_{x,k}^f)^{\mathrm{T}}}{N-1}
\end{aligned} \tag{2.38}
$$

更新步

$$
\begin{aligned}
&\text{分析向量：} \boldsymbol{x}_k^a = \boldsymbol{x}_k^f + \boldsymbol{K}_k\left[\boldsymbol{y}_{\mathrm{o},k} - H_k(\boldsymbol{x}_k^f)\right] \\
&\text{增益矩阵: } \boldsymbol{K}_k = \boldsymbol{P}_{x,k}^f(\boldsymbol{P}_{y,k}^f)^{\mathrm{T}}\left[(\boldsymbol{P}_{y,k}^f)(\boldsymbol{P}_{y,k}^f)^{\mathrm{T}} + (N-1)\boldsymbol{R}_k\right]^{-1} \\
&\text{误差矩阵：} \boldsymbol{B}_k^a = \frac{1}{N-1}(\boldsymbol{P}_{x,k}^a)(\boldsymbol{P}_{x,k}^a)^{\mathrm{T}} \\
&\text{样本更新：} \boldsymbol{P}_{x,k}^a = \boldsymbol{P}_{x,k}^f\boldsymbol{C}^{1/2}
\end{aligned} \tag{2.39}
$$

同样地，我们也给出如下实现 EnKF 的拟程序——Algorithm 4 和 Algorithm 5。

Algorithm 4: program EnKF

1 Prepare $\boldsymbol{x}_0, \boldsymbol{P}_{x,0}^f$

2 **foreach** $k = 1, n_{\max}^{\mathrm{AD}}$ **do**

  `//` $n_{\max}^{\mathrm{AD}}$ `is the total assimilation times`

3   $\boldsymbol{x}_k^f = M_{k,k-1}(\boldsymbol{x}_{k-1})$

4   **foreach** $i = 1, N$ **do**

5     $\boldsymbol{x}_k^{i,f} = M_{k,k-1}(\boldsymbol{x}_{k-1} + \boldsymbol{x}_{k-1}^{i'})$

6     $\boldsymbol{x}_k^{i'} = \boldsymbol{x}_k^{i,f} - \boldsymbol{x}_k^f \to \boldsymbol{P}_{x,k}^f$

7 $\quad \boldsymbol{y}_k^{i'} = H_k(\boldsymbol{x}_k^{i,f}) - H_k(\boldsymbol{x}_k^f) \rightarrow \boldsymbol{P}_{y,k}^f$

8 **end**

Input: $\boldsymbol{y}_{\mathrm{o},k}, \boldsymbol{R}_k$

9 call EnKF$(\boldsymbol{x}_k^f, \boldsymbol{P}_{x,k}^f, \boldsymbol{P}_{y,k}^f, \boldsymbol{y}_{\mathrm{o},k}, \boldsymbol{R}_k, \boldsymbol{x}_k^a, \boldsymbol{P}_{x,k}^a)$

`// Input:` $\boldsymbol{x}_k^f, \boldsymbol{P}_{x,k}^f, \boldsymbol{P}_{y,k}^f, \boldsymbol{y}_{\mathrm{o},k}, \boldsymbol{R}_k$ | `output:`$\boldsymbol{x}_k^a, \boldsymbol{P}_{x,k}^a$

10 $\boldsymbol{x}_k = \boldsymbol{x}_k^a$

11 $\boldsymbol{P}_{x,k}^f = \boldsymbol{P}_{x,k}^a$

12 **end**

Algorithm 5: subroutine EnKF

Input: $\boldsymbol{x}_k^f, \boldsymbol{P}_{x,k}^f, \boldsymbol{P}_{y,k}^f, \boldsymbol{y}_{\mathrm{o},k}$ |

Output: $\boldsymbol{x}_k^a, \boldsymbol{P}_{x,k}^a$

1 $\boldsymbol{K}_k = \boldsymbol{P}_{x,k}^f(\boldsymbol{P}_{y,k}^f)^{\mathrm{T}}\left[(\boldsymbol{P}_{y,k}^f)(\boldsymbol{P}_{y,k}^f)^{\mathrm{T}} + (N-1)\boldsymbol{R}_k\right]^{-1}$

2 $\boldsymbol{x}_k^a = \boldsymbol{x}_k^f + \boldsymbol{K}_k[\boldsymbol{y}_{\mathrm{o},k} - H_k(\boldsymbol{x}_k^f)]$

3 $\boldsymbol{C} = \boldsymbol{I} - (\boldsymbol{P}_{y,k}^f)^{\mathrm{T}}[(\boldsymbol{P}_{y,k}^f)(\boldsymbol{P}_{y,k}^f)^{\mathrm{T}} + (N-1)\boldsymbol{R}_k]^{-1}\boldsymbol{P}_{y,k}^f$

4 $\boldsymbol{C} = \boldsymbol{C}^{1/2}(\boldsymbol{C}^{1/2})^{\mathrm{T}}$ `// EVD(eigenvalue decomposition) of` $\boldsymbol{C}$

5 $\boldsymbol{P}_{x,k}^a = \boldsymbol{P}_{x,k}^f\boldsymbol{C}^{1/2}$

以上的推导并不复杂，只用到了一些基本的矩阵乘法、转置等知识，读者可以仔细推导以加深理解。作为一个基于集合模拟的方法，EnKF 公式中对于集合样本扰动的更新步 ($\boldsymbol{P}_{x,k}^a = \boldsymbol{P}_{x,k}^f\boldsymbol{C}^{1/2}$) 非常重要：因为对于一个预报系统而言，随着预报模式的不断积分，观测资料的不断吸纳，数据同化不断进行，自然需要集合样本的更新与发展。另外，我们将式 (2.39) 中的 $\boldsymbol{K}_k$ 代入式 (2.39) 的分析向量方程，经整理后还可以得到：

$$\begin{aligned}
\boldsymbol{x}_k^a &= \boldsymbol{x}_k^f + \boldsymbol{K}_k\left[\boldsymbol{y}_{\mathrm{o},k} - H_k(\boldsymbol{x}_k^f)\right] \\
&= \boldsymbol{x}_k^f + \boldsymbol{P}_{x,k}^f(\boldsymbol{P}_{y,k}^f)^{\mathrm{T}}\left[(\boldsymbol{P}_{y,k}^f)(\boldsymbol{P}_{y,k}^f)^{\mathrm{T}} + (N-1)\boldsymbol{R}_k\right]^{-1}\left[\boldsymbol{y}_{\mathrm{o},k} - H_k(\boldsymbol{x}_k^f)\right] \\
&= \boldsymbol{x}_k^f + \boldsymbol{P}_{x,k}^f\beta
\end{aligned} \tag{2.40}$$

其中，$\beta = (\boldsymbol{P}_{y,k}^f)^{\mathrm{T}}[(\boldsymbol{P}_{y,k}^f)(\boldsymbol{P}_{y,k}^f)^{\mathrm{T}} + (N-1)\boldsymbol{R}_k]^{-1}[\boldsymbol{y}_{\mathrm{o},k} - H_k(\boldsymbol{x}_k^f)] \in \Re^N$，则分析增量 $\boldsymbol{x}_k^{a'}$(定义为 $\boldsymbol{x}_k^{a'} = \boldsymbol{x}_k^a - \boldsymbol{x}_k^f$) 就是集合样本扰动 $\boldsymbol{P}_{x,k}^f$ 的线性组合：

$$\boldsymbol{x}_k^{a'} = \boldsymbol{P}_{x,k}^f\beta \tag{2.41}$$

本质上，EnKF 就是利用集合样本扰动 $\boldsymbol{P}_{x,k}^f$ 所构造的线性空间近似逼近其分析增量 $\boldsymbol{x}_k^{a'}$ 所在的解空间，那么集合样本扰动 $\boldsymbol{P}_{x,k}^f$ 与 $\boldsymbol{P}_{x,k}^a$ 的重要性自然是不言而喻的。

下面将继续介绍一种应用非常广泛的 EnKF 的变型方法 LETKF(Hunt et al.,2007)，略去详细的推导过程，直接给出它的分析方程：

$$\boldsymbol{x}'_{\mathrm{a}} = \boldsymbol{P}_x^b \beta \tag{2.42}$$

其中，$\beta = \boldsymbol{v}^* \boldsymbol{P}_y^{\mathrm{T}} \boldsymbol{R}^{-1}(\boldsymbol{y}_{\mathrm{o}} - H\boldsymbol{x}_k)$,$\boldsymbol{v}^* = [(N-1)\boldsymbol{I} + \boldsymbol{P}_y^{\mathrm{T}} \boldsymbol{R}^{-1} \boldsymbol{P}_y]^{-1}$，其对应的分析扰动集合 $\boldsymbol{P}_x^a$ 为

$$\boldsymbol{P}_x^a = \boldsymbol{P}_x^b \boldsymbol{w} \tag{2.43}$$

这里的 $\boldsymbol{w}$ 称为转换矩阵：

$$\boldsymbol{w} = [(N-1)\boldsymbol{v}^*]^{1/2} \tag{2.44}$$

$\boldsymbol{w}$ 满足 $\boldsymbol{w}\boldsymbol{w}^{\mathrm{T}}/(N-1) = \boldsymbol{v}^*$，可以用与式 (2.34) 相同的方式对 $\boldsymbol{v}^*$ 进行特征值分解求得。在以上的 LETKF 公式中，省略了时间下标 k，$\boldsymbol{x}'_{\mathrm{a}}, \boldsymbol{x}_{\mathrm{b}}, \boldsymbol{y}_{\mathrm{o}}, \boldsymbol{P}_x^b$ 与 $\boldsymbol{P}_y$ 分别对应着上文中的 $\boldsymbol{x}_k^{a\prime}, \boldsymbol{x}_k^f, \boldsymbol{y}_{\mathrm{o},k}, \boldsymbol{P}_{x,k}^f$ 与 $\boldsymbol{P}_{y,k}^f$。同样地，我们给出实现 LETKF 的拟程序——Algorithm 6和 Algorithm 7。

Algorithm 6: program LETKF

```
1  Prepare x_b, P_x^b
2  foreach k = 1, n_max^AD do
       // n_max^AD is the total assimilation times
3      x = x_b
4      x_b = M(x)
5      foreach i = 1, N do
6          x^i = M(x + x'_i)
7          x'_i = x_i − x_b
8          y'_i = H(x_i) − H(x_b) → P_y
9      end
       Input: y_o, R
10     call LETKF(x_b, P_x^b, P_y, y_o, R, x_a, P_x^a)
       // Input: x_b, P_x^b, P_y, y_o, R | output: x_a, P_x^a
11     x_b = x_a
12     P_x^b = P_x^a
13 end
```

Algorithm 7: subroutine LETKF

Input: $\boldsymbol{x}_{\mathrm{b}}, \boldsymbol{P}_x^b, \boldsymbol{P}_y, \boldsymbol{y}_{\mathrm{o}}, \boldsymbol{R}$
Output: $\boldsymbol{x}_{\mathrm{a}}, \boldsymbol{P}_x^a$

1 $\boldsymbol{v}^* = [(N-1)\boldsymbol{I} + \boldsymbol{P}_y^{\mathrm{T}}\boldsymbol{R}^{-1}\boldsymbol{P}_y]^{-1}$
2 $\beta = \boldsymbol{v}^*\boldsymbol{P}_y^{\mathrm{T}}\boldsymbol{R}^{-1}[\boldsymbol{y}_{\mathrm{o}} - H(\boldsymbol{x}_{\mathrm{b}})]$
3 $\boldsymbol{x}'_{\mathrm{a}} = \boldsymbol{P}_x^b\beta$
4 $\boldsymbol{x}_{\mathrm{a}} = \boldsymbol{x}_{\mathrm{b}} + \boldsymbol{x}'_{\mathrm{a}}$
5 $\boldsymbol{w} = [(N-1)\boldsymbol{v}^*]^{1/2}$
6 $\boldsymbol{P}_x^a = \boldsymbol{P}_x^b\boldsymbol{w}$

需要说明的是，以上的公式推导中都假定集合样本个数 N 足够大，否则就会出现滤波发散及虚假相关等问题，需要采用局地化与因子膨胀等技术加以缓解，这些内容将在以后的章节中讨论。

从上面的集合 Kalman 滤波 (包括 EnKF 与 LETKF) 的公式，尤其从实现它们的拟程序段不难发现，EnKF 算法的推导与实施相当简单，不需要编程代码难度极高的预报/观测模式的切线性模式与伴随模式，正是由于它的简便易行，EnKF 在科研与业务 (尤其在科研) 当中的应用越来越广泛; EnKF 可以部分地避免预报模式与观测算子的非线性问题，但由式 (2.26)~ 式 (2.28) 不难发现，EnKF 同样采用 Taylor 级数展开的方式对切线性算子进行近似; 另外，EnKF 中的背景误差协方差矩阵 $\boldsymbol{B}_k^f$、$\boldsymbol{B}_k^a$ 由集合样本 $\boldsymbol{P}_{x,k}^f$、$\boldsymbol{P}_{x,k}^a$ 统计而来，其随着模式积分不断更新，也随着物理变量场流型变化。然而，EnKF 通常只能同化同一时刻的观测，难以吸纳更加丰富的观测资料，其同化精度也必然会受到影响; 同时，上面已经提过，在 EnKF 的实施过程中，由于计算资源的限制，一般所采用的集合样本 N 大约只能为 10^2，远远小于数值预报模式状态变量维数 $n_m(10^6 \sim 10^9)$，不加修正必然会导致滤波发散以及虚假相关，从而导致同化失败。

2.3　4DVar 与 EnKF 的融合：NLS-4DVar

本节首先介绍四维变分同化 (4DVar) 的概念以及求解 4DVar 问题的简单思路。所谓四维变分同化 (4DVar)，是指求解 $\boldsymbol{x} \in \Re^{n_m}$ 使之极小化下面的非线性最优化问题：

$$\begin{aligned} J(\boldsymbol{x}) = & \frac{1}{2}(\boldsymbol{x} - \boldsymbol{x}_{\mathrm{b}})^{\mathrm{T}}\boldsymbol{B}^{-1}(\boldsymbol{x} - \boldsymbol{x}_{\mathrm{b}}) \\ & + \frac{1}{2}\sum_{k=0}^{S}\left[\boldsymbol{y}_{\mathrm{o},k} - H_k(\boldsymbol{x}_k)\right]^{\mathrm{T}}\boldsymbol{R}_k^{-1}\left[\boldsymbol{y}_{\mathrm{o},k} - H_k(\boldsymbol{x}_k)\right] \end{aligned} \tag{2.45}$$

满足：

$$\boldsymbol{x}_k = M_{t_0 \to t_k}(\boldsymbol{x}) \tag{2.46}$$

式中，$M_{t_0 \to t_k}(\cdot) : \Re^{n_m} \to \Re^{n_m}$ 为从初始时刻 t_0 到 t_k 时刻的数值预报模式; n_m

为 $M_{t_0\to t_k}(\cdot)$ 的状态变量维数，就目前的大气环流模式而言，n_m 的量级为 $10^6 \sim 10^9$；$H_k(\cdot):\Re^{n_m}\to\Re^{n_o}$ 为 t_k 时刻的观测算子，它可以是简单的插值算子，也可以是非常复杂的辐射传输模型等，在目前的实际大气、海洋同化中，$n_{\mathrm{o}}(=\sum\limits_{k=0}^{S} n_{\mathrm{o},k})$ 的量级为 $10^5\sim 10^7$；$\boldsymbol{x}_{\mathrm{b}}\in\Re^{n_m}$ 为初始时刻的模式背景场 (或初猜场)；$\boldsymbol{B}\in\Re^{n_m\times n_m}$ 为背景误差协方差矩阵；$\boldsymbol{y}_{\mathrm{o},k}$ 为 t_k 时刻观测向量；$\boldsymbol{R}_k$ 为观测误差协方差矩阵 (通常为对角矩阵)。以上的 $\boldsymbol{x}_{\mathrm{b}},\boldsymbol{y}_{\mathrm{o},k},\boldsymbol{B}$ 与 $\boldsymbol{R}_k$ 都是已知的。不难看出，四维变分同化问题 [式 (2.45) 和式 (2.46)] 形式上确实是三维变分问题 [式 (1.21)] 在时间维上的一个扩展。

为了求解 4DVar 问题 [式 (2.45) 和式 (2.46)]，需要如下两个假设对其进行简化。

(1) **因果性假设**：假设预报模式 $M_{t_0\to t_k}(\cdot)$ 可以分解为积分时间窗口 $[t_0,t_k]$ 内所有一步递推预报模式 M_k 乘积的形式，即

$$\boldsymbol{x}_k = M_{t_0\to t_k}(\boldsymbol{x}) = M_k M_{k-1}\cdots M_1(\boldsymbol{x}) \tag{2.47}$$

$$\boldsymbol{x}_k = M_k(\boldsymbol{x}_{k-1}) \tag{2.48}$$

式中，M_0 为恒等预报算子。这样的因果性假设在数值预报模式中是自然成立的。

(2) **切线性假设**：

$$\boldsymbol{y}_{\mathrm{o},k} - H_k M_{t_0\to t_k}(\boldsymbol{x}) \approx \boldsymbol{y}_{\mathrm{o},k} - H_k M_{t_0\to t_k}(\boldsymbol{x}_{\mathrm{b}}) - \boldsymbol{H}_k'\boldsymbol{M}_k'(\boldsymbol{x}-\boldsymbol{x}_{\mathrm{b}}) \tag{2.49}$$

式中，$\boldsymbol{M}_k'$、$\boldsymbol{H}_k'$ 分别为非线性预报模式 $M_{t_0\to t_k}$ 与观测算子 H_k 的切线性模式。

求解代价函数 [式 (2.45) 和式 (2.46)]，通常需要计算它的梯度，为方便起见，将 4DVar 的代价函数分为两项，即

$$J(\boldsymbol{x}) = J_b(\boldsymbol{x}) + J_{\mathrm{o}}(\boldsymbol{x}) \tag{2.50}$$

其中

$$J_b(\boldsymbol{x}) = \frac{1}{2}(\boldsymbol{x}-\boldsymbol{x}_{\mathrm{b}})^{\mathrm{T}}\boldsymbol{B}^{-1}(\boldsymbol{x}-\boldsymbol{x}_{\mathrm{b}}) \tag{2.51}$$

及

$$J_{\mathrm{o}}(\boldsymbol{x}) = \frac{1}{2}\sum_{k=0}^{S}\left[\boldsymbol{y}_{\mathrm{o},k} - H_k(\boldsymbol{x}_k)\right]^{\mathrm{T}}\boldsymbol{R}_k^{-1}\left[\boldsymbol{y}_{\mathrm{o},k} - H_k(\boldsymbol{x}_k)\right] \tag{2.52}$$

$\nabla J_b(\boldsymbol{x})$ 的计算非常容易，关键在于如何计算 $\nabla J_{\mathrm{o}}(\boldsymbol{x})$，基于以上所做的因果性与切线性假设并令 $\boldsymbol{d}_k = \boldsymbol{R}_k^{-1}[\boldsymbol{y}_{\mathrm{o},k} - H_k(\boldsymbol{x}_k)]$ 可得

$$-\nabla J_{\mathrm{o}}(\boldsymbol{x}) = -\frac{1}{2}\sum_{k=0}^{k=S}\nabla\left\{\left[\boldsymbol{y}_{\mathrm{o},k} - H_k(\boldsymbol{x}_k)\right]^{\mathrm{T}}\boldsymbol{R}_k^{-1}\left[\boldsymbol{y}_{\mathrm{o},k} - H_k(\boldsymbol{x}_k)\right]\right\}$$

$$
\begin{aligned}
&=-\frac{1}{2}\sum_{k=0}^{k=S}\nabla\Big\{\left[\boldsymbol{y}_{\mathrm{o},k}-H_kM_k\cdots M_1\boldsymbol{x}\right]^{\mathrm{T}}\boldsymbol{R}_k^{-1}\\
&\quad\times\left[\boldsymbol{y}_{\mathrm{o},k}-H_kM_k\cdots M_1\boldsymbol{x}\right]\Big\}\\
&=\sum_{k=0}^{S}\boldsymbol{M}_1^{*\prime\mathrm{T}}\cdots\boldsymbol{M}_k^{*\prime\mathrm{T}}\boldsymbol{H}_k^{\prime\mathrm{T}}\boldsymbol{d}_k\\
&=\boldsymbol{H}_0^{\prime\mathrm{T}}\boldsymbol{d}_0+\boldsymbol{M}_1^{*\prime\mathrm{T}}\left[\boldsymbol{H}_1^{\prime\mathrm{T}}\boldsymbol{d}_1+\boldsymbol{M}_2^{*\prime\mathrm{T}}\left[\boldsymbol{H}_2^{\prime\mathrm{T}}\boldsymbol{d}_2+\cdots+\boldsymbol{H}_S^{\prime\mathrm{T}}\boldsymbol{d}_S\right]\cdots\right]
\end{aligned}
\tag{2.53}
$$

式中，$\boldsymbol{M}_k^{*\prime}$ 为一步递推算子 M_k 的切线性算子; $\boldsymbol{M}_k^{*\prime\mathrm{T}}$、$\boldsymbol{H}_k^{\prime\mathrm{T}}$ 分别为切线性模式 $\boldsymbol{M}_k^{*\prime}$、$\boldsymbol{H}_k^{\prime}$ 的伴随模式。为了方便计算，通常需要引入一个所谓的“伴随变量”——$\widetilde{\boldsymbol{x}}_k$ 并令 $\widetilde{\boldsymbol{x}}_S=0$，对于 $k=S,S-1,\cdots,0$，我们可以得到 $\widetilde{\boldsymbol{x}}_{k-1}=\boldsymbol{M}_k^{*\prime}(\widetilde{\boldsymbol{x}}_k+\boldsymbol{H}_k^{\prime\mathrm{T}}\boldsymbol{d}_k)$，以上的计算方向显然与模式向前积分的方向相反，经过迭代最后可以得到 $\nabla J_{\mathrm{o}}(\boldsymbol{x})=-\widetilde{\boldsymbol{x}}_0$ (Bouttier and Courtier,2002)。

对于数值预报模式 $M_{t_0\to t_k}$ 与观测算子 H_k 而言，编写其对应的切线性模式与伴随模式非常复杂，感兴趣的读者可以参见 Zou 等 (1997)。而

$$
\nabla J_b(\boldsymbol{x})=\boldsymbol{B}^{-1}(\boldsymbol{x}-\boldsymbol{x}_{\mathrm{b}})
\tag{2.54}
$$

则有

$$
\nabla J(\boldsymbol{x})=\boldsymbol{B}^{-1}(\boldsymbol{x}-\boldsymbol{x}_{\mathrm{b}})-\boldsymbol{H}_0^{\prime\mathrm{T}}\boldsymbol{d}_0-\boldsymbol{M}_1^{*\prime\mathrm{T}}[\boldsymbol{H}_1^{\prime\mathrm{T}}\boldsymbol{d}_1+\boldsymbol{M}_2^{*\prime\mathrm{T}}[\boldsymbol{H}_2^{\prime\mathrm{T}}\boldsymbol{d}_2+\cdots+\boldsymbol{H}_S^{\prime\mathrm{T}}\boldsymbol{d}_S]\cdots]
\tag{2.55}
$$

原则上，我们可以利用通常的非线性最优化算法 [如 L-BFGS(limited memory broyden fletcher goldfarb shanno)](Liu and Nocedal,1989) 反复迭代计算 4DVar 的函数值 [式 (2.45)] 与梯度值 [式 (2.55)]，从而得到 4DVar 问题的最优解 $\boldsymbol{x}_{\mathrm{a}}$。然而，问题绝非如此简单，在实际 (尤其是业务运行) 的数据同化中，除了引入上述的“伴随变量” $\widetilde{\boldsymbol{x}}_k$ 以便计算 $\nabla J_{\mathrm{o}}(\boldsymbol{x})$ 之外，还需要引入所谓的“控制变量”以规避对背景误差协方差矩阵 $\boldsymbol{B}$ 的直接求逆 (由于其维数巨大，直接求逆根本不可行)。对于实际的大气、海洋数据同化而言，基于伴随模式的 4DVar 的求解相当复杂，这也是为什么我们着力发展非伴随依赖的 4DEnVar 方法的根本原因，对基于伴随法的 4DVar 求解感兴趣的读者可以参考 Bouttier 和 Courtier(2002) 与 Zou 等 (1997)。

除了上面提及的对伴随模式的依赖所带来的弊端之外，在过去的 4DVar 当中，其背景误差协方差矩阵 $\boldsymbol{B}$ 一般由历史资料统计得到 [如 NMC(national meteorological center) 方法]，因而是静态的，难以描述大气、海洋变量的流型变化，必然会对同化精度造成影响。但 4DVar 的优势却又相当突出：一方面，它可以同时同化多个时刻、不同来源的观测资料；另一方面，数值预报模式在同化过程中起到一个强约束的作用。一般而言，吸收的观测信息越多则同化精度越高，而数值预报模

式的强约束作用又会使得 4DVar 的分析场与数值预报模式相协调，这对于模式预报精度的提高大有裨益。

如上所述，EnKF 和 4DVar 作为当前数据同化领域两大最为主流的数据同化方法，有着它们各自突出的优势，同时也不可避免地存在一些弊端。概括起来，EnKF 的优势主要体现于概念与实施简单以及对背景误差协方差矩阵的随流型估计；4DVar 可以提供精度更高且与预报模式相协调的分析场，不足之处主要在于实施难度大，且无法提供随流型变化的误差估计。很显然两种方法恰好可以实现优劣互补，实际上很多基于 EnKF 与 4DVar 的混合方法被逐步开发出来。例如，在 EnKF 这一方面，Hunt 等 (2004) 首先将 EnKF 在时间维上进行扩展，由此可以同时同化多个时刻的观测资料，形成了所谓的 4DEnKF 方法；而 Evensen 和 van Leeuwen(2000) 所开发的 EnKS(ensemble Kalman smoother，集合卡尔曼平滑器) 方法，在原理上与 4DEnKF 几乎一致；对于 4DVar，将 EnKF 随流型变化的误差估计引入 4DVar 之中所形成的混合方法大体可以分为 3 种，即“hybrid-4DVar” (Clayton et al.,2013)、“En4DVar” (Zhang and Zhang,2012)，以及 4DEnVar(Qiu et al.,2007; Liu et al.,2008；Tian et al.,2008；Wang et al.,2010；Tian et al.,2011; Tian and Xie,2012；Tian and Feng,2015)。根据Lorenc (2013)的分类：所谓 hybrid-4DVar，是 4DVar 的背景误差协方差矩阵由气候态 (静态) 及样本统计而来 (随流型变化) 的背景误差协方差矩阵线性组合而来；而 En4DVar 则是将 EnKF 和 4DVar 分别运行，EnKF 负责生成、更新随流型变化背景误差协方差矩阵，4DVar 则用于求解与数值模式相协调的分析场。需要指出的是，在以上的 hybrid/En-4DVar 中，4DVar 的求解仍需依赖于切线性与伴随模式的传统方法；而 4DEnVar 则是采用集合模拟的方式分别近似背景误差协方差矩阵和切线性模式，不但可以利用随流型变化的误差估计，还摆脱了对于切线性模式与伴随模式的依赖，使得它的实施像 EnKF 那样简单。实际上，很多不进行迭代的 4DEnVar 方法与 4DEnKF 方法非常类似 (Hunt et al.,2004; Tian et al.,2011)，这一现象又进一步阐述了将 4DVar 和 EnKF 进行耦合的必要性。通过以上分析，我们需要在 4DVar 与 EnKF 的耦合过程中谋求一种同化精度与实施难度的平衡，这样的平衡，需要考虑到同化精度、编程实现以及计算代价等多个方面的因素。另外，普遍认为，En4DVar 的同化精度要优于 4DEnVar，究其原因，自然是 En4DVar 采用了真正的切线性模式与伴随模式，而 4DEnVar 只是采用了近似的切线性模式。如何进一步提高 4DEnVar 对于切线性模式的近似准确度是提高 4DEnVar 同化精度的必由之路，自然需要深入分析到底是什么原因使得 4DEnVar 对于切线性算子近似的准确度不够。这些问题都将在以下介绍的 NLS-4DVar (Tian et al.,2018) 系列方法中得到解释。

首先给出 4DVar 问题 [式 (2.45) 和式 (2.46)] 的增量形式：求解初始 (t_0) 时刻变量场 $\boldsymbol{x}_{\mathrm{b}} \in \Re^{n_m}$ 的分析增量 $\boldsymbol{x}'_{\mathrm{a}}$，使之极小化以下的代价函数。

$$
\begin{aligned}
J(\boldsymbol{x}') = & \frac{1}{2}(\boldsymbol{x}')^{\mathrm{T}}\boldsymbol{B}^{-1}(\boldsymbol{x}') \\
& + \frac{1}{2}\sum_{k=0}^{S}\left[H_k M_{t_0\to t_k}(\boldsymbol{x}_{\mathrm{b}}+\boldsymbol{x}') - \boldsymbol{y}_{\mathrm{o},k}\right]^{\mathrm{T}} \\
& \times \boldsymbol{R}_k^{-1}\left[H_k M_{t_0\to t_k}(\boldsymbol{x}_{\mathrm{b}}+\boldsymbol{x}') - \boldsymbol{y}_{\mathrm{o},k}\right]
\end{aligned} \tag{2.56}
$$

进一步，将式 (2.56) 简写为

$$
J(\boldsymbol{x}') = \frac{1}{2}(\boldsymbol{x}')^{\mathrm{T}}\boldsymbol{B}^{-1}(\boldsymbol{x}') + \frac{1}{2}\sum_{k=0}^{S}\left[L_k'(\boldsymbol{x}') - \boldsymbol{y}_{\mathrm{o},k}'\right]^{\mathrm{T}}\boldsymbol{R}_k^{-1}\left[L_k'(\boldsymbol{x}') - \boldsymbol{y}_{\mathrm{o},k}'\right] \tag{2.57}
$$

其中，$\boldsymbol{x}'$ 为背景场 $\boldsymbol{x}_{\mathrm{b}}$ 的扰动，而且

$$
L_k'(\boldsymbol{x}') = L_k(\boldsymbol{x}_{\mathrm{b}}+\boldsymbol{x}') - L_k(\boldsymbol{x}_{\mathrm{b}}) \tag{2.58}
$$

$$
\boldsymbol{y}_{\mathrm{o},k}' = \boldsymbol{y}_{\mathrm{o},k} - L_k(\boldsymbol{x}_{\mathrm{b}}) \tag{2.59}
$$

$$
L_k = H_k M_{t_0\to t_k} \tag{2.60}
$$

在一般的 En4DVar 里面，背景误差协方差矩阵 $\boldsymbol{B}$ 由集合误差协方差矩阵 $\boldsymbol{B}_{\mathrm{e}}$ 近似代替，即有

$$
\boldsymbol{B} \approx \boldsymbol{B}_{\mathrm{e}} = \frac{(\boldsymbol{P}_x)(\boldsymbol{P}_x)^{\mathrm{T}}}{N-1} \tag{2.61}
$$

式中，$\boldsymbol{P}_x = (\boldsymbol{x}_1', \cdots, \boldsymbol{x}_N')$ 为初始时刻的样本扰动集合，此处同样假设样本个数 $N(\to\infty)$ 足够大。为了避免对 $\boldsymbol{B}_{\mathrm{e}}$ 直接求逆，假设分析增量 $\boldsymbol{x}_{\mathrm{a}}'$ 可以表征为样本扰动集合 $\boldsymbol{P}_x$ 的线性组合的形式：

$$
\boldsymbol{x}_{\mathrm{a}}' = \boldsymbol{P}_x\beta \tag{2.62}
$$

式中，$\beta \in \Re^N$ 为线性组合系数向量。将式 (2.61) 和式 (2.62) 代入式 (2.57)，并由此将其转化为如下的控制变量为 β 的代价函数。

$$
\begin{aligned}
J(\beta) = & \frac{1}{2}(\boldsymbol{P}_x\beta)^{\mathrm{T}}\left(\frac{\boldsymbol{P}_x\boldsymbol{P}_x^{\mathrm{T}}}{N-1}\right)^{-1}(\boldsymbol{P}_x\beta) \\
& + \frac{1}{2}\sum_{k=0}^{S}\left[L_k'(\boldsymbol{P}_x\beta) - \boldsymbol{y}_{\mathrm{o},k}'\right]^{\mathrm{T}}\boldsymbol{R}_k^{-1}\left[L_k'(\boldsymbol{P}_x\beta) - \boldsymbol{y}_{\mathrm{o},k}'\right] \\
= & \frac{1}{2}(N-1)\beta^{\mathrm{T}}(\boldsymbol{P}_x)^{\mathrm{T}}(\boldsymbol{P}_x)^{-\mathrm{T}}(\boldsymbol{P}_x)^{-1}(\boldsymbol{P}_x)\beta \\
& + \frac{1}{2}\sum_{k=0}^{S}\left[L_k'(\boldsymbol{P}_x\beta) - \boldsymbol{y}_{\mathrm{o},k}'\right]^{\mathrm{T}}\boldsymbol{R}_k^{-1}\left[L_k'(\boldsymbol{P}_x\beta) - \boldsymbol{y}_{\mathrm{o},k}'\right]
\end{aligned} \tag{2.63}
$$

$$=\frac{1}{2}(N-1)\beta^{\mathrm{T}}\beta+\frac{1}{2}\sum_{k=0}^{S}\left[L_k'(\boldsymbol{P}_x\beta)-\boldsymbol{y}_{\mathrm{o},k}'\right]^{\mathrm{T}}\boldsymbol{R}_k^{-1}\left[L_k'(\boldsymbol{P}_x\beta)-\boldsymbol{y}_{\mathrm{o},k}'\right]$$

以上推导用到了广义逆矩阵 ($\boldsymbol{P}_x^{-1}$) 的概念 (Evensen,2004)。要求解非线性最优化问题 [式 (2.63)]，同样需要计算它的梯度：

$$\nabla J(\beta)=(N-1)\beta+\sum_{k=0}^{S}\boldsymbol{P}_x^{\mathrm{T}}\boldsymbol{M}_k'^{\mathrm{T}}\boldsymbol{H}_k'^{\mathrm{T}}\boldsymbol{R}_k^{-1}\left[L_k'(\boldsymbol{P}_x\beta)-\boldsymbol{y}_{\mathrm{o},k}'\right] \tag{2.64}$$

由此，式 (2.63) 的最优解可以采用适当的非线性优化算法 (如 L-BFGS 方法)(Liu and Nocedal,1989)，通过反复计算其函数值 [式 (2.63)] 与梯度值 [式 (2.64)] 迭代求得。其中，$\boldsymbol{M}_k'$ 与 $\boldsymbol{H}_k'$ 分别是非线性预报算子 $M_{t_0\to t_k}$ 与观测算子 H_k 的切线性算子，而其伴随模式为 $\boldsymbol{M}_k'^{\mathrm{T}}$ 和 $\boldsymbol{H}_k'^{\mathrm{T}}$。由此不难看出，对于 En4DVar 问题 [式 (2.57)~式 (2.60)] 而言，切线性模式与伴随模式必不可少。

2.3.1 NLS$_1$-4DVar：En4DVar 的高斯-牛顿迭代解

为了避免使用伴随模式，我们首先将式 (2.63) 改写成如下非线性最小二乘问题的形式 (Dennis Jr and Schnabel,1996)，也就是极小化如下的二次代价函数：

$$J(\beta)=\frac{1}{2}Q(\beta)^{\mathrm{T}}Q(\beta) \tag{2.65}$$

其中

$$Q(\beta)=\begin{pmatrix}\sqrt{N-1}\beta\\ \boldsymbol{R}_{+,0}^{-1/2}[L_0'(\boldsymbol{P}_x\beta)-\boldsymbol{y}_{\mathrm{o},0}']\\ \vdots\\ \boldsymbol{R}_{+,S}^{-1/2}[L_S'(\boldsymbol{P}_x\beta)-\boldsymbol{y}_{\mathrm{o},S}']\end{pmatrix} \tag{2.66}$$

以及 $(\boldsymbol{R}_{+,k}^{1/2})(\boldsymbol{R}_{+,k}^{1/2})^{\mathrm{T}}=\boldsymbol{R}_k$。式 (2.66) 的梯度或者雅可比矩阵可由式 (2.67) 计算而来：

$$J_{\mathrm{ae}}Q(\beta)=\frac{\partial Q(\beta)}{\partial\beta}=\begin{pmatrix}\sqrt{N-1}\boldsymbol{I}\\ \boldsymbol{R}_{+,0}^{-1/2}\boldsymbol{H}_0'\boldsymbol{M}_0'\boldsymbol{P}_x\\ \vdots\\ \boldsymbol{R}_{+,S}^{-1/2}\boldsymbol{H}_S'\boldsymbol{M}_S'\boldsymbol{P}_x\end{pmatrix} \tag{2.67}$$

求解该非线性最优化问题的高斯–牛顿迭代格式为 (详见 Dennis Jr and Schnabel, 1996)

$$\beta^i=\beta^{i-1}-\left\{\left[J_{\mathrm{ae}}Q(\beta^{i-1})\right]^{\mathrm{T}}\left[J_{\mathrm{ae}}Q(\beta^{i-1})\right]\right\}^{-1}\left[J_{\mathrm{ae}}Q(\beta^{i-1})\right]^{\mathrm{T}}Q(\beta^{i-1}) \tag{2.68}$$

将式 (2.66) 和式 (2.67) 代入式 (2.68) 得到：

$$
\begin{aligned}
\beta^i =& \beta^{i-1} - \left[\begin{pmatrix} \sqrt{N-1}\boldsymbol{I} \\ \boldsymbol{R}_{+,0}^{-1/2}\boldsymbol{H}_0'\boldsymbol{M}_0'\boldsymbol{P}_x \\ \vdots \\ \boldsymbol{R}_{+,S}^{-1/2}\boldsymbol{H}_S'\boldsymbol{M}_S'\boldsymbol{P}_x \end{pmatrix}^{\mathrm{T}} \begin{pmatrix} \sqrt{N-1}\boldsymbol{I} \\ \boldsymbol{R}_{+,0}^{-1/2}\boldsymbol{H}_0'\boldsymbol{M}_0'\boldsymbol{P}_x \\ \vdots \\ \boldsymbol{R}_{+,S}^{-1/2}\boldsymbol{H}_S'\boldsymbol{M}_S'\boldsymbol{P}_x \end{pmatrix} \right]^{-1} \\
& \times \begin{pmatrix} \sqrt{N-1}\boldsymbol{I} \\ \boldsymbol{R}_{+,0}^{-1/2}\boldsymbol{H}_0'\boldsymbol{M}_0'\boldsymbol{P}_x \\ \vdots \\ \boldsymbol{R}_{+,S}^{-1/2}\boldsymbol{H}_S'\boldsymbol{M}_S'\boldsymbol{P}_x \end{pmatrix}^{\mathrm{T}} \begin{pmatrix} \sqrt{N-1}\beta^{i-1} \\ \boldsymbol{R}_{+,0}^{-1/2}[L_0(\boldsymbol{P}_x\beta^{i-1}) - \boldsymbol{y}_{\mathrm{o},0}'] \\ \vdots \\ \boldsymbol{R}_{+,S}^{-1/2}[L_S(\boldsymbol{P}_x\beta^{i-1}) - \boldsymbol{y}_{\mathrm{o},S}'] \end{pmatrix} \\
=& \beta^{i-1} - \left[(N-1)\boldsymbol{I} + \sum_{k=0}^{S} (\boldsymbol{H}_k'\boldsymbol{M}_k'\boldsymbol{P}_x)^{\mathrm{T}} \boldsymbol{R}_k^{-1} (\boldsymbol{H}_k'\boldsymbol{M}_k'\boldsymbol{P}_x) \right]^{-1} \\
& \times \left\{ (N-1)\beta^{i-1} + \sum_{k=0}^{S} (\boldsymbol{H}_k'\boldsymbol{M}_k'\boldsymbol{P}_x)^{\mathrm{T}} \boldsymbol{R}_k^{-1} \left[L_k'(\boldsymbol{P}_x\beta^{i-1}) - \boldsymbol{y}_{\mathrm{o},k}' \right] \right\}
\end{aligned} \tag{2.69}
$$

则有

$$
\begin{aligned}
\Delta\beta^i =& -\left[(N-1)\boldsymbol{I} + \sum_{k=0}^{S} (\boldsymbol{H}_k'\boldsymbol{M}_k'\boldsymbol{P}_x)^{\mathrm{T}} \boldsymbol{R}_k^{-1} (\boldsymbol{H}_k'\boldsymbol{M}_k'\boldsymbol{P}_x) \right]^{-1} \\
& \times \left\{ (N-1)\beta^{i-1} + \sum_{k=0}^{S} (\boldsymbol{H}_k'\boldsymbol{M}_k'\boldsymbol{P}_x)^{\mathrm{T}} \boldsymbol{R}_k^{-1} \left[L_k'(\boldsymbol{P}_x\beta^{i-1}) - \boldsymbol{y}_{\mathrm{o},k}' \right] \right\}
\end{aligned} \tag{2.70}
$$

以及

$$
\boldsymbol{x}_a = \boldsymbol{x}_b + \boldsymbol{P}_x\beta^i \tag{2.71}
$$

其中，$\Delta\beta^i = \beta^i - \beta^{i-1}(i = 1, \cdots, i_{\max}, i_{\max}$ 为最大的迭代次数)。我们惊奇地发现，在利用式 (2.70) 进行迭代求解 β^i 时，$(\boldsymbol{H}_k'\boldsymbol{M}_k'\boldsymbol{P}_x)^{\mathrm{T}}$ 的计算完全可以通过先计算 $(\boldsymbol{H}_k'\boldsymbol{M}_k'\boldsymbol{P}_x)$，然后对其转置得到，也就意味着，将原问题转化为非线性最小二乘问题 [式 (2.65) 和式 (2.66)] 并采用高斯–牛顿迭代格式之后，伴随模式 $\boldsymbol{M}_k'^{\mathrm{T}}$ 和 $\boldsymbol{H}_k'^{\mathrm{T}}$ 就被避免了。而从式 (2.63)～式 (2.65) 的推导，我们并没有引入任何额外的假设，也就是说，非线性最小二乘问题 [式 (2.65) 和式 (2.66)] 与原来的 En4DVar 问题 [式 (2.63)] 是完全等价的，但迭代格式 [式 (2.70)] 却无须引入编程异常复杂的伴随模式。不过需要指出的是，$\mathrm{NLS_1}$-4DVar 依然需要编程难度很大的切线性模式 $\boldsymbol{M}_k'$ 和 $\boldsymbol{H}_k'$，鉴于我们开发 NLS-4DVar 系列方法的主要目的就是避免伴随模式与切线性模式，这里并没有给出 $\mathrm{NLS_1}$-4DVar 的拟程序。

2.3.2 NLS$_2$-4DVar：避免使用切线性模式

如上所述，NLS$_1$-4DVar 与原来的 En4DVar 相比，避免使用伴随模式，代码难度大幅度降低，不过该算法依然需要切线性模式 $\boldsymbol{M}_k'$ 和 $\boldsymbol{H}_k'$，编码难度依然不小。为了进一步降低编码的难度，我们继续引入以下近似：

$$\boldsymbol{H}_k'\boldsymbol{M}_k'\boldsymbol{x}_j' = L_k(\boldsymbol{x}_{\mathrm{a}}^{i-1} + \boldsymbol{x}_j') - L_k(\boldsymbol{x}_{\mathrm{a}}^{i-1}) \tag{2.72}$$

其中 $i = 1, \cdots, i_{\max}$；$j = 1, \cdots, N$。令

$$\boldsymbol{y}_{k,j}^{\prime,i-1} = L_k(\boldsymbol{x}_{\mathrm{a}}^{i-1} + \boldsymbol{x}_j') - L_k(\boldsymbol{x}_{\mathrm{a}}^{i-1}) \tag{2.73}$$

令 $\boldsymbol{P}_{y,k}^{i-1} = (\boldsymbol{y}_{k,1}^{\prime,i-1}, \cdots, \boldsymbol{y}_{k,N}^{\prime,i-1})$，则分析方程式 (2.70) 进一步简化为

$$\begin{aligned}\Delta\beta^i = & -\left[(N-1)\boldsymbol{I} + \sum_{k=0}^{S}(\boldsymbol{P}_{y,k}^{i-1})^{\mathrm{T}}\boldsymbol{R}_k^{-1}(\boldsymbol{P}_{y,k}^{i-1})\right]^{-1} \\ & \times\left\{(N-1)\beta^{i-1} + \sum_{k=0}^{S}(\boldsymbol{P}_{y,k}^{i-1})^{\mathrm{T}}\boldsymbol{R}_k^{-1}\left[L_k'(\boldsymbol{P}_x\beta^{i-1}) - \boldsymbol{y}_{\mathrm{o},k}'\right]\right\}\end{aligned} \tag{2.74}$$

我们称式 (2.72)~式 (2.74) 为 NLS$_2$-4DVar 方法。经过了式 (2.72) 和式 (2.73) 的简化之后，NLS$_2$-4DVar 不但无须伴随模式，同时还避免了使用切线性模式 $\boldsymbol{M}_k'$ 和 $\boldsymbol{H}_k'$，其程序的实现已经可以像前面介绍的 EnKF 那样简便。需要指出的是，式 (2.72)~式 (2.74) 本质上是对 $L_k(\boldsymbol{x}_{\mathrm{a}}^{i-1} + \boldsymbol{x}_j')$ 在每次迭代的最优值 $\boldsymbol{x}_{\mathrm{a}}^{i-1}$ 处进行 Taylor 展开并略去高阶项近似得到的，不过以上的近似是在高斯–牛顿迭代格式 ($i = 1, \cdots, i_{\max}$) 中循环进行的，以迭代的方式使得 L_k' 不断逼近切线性算子 $\boldsymbol{H}_k'\boldsymbol{M}_k'$，相较于 EnKF 所采用的一次近似 [式 (2.26)~式 (2.28)]，其精度会得到极大的保证。我们给出实现 NLS$_2$-4DVar 算法的拟程序——Algorithm 8 和 Algorithm 9。

Algorithm 8: program NLS$_2$main

1 Prepare $\boldsymbol{x}_{\mathrm{b}}, \boldsymbol{P}_x, \boldsymbol{y}_{\mathrm{o},k}, \boldsymbol{R}_k$
2 $\beta^0 = 0$
3 Run the forecast model $M_{t_0\to t_k}$ and call H_k to obtain $L_k(\boldsymbol{x}_{\mathrm{b}})$ and $\boldsymbol{y}_{\mathrm{o},k}'$
4 **foreach** $i = 1, i_{\max}$ **do**
  // $i_{\max}$ is the maximum iteration number
5   $\boldsymbol{x}_{\mathrm{a}}^{i-1} = \boldsymbol{x}_{\mathrm{b}} + \boldsymbol{P}_x\beta^{i-1}$
6   Run $M_{t_0\to t_k}$ and call H_k to obtain $L_k(\boldsymbol{x}_{\mathrm{a}}^{i-1})$ and $L_k'(\boldsymbol{P}_x\beta^{i-1})$
7   **foreach** $j = 1, N$ **do**
8   Run the forecast model $M_{t_0\to t_k}$ and call H_k repeatedly
9     $\boldsymbol{y}_{k,j}^{\prime,i-1} = L_k(\boldsymbol{x}_{\mathrm{a}}^{i-1} + \boldsymbol{x}_j') - L_k(\boldsymbol{x}_{\mathrm{a}}^{i-1}) \to \boldsymbol{P}_{y,k}^{i-1}$

10　　**end**

11　　**call** NLS$_2$-4DVar($\boldsymbol{P}_{y,k}^{i-1}, \boldsymbol{y}'_{\mathrm{o},k}, \boldsymbol{R}_k, \beta^{i-1}, \Delta\beta^i$)

　　`// Input:` $\boldsymbol{P}_{y,k}^{i-1}, \boldsymbol{y}'_{\mathrm{o},k}, \boldsymbol{R}_k, \beta^{i-1}$ `| output:` $\Delta\beta^i$

12　　$\beta^i = \beta^{i-1} + \Delta\beta^i$

13　　$\beta^{i-1} = \beta^i$

14 **end**

15 $\boldsymbol{x}'_{\mathrm{a}} = \boldsymbol{P}_x \beta^{i_{\max}}$

Algorithm 9: subroutine NLS$_2$-4DVar

Input: $\boldsymbol{P}_{y,k}^{i-1}, \boldsymbol{y}'_{\mathrm{o},k}, \boldsymbol{R}_k, \beta^{i-1}$ |

Output: $\Delta\beta^i$

1

$$\begin{aligned}\Delta\beta^i &= -\left[(N-1)\boldsymbol{I} + \sum_{k=0}^{S}(\boldsymbol{P}_{y,k}^{i-1})^{\mathrm{T}}\boldsymbol{R}_k^{-1}(\boldsymbol{P}_{y,k}^{i-1})\right]^{-1} \\ &\quad \times \left\{(N-1)\beta^{i-1} + \sum_{k=0}^{S}(\boldsymbol{P}_{y,k}^{i-1})^{\mathrm{T}}\boldsymbol{R}_k^{-1}\left[L'_k(\boldsymbol{P}_x\beta^{i-1}) - \boldsymbol{y}'_{\mathrm{o},k}\right]\right\}\end{aligned}$$

需要指出的是，在以上 NLS$_2$-4DVar 的拟程序中，只给出了一个同化窗口，并没有进行循环同化。如果要进行循环同化，必须涉及集合样本的更新问题，这将在 3.2 节、3.3 节里面专门介绍。

尽管不需要引入伴随模式与切线性模式，但由式 (2.73) 的近似不难看出，每次高斯–牛顿迭代 ($i = 1, \cdots, i_{\max}$) 过程中，都需要重新计算 $\boldsymbol{y}'^{,i-1}_{k,j} = L_k(\boldsymbol{x}_{\mathrm{a}}^{i-1} + \boldsymbol{x}'_j) - L_k(\boldsymbol{x}_{\mathrm{a}}^{i-1})(j = 1, \cdots, N)$，必然需要反复运行预报模式 ($M_{t_0 \to t_k}$) 并调用观测算子 ($H_k$)$N \times i_{\max}$ 次，如果不是考虑并行，这样的计算代价在实际的同化应用中根本无法承受。

2.3.3　NLS$_3$-4DVar：固定模拟观测扰动

显然，NLS$_2$-4DVar 与原来的 En4DVar 相比，无须伴随模式与切线性模式，代码难易程度已经与通常的 EnKF 几乎没有差别；不过如上所述，由于高斯–牛顿迭代过程需要不断更新 $\boldsymbol{P}_{y,k}^{i-1}$，由此需要反复积分预报模式并调用观测算子，其计算代价在实际应用中难以承受。为了进一步减少计算量，将式 (2.72) 简化为

$$\boldsymbol{H}'_k\boldsymbol{M}'_k\boldsymbol{x}'_j = L_k(\boldsymbol{x}_{\mathrm{b}} + \boldsymbol{x}'_j) - L_k(\boldsymbol{x}_{\mathrm{b}}) \tag{2.75}$$

其中 $j = 1, \cdots, N$，并令

$$\boldsymbol{y}'_{k,j} = L_k(\boldsymbol{x}_{\mathrm{b}} + \boldsymbol{x}'_j) - L_k(\boldsymbol{x}_{\mathrm{b}}) \tag{2.76}$$

及 $\boldsymbol{P}_{y,k}=(\boldsymbol{y}'_{k,1},\cdots,\boldsymbol{y}'_{k,N})$，则分析方程式 (2.70) 进一步简化为

$$\begin{aligned}\Delta\beta^i &= -\left[(N-1)\boldsymbol{I}+\sum_{k=0}^{S}(\boldsymbol{P}_{y,k})^{\mathrm{T}}\boldsymbol{R}_k^{-1}(\boldsymbol{P}_{y,k})\right]^{-1}\\ &\quad\times\left\{(N-1)\beta^{i-1}+\sum_{k=0}^{S}(\boldsymbol{P}_{y,k})^{\mathrm{T}}\boldsymbol{R}_k^{-1}\left[L'_k(\boldsymbol{P}_x\beta^{i-1})-\boldsymbol{y}'_{\mathrm{o},k}\right]\right\}\end{aligned}\tag{2.77}$$

我们称式 (2.75)~式 (2.77) 为 $\mathrm{NLS_3}$-4DVar。经过式 (2.76) 的简化之后，$\mathrm{NLS_3}$-4DVar 不再需要反复地进行集合模拟，计算代价得以缓解。但这个算法在迭代过程中固定在 $\boldsymbol{x}_\mathrm{b}$ 而非 $\boldsymbol{x}_\mathrm{a}^i$ 处进行 Taylor 展开以实现对 $\boldsymbol{y}'_{k,j}$ 的近似，这无疑会带来近似准确度的降低，从而影响到同化精度。我们给出实现 $\mathrm{NLS_3}$-4DVar 的拟程序——Algorithm 10和 Algorithm 11。

Algorithm 10: program $\mathrm{NLS_3}$main

1 Prepare $\boldsymbol{x}_\mathrm{b},\boldsymbol{P}_x,\boldsymbol{y}_{\mathrm{o},k},\boldsymbol{R}_k$
2 $\beta^0=0$
3 Run the forecast model $M_{t_0\to t_k}$ and call H_k to obtain $L_k(\boldsymbol{x}_\mathrm{b})$ and $\boldsymbol{y}'_{\mathrm{o},k}$
4 **foreach** j=1,N **do**
5 　Run the forecast model $M_{t_0\to t_k}$ and call H_k repeatedly
6 　$\boldsymbol{y}'_{k,j}=L_k(\boldsymbol{x}_\mathrm{b}+\boldsymbol{x}'_j)-L_k(\boldsymbol{x}_\mathrm{b})\to\boldsymbol{P}_{y,k}$
7 **end**
8 **foreach** $i=1,i_{\max}$ **do**
　// $i_{\max}$ is the maximum iteration number
9 　$\boldsymbol{x}_\mathrm{a}^{i-1}=\boldsymbol{x}_\mathrm{b}+\boldsymbol{P}_x\beta^{i-1}$
10 　Run $M_{t_0\to t_k}$ and call H_k to obtain $L_k(\boldsymbol{x}_\mathrm{a}^{i-1})$ and $L'_k(\boldsymbol{P}_x\beta^{i-1})$
11 　**call** $\mathrm{NLS_3}$-4DVar$(\boldsymbol{P}_{y,k},\boldsymbol{y}'_{\mathrm{o},k},\boldsymbol{R}_k,\beta^{i-1},\Delta\beta^i)$
　// Input: $\boldsymbol{P}_{y,k},\boldsymbol{y}'_{\mathrm{o},k},\boldsymbol{R}_k,\beta^{i-1}$ | output: $\Delta\beta^i$
12 　$\beta^i=\beta^{i-1}+\Delta\beta^i$
13 　$\beta^{i-1}=\beta^i$
14 **end**
15 $\boldsymbol{x}'_\mathrm{a}=\boldsymbol{P}_x\beta^{i_{\max}}$

Algorithm 11: subroutine $\mathrm{NLS_3}$-4DVar

Input: $\boldsymbol{P}_{y,k},\boldsymbol{y}'_{\mathrm{o},k},\boldsymbol{R}_k,\beta^{i-1}$
Output: $\Delta\beta^i$

1

$$
\begin{aligned}
\Delta\beta^{i} &= -\left[(N-1)\boldsymbol{I}+\sum_{k=0}^{S}(\boldsymbol{P}_{y,k})^{\mathrm{T}}\boldsymbol{R}_{k}^{-1}(\boldsymbol{P}_{y,k})\right]^{-1} \\
&\quad\times\left\{(N-1)\beta^{i-1}+\sum_{k=0}^{S}(\boldsymbol{P}_{y,k})^{\mathrm{T}}\boldsymbol{R}_{k}^{-1}\left[L_{k}'(\boldsymbol{P}_{x}\beta^{i-1})-\boldsymbol{y}_{\mathrm{o},k}'\right]\right\}
\end{aligned}
$$

对比 NLS_2-4DVar 与 NLS_3-4DVar 的拟程序可以看出，以上的 NLS_3-4DVar 的拟程序中，在高斯–牛顿迭代之前 (也就是在 $i=1,i_{\max}$ 循环之外) 只进行一次 N 个样本的集合模拟，如 Algorithm 12所示。

Algorithm 12: NLS_3main

---

1 **foreach** $j=1,N$ **do**
2 　Run the forecast model $M_{t_0\to t_k}$ and call H_k repeatedly
3 　$\boldsymbol{y}_{k,j}'=L_k(\boldsymbol{x}_{\mathrm{b}}+\boldsymbol{x}_j')-L_k(\boldsymbol{x}_{\mathrm{b}})\to\boldsymbol{P}_{y,k}$
4 **end**
5 **foreach** $i=1,i_{\max}$ **do**
6 　⋮
7 **end**
8 ⋮

而 NLS_2-4DVar 则需要在高斯–牛顿迭代 ($i=1,i_{\max}$) 之内反复进行 $i_{\max}$ 次 N 个样本的集合模拟，如 Algorithm 13所示。需要指出的是，NLS_3-4DVar 恰好是 Tian 和 Feng(2015) 所提出的 NLS-4DVar 算法 (此处忽略下面章节即将介绍的局地化问题)。

Algorithm 13: NLS_2main

---

1 **foreach** $i=1,i_{\max}$ **do**
2 　⋮
3 　**foreach** $j=1,N$ **do**
4 　　Run the forecast model $M_{t_0\to t_k}$ and call H_k repeatedly
5 　　$\boldsymbol{y}_{k,j}'^{,i-1}=L_k(\boldsymbol{x}_{\mathrm{a}}^{i-1}+\boldsymbol{x}_j')-L_k(\boldsymbol{x}_{\mathrm{a}}^{i-1})\to\boldsymbol{P}_{y,k}^{i-1}$
6 　**end**
7 　⋮
8 **end**
9 ⋮

2.3.4 $\mathrm{NLS_4}$-4DVar：一次迭代的粗糙近似

在 $\mathrm{NLS_3}$-4DVar，如果令 $i_{\max}=1$ 且 $\beta^0=0$，由此得到 $\mathrm{NLS_4}$-4DVar：

$$\beta=\left[(N-1)\boldsymbol{I}+\sum_{k=0}^{S}(\boldsymbol{P}_{y,k})^{\mathrm{T}}\boldsymbol{R}_k^{-1}(\boldsymbol{P}_{y,k})\right]^{-1}\left[\sum_{k=0}^{S}(\boldsymbol{P}_{y,k})^{\mathrm{T}}\boldsymbol{R}_k^{-1}\boldsymbol{y}'_{\mathrm{o},k}\right] \tag{2.78}$$

以上的 $\mathrm{NLS_4}$-4DVar 恰好是 Tian 等 (2011) 所提出的 POD-4DVar 方法 (Tian et al.,2011)，该方法是一种非常典型的 4DEnVar 方法，实际上目前国际上流行的很多 4DEnVar 方法大都与之等价，仅存在些许的细节差异，也就意味着这一类 4DEnVar 方法只是 $\mathrm{NLS_3}$-4DVar 方法一次迭代的粗糙近似，其同化性能理应逊色不少。我们给出实现 $\mathrm{NLS_4}$-4DVar 的拟程序——Algorithm 14和 Algorithm 15。

Algorithm 14: program $\mathrm{NLS_4}$main

1 Prepare $\boldsymbol{x}_{\mathrm{b}},\boldsymbol{P}_x,\boldsymbol{y}_{\mathrm{o},k},\boldsymbol{R}_k$
2 Run the forecast model $M_{t_0\to t_k}$ and call H_k to obtain $L_k(\boldsymbol{x}_{\mathrm{b}})$ and $\boldsymbol{y}'_{\mathrm{o},k}$
3 **foreach** $j=1,N$ **do**
4 Run the forecast model $M_{t_0\to t_k}$ and call H_k repeatedly
5 $\boldsymbol{y}'_{k,j}=L_k(\boldsymbol{x}_{\mathrm{b}}+\boldsymbol{x}'_j)-L_k(\boldsymbol{x}_{\mathrm{b}})\to\boldsymbol{P}_{y,k}$
6 **end**
7 **call** $\mathrm{NLS_4}$-4DVar$(\boldsymbol{P}_{y,k},\boldsymbol{y}'_{\mathrm{o},k},\boldsymbol{R}_k,\beta)$
`// Input:` $\boldsymbol{P}_{y,k},\boldsymbol{y}'_{\mathrm{o},k},\boldsymbol{R}_k$ | `output:` β
8 $\boldsymbol{x}'_{\mathrm{a}}=\boldsymbol{P}_x\beta$

Algorithm 15: subroutine $\mathrm{NLS_4}$-4DVar

Input: $\boldsymbol{P}_{y,k},\boldsymbol{y}'_{\mathrm{o},k},\boldsymbol{R}_k$ |
Output: β

1
$$\beta=\left[(N-1)\boldsymbol{I}+\sum_{k=0}^{S}(\boldsymbol{P}_{y,k})^{\mathrm{T}}\boldsymbol{R}_k^{-1}(\boldsymbol{P}_{y,k})\right]^{-1}\left[\sum_{k=0}^{S}(\boldsymbol{P}_{y,k})^{\mathrm{T}}\boldsymbol{R}_k^{-1}\boldsymbol{y}'_{\mathrm{o},k}\right]$$

对比 $\mathrm{NLS_4}$-4DVar 与 $\mathrm{NLS_3}$-4DVar 的拟程序可以看出，以上 $\mathrm{NLS_3}$-4DVar 的拟程序中要进行 $i_{\max}$ 次的高斯–牛顿迭代，在这个过程需要积分数值预报模式并调用观测算子 $i_{\max}$ 次由此实现对 $L'_k(\boldsymbol{P}_x\beta^{i-1})$ 的更新，如 Algorithm 16所示。

而 $\mathrm{NLS_4}$-4DVar 不进行迭代，直接令 $L'_k(\boldsymbol{P}_x\beta^0)=0$。对于原来的非线性最优化问题 [式 (2.65)~式 (2.67)] 而言，$\mathrm{NLS_4}$-4DVar 这样的粗糙近似几乎无法达到令人满意的精度。

Algorithm 16: program NLS$_3$main

```
1 ⋮
2 foreach i = 1, i_max do
3     ⋮
4     Run M_{t0→tk} and call H_k to obtain L_k(x_a^{i-1}) and L'_k(P_x β^{i-1})
5     ⋮
6 end
7 ⋮
```

特别地，如果将以上的 NLS$_4$-4DVar 在时间维上进一步退化，将式 (2.78) 改写为 3DVar 的形式 (去掉时间下标 k)：

$$\beta = \left[(N-1)\boldsymbol{I} + (\boldsymbol{P}_y)^{\mathrm{T}}\boldsymbol{R}^{-1}(\boldsymbol{P}_y)\right]^{-1}(\boldsymbol{P}_y)^{\mathrm{T}}\boldsymbol{R}^{-1}\boldsymbol{y}'_{\mathrm{o}} \tag{2.79}$$

以及

$$\boldsymbol{x}'_{\mathrm{a}} = \boldsymbol{P}_x\beta = \boldsymbol{P}_x\left[(N-1)\boldsymbol{I} + (\boldsymbol{P}_y)^{\mathrm{T}}\boldsymbol{R}^{-1}(\boldsymbol{P}_y)\right]^{-1}(\boldsymbol{P}_y)^{\mathrm{T}}\boldsymbol{R}^{-1}\boldsymbol{y}'_{\mathrm{o}} \tag{2.80}$$

对比式 (2.80) 与前面所介绍的 LETKF 分析方程式 (2.42)，大家会发现两者其实是完全一样的。也就意味着，LETKF 算法只是 NLS$_3$-4DVar 仅保留一次迭代且在时间维上进行退化之后的一个特例。另外，我们知道式 (2.80) 本质上是 3DVar 的线性化分析解，这也说明数值预报模式与观测算子皆为线性的条件下，3DVar 与 EnKF 的公式是等价的。

2.3.5　NLS$_5$-4DVar：NLS$_{2-4}$ 之改进迭代格式

对比 NLS$_2$-4DVar 与 NLS$_3$-4DVar 可以发现，是否在 $\boldsymbol{x}_{\mathrm{a}}^i$ 处进行 Taylor 展开并对 $\boldsymbol{H}'_k\boldsymbol{M}'_k\boldsymbol{x}'$ 近似是两者的本质区别，也是能否保持同化精度的关键所在。而如何既能在 $\boldsymbol{x}_{\mathrm{a}}^i$ 处对 $\boldsymbol{H}'_k\boldsymbol{M}'_k\boldsymbol{x}'$ 进行近似同时又避免增加计算代价，是我们开发 NLS$_5$-4DVar 方法的主要目的。

根据 Courtier 等 (1994)，我们首先给出原始的 4DVar 的代价函数在 $\boldsymbol{x}_{\mathrm{b}}$ 附近的线性近似。

$$\begin{cases} J(\delta\boldsymbol{x}) = \dfrac{1}{2}\Bigg[(\delta\boldsymbol{x})^{\mathrm{T}}\boldsymbol{B}^{-1}(\delta\boldsymbol{x}) + \displaystyle\sum_{k=0}^{S}(\varUpsilon_k\delta\boldsymbol{x} + L_k(\boldsymbol{x}_{\mathrm{b}}) - \boldsymbol{y}_{\mathrm{o},k})^{\mathrm{T}} \\ \qquad\qquad \times\, \boldsymbol{R}_k^{-1}(\varUpsilon_k\delta\boldsymbol{x} + L_k(\boldsymbol{x}_{\mathrm{b}}) - \boldsymbol{y}_{\mathrm{o},k})\Bigg] \\ \varUpsilon_k = \boldsymbol{H}'_k\boldsymbol{M}'_k \\ \delta\boldsymbol{x}_{\mathrm{a}} = \mathrm{Argmin}\delta J(\boldsymbol{x}) \\ \boldsymbol{x}_{\mathrm{a}} = \boldsymbol{x}_{\mathrm{b}} + \delta\boldsymbol{x}_{\mathrm{a}} \end{cases} \tag{2.81}$$

为了克服预报模式与观测算子的非线性，需要引入一个所谓的“外循环”将式 (2.81) 进行改造，具体如下：

$$\begin{cases} J_i(\delta \boldsymbol{x}^{i-1}) = \dfrac{1}{2}\left[(\delta \boldsymbol{x}^{i-1} + \boldsymbol{x}_{\mathrm{a}}^{\prime,i-1})^{\mathrm{T}} \boldsymbol{B}^{-1} (\delta \boldsymbol{x}^{i-1} + \boldsymbol{x}_{\mathrm{a}}^{\prime,i-1}) \right. \\ \qquad \left. + \displaystyle\sum_{k=0}^{S} (\varUpsilon_k \delta \boldsymbol{x}^{i-1} - \boldsymbol{y}_{\mathrm{o},k}^{\prime,i-1})^{\mathrm{T}} \boldsymbol{R}_k^{-1} (\varUpsilon_k \delta \boldsymbol{x}^{i-1} - \boldsymbol{y}_{\mathrm{o},k}^{\prime,i-1}) \right] \\ \boldsymbol{x}_{\mathrm{a}}^{\prime,i-1} = \boldsymbol{x}_{\mathrm{a}}^{i-1} - \boldsymbol{x}_{\mathrm{b}} \\ \boldsymbol{y}_{\mathrm{o},k}^{\prime,i-1} = \boldsymbol{y}_{\mathrm{o},k} - L_k(\boldsymbol{x}_{\mathrm{a}}^{i-1}) \\ \varUpsilon_k = \boldsymbol{H}_k^{\prime} \boldsymbol{M}_k^{\prime} \\ \delta \boldsymbol{x}^{i-1,*} = \mathrm{Argmin} \delta J_i(\delta \boldsymbol{x}^{i-1}) \\ \boldsymbol{x}_{\mathrm{a}}^{i} = \boldsymbol{x}_{\mathrm{a}}^{i-1} + \delta \boldsymbol{x}^{i-1,*} \end{cases} \tag{2.82}$$

式中，$i = 1, \cdots, i_{\max}$ 且 $\boldsymbol{x}_{\mathrm{a}}^0 = \boldsymbol{x}_{\mathrm{b}}$。需要注意的是，$\boldsymbol{M}_k^{\prime}$ 此时为 $\boldsymbol{x}_{\mathrm{a}}^{i-1}$ 附近 $M_{t_0 \to t_k}$ 的切线性算子，而 $\boldsymbol{H}_k^{\prime}$ 则为在 $M_{t_0 \to t_k}(\boldsymbol{x}_{\mathrm{a}}^{i-1})$ 附近 H_k 的切线性算子。另外，对于第 i 次迭代而言，在式 (2.82) 当中只有待优化变量 $\delta \boldsymbol{x}^{i-1}$ 未知，其他变量都是已知的。

同样地，NLS$_5$-4DVar 假设问题式 (2.82) 中的待优化变量 $\delta \boldsymbol{x}^{i-1}$ 可表示为模式集合扰动 $\boldsymbol{P}_x^{i-1} = (\boldsymbol{x}_1^{\prime,i-1}, \cdots, \boldsymbol{x}_N^{\prime,i-1})$ 的线性组合：

$$\delta \boldsymbol{x}^{i-1} = \boldsymbol{P}_x^{i-1} \delta \beta^{i-1} \tag{2.83}$$

其中，$\boldsymbol{P}_x^{i-1}$ 是已知的。而对于第 i 步迭代而言，$\boldsymbol{x}_{\mathrm{a}}^{i-1}$ 也是已知的，我们同样可以将 $\boldsymbol{x}_{\mathrm{a}}^{\prime,i-1}$ 用模式扰动集合 $\boldsymbol{P}_x^{i-1}$ 进行线性组合，也就是：

$$\boldsymbol{x}_{\mathrm{a}}^{\prime,i-1} = \boldsymbol{P}_x^{i-1} \beta^{i-1} \tag{2.84}$$

将式 (2.83) 和式 (2.84) 以及 $\boldsymbol{B} = \frac{(\boldsymbol{P}_x^{i-1})(\boldsymbol{P}_x^{i-1})^{\mathrm{T}}}{N-1}$ 代入式 (2.82)，得到：

$$\begin{aligned} J_i(\delta \beta^{i-1}) \quad =& \frac{1}{2}(N-1)(\delta \beta^{i-1} + \beta^{i-1})^{\mathrm{T}} (\delta \beta^{i-1} + \beta^{i-1}) \\ & + \frac{1}{2} \sum_{k=0}^{S} (\varUpsilon_k \boldsymbol{P}_x^{i-1} \delta \beta^{i-1} - \boldsymbol{y}_{\mathrm{o},k}^{\prime,i-1})^{\mathrm{T}} \boldsymbol{R}_k^{-1} (\varUpsilon_k \boldsymbol{P}_x^{i-1} \delta \beta^{i-1} - \boldsymbol{y}_{\mathrm{o},k}^{\prime,i-1}) \end{aligned} \tag{2.85}$$

需要注意的是，在以上的公式推导过程中我们采用了如下的近似：

$$\begin{aligned} \boldsymbol{x}_{\mathrm{a}}^{\prime,i-1} &= \boldsymbol{P}_x^{i-1} \beta^{i-1} \\ (\boldsymbol{P}_x^{i-1})^{\mathrm{T}} \boldsymbol{x}_{\mathrm{a}}^{\prime,i-1} &= (\boldsymbol{P}_x^{i-1})^{\mathrm{T}} \boldsymbol{P}_x^{i-1} \beta^{i-1} \\ \left[(\boldsymbol{P}_x^{i-1})^{\mathrm{T}} \boldsymbol{P}_x^{i-1}\right]^{-1} (\boldsymbol{P}_x^{i-1})^{\mathrm{T}} \boldsymbol{x}_{\mathrm{a}}^{\prime,i-1} &= \beta^{i-1} \end{aligned} \tag{2.86}$$

也就是有

$$\beta^{i-1}=\left[(\boldsymbol{P}_x^{i-1})^{\mathrm{T}}\boldsymbol{P}_x^{i-1}\right]^{-1}(\boldsymbol{P}_x^{i-1})^{\mathrm{T}}\boldsymbol{x}_{\mathrm{a}}^{\prime,i-1} \tag{2.87}$$

类似地，我们可以把式 (2.85) 转化如下的非线性最小二乘问题的形式：

$$J_i(\delta\beta^{i-1})=\frac{1}{2}Q_{i-1}(\delta\beta^{i-1})^{\mathrm{T}}Q_{i-1}(\delta\beta^{i-1}) \tag{2.88}$$

其中

$$Q_{i-1}(\delta\beta^{i-1})=\begin{pmatrix}\sqrt{N-1}(\delta\beta^{i-1}+\beta^{i-1})\\ \boldsymbol{R}_{+,0}^{-1/2}\left[\Upsilon_0(\boldsymbol{P}_x^{i-1}\delta\beta^{i-1})-\boldsymbol{y}_{\mathrm{o},0}^{\prime,i-1}\right]\\ \vdots\\ \boldsymbol{R}_{+,S}^{-1/2}\left[\Upsilon_S(\boldsymbol{P}_x^{i-1}\delta\beta^{i-1})-\boldsymbol{y}_{\mathrm{o},S}^{\prime,i-1}\right]\end{pmatrix} \tag{2.89}$$

以及 $(\boldsymbol{R}_{+,k}^{1/2})(\boldsymbol{R}_{+,k}^{1/2})^{\mathrm{T}}=\boldsymbol{R}_k$。式 (2.89) 的梯度或者雅可比矩阵可由式 (2.90) 计算而来。

$$J_{\mathrm{ae}}Q_{i-1}(\delta\beta^{i-1})=\frac{\partial Q(\beta)}{\partial\beta}=\begin{pmatrix}\sqrt{N-1}\boldsymbol{I}\\ \boldsymbol{R}_{+,0}^{-1/2}\Upsilon_0\boldsymbol{P}_x^{i-1}\\ \vdots\\ \boldsymbol{R}_{+,S}^{-1/2}\Upsilon_S\boldsymbol{P}_x^{i-1}\end{pmatrix} \tag{2.90}$$

求解该非线性最优化问题的高斯–牛顿迭代格式为 (详见 Dennis Jr and Schnabel,1996)：

$$\begin{aligned}(\delta\beta^{i-1})^l=&(\delta\beta^{i-1})^{l-1}-\left\{\left[J_{ae}Q_{i-1}\left((\delta\beta^{i-1})^{l-1}\right)\right]^{\mathrm{T}}\left[J_{\mathrm{ae}}Q_{i-1}((\delta\beta^{i-1})^{l-1})\right]\right\}^{-1}\\ &\times\left[J_{\mathrm{ae}}Q_{i-1}((\delta\beta^{i-1})^{l-1})\right]^{\mathrm{T}}Q_{i-1}((\delta\beta^{i-1})^{l-1})\end{aligned} \tag{2.91}$$

式中，$l=1,\cdots,l_{\max}$，其中 $l_{\max}$ 为“内循环”的最大迭代次数。也就意味着整个 NLS$_5$-4DVar 的求解过程分内外两重循环，首先进行 $i=1,\cdots,i_{\max}$ 的外循环，对于外循环的第 i 次迭代步，“内循环” ($l=1,\cdots,l_{\max}$) 用 $l_{\max}$ 次迭代求解 $\delta\beta^{i-1}$ 以及 $\delta\boldsymbol{x}^{i-1,*}$，然后更新外循环的 $\boldsymbol{x}^i$。将式 (2.89) 和式 (2.90) 代入式 (2.91)，并按照上面 NLS$_4$-4DVar 一样只进行一次内迭代 ($l_{\max}=1$) 且有 $(\delta\beta^{i-1})^0=0$，我们可以得到：

$$\begin{aligned}\delta\beta^{i-1}=&\left[(N-1)\boldsymbol{I}+\sum_{k=0}^{S}(\boldsymbol{P}_{y,k}^{i-1})^{\mathrm{T}}\boldsymbol{R}_k^{-1}(\boldsymbol{P}_{y,k}^{i-1})\right]^{-1}\\ &\times\left[\sum_{k=0}^{S}(\boldsymbol{P}_{y,k}^{i-1})^{\mathrm{T}}\boldsymbol{R}_k^{-1}\boldsymbol{y}_{\mathrm{o},k}^{\prime,i-1}-(N-1)\beta^{i-1}\right]\end{aligned} \tag{2.92}$$

将式 (2.87) 代入式 (2.92)：

$$\delta\beta^{i-1}=\left[(N-1)\boldsymbol{I}+\sum_{k=0}^{S}(\boldsymbol{P}_{y,k}^{i-1})^{\mathrm{T}}\boldsymbol{R}_k^{-1}(\boldsymbol{P}_{y,k}^{i-1})\right]^{-1}\times\left[\sum_{k=0}^{S}(\boldsymbol{P}_{y,k}^{i-1})^{\mathrm{T}}\boldsymbol{R}_k^{-1}\boldsymbol{y}_{\mathrm{o},k}^{\prime,i-1}-(N-1)\left[(\boldsymbol{P}_x^{i-1})^{\mathrm{T}}\boldsymbol{P}_x^{i-1}\right]^{-1}(\boldsymbol{P}_x^{i-1})^{\mathrm{T}}\boldsymbol{x}_{\mathrm{a}}^{\prime,i-1}\right] \tag{2.93}$$

其中，$\boldsymbol{P}_{y,k}^{i-1}=(\boldsymbol{y}_{k,1}^{\prime,i-1},\cdots,\boldsymbol{y}_{k,N}^{\prime,i-1})=(\varUpsilon_k\boldsymbol{x}_1^{\prime,i-1},\cdots,\varUpsilon_k\boldsymbol{x}_N^{\prime,i-1})$。到了这一步，如果固定模式集合扰动为 $\boldsymbol{P}_x^{i-1}=\boldsymbol{P}_x=(\boldsymbol{x}_1',\cdots,\boldsymbol{x}_N')$，则必须如同 $\mathrm{NLS_2}$-4DVar 那样，在每次外循环的过程中，都需要重新计算 $\varUpsilon_k\boldsymbol{x}_j'\approx L_k(\boldsymbol{x}_{\mathrm{a}}^{i-1}+\boldsymbol{x}_j')-L_k(\boldsymbol{x}_{\mathrm{a}}^{i-1})(j=1,\cdots,N)$, 这样必然需要反复运行预报模式 $(M_{t_0\to t_k})$ 并调用观测算子 $(H_k)N\times i_{\max}$ 次，其所带来的计算代价还是难以承受。为了解决这个问题，我们令

$$\begin{aligned}\boldsymbol{x}_j^{\prime,i-1}&=\boldsymbol{x}_j'+\boldsymbol{x}_{\mathrm{b}}-\boldsymbol{x}_{\mathrm{a}}^{i-1}\\ \boldsymbol{P}_x^{i-1}&=\left(\boldsymbol{x}_1^{\prime,i-1},\cdots,\boldsymbol{x}_N^{\prime,i-1}\right)\end{aligned} \tag{2.94}$$

则有

$$\begin{aligned}\boldsymbol{y}_{k,j}^{\prime,i-1}&=L_k(\boldsymbol{x}_{\mathrm{a}}^{i-1}+\boldsymbol{x}_j^{\prime,i-1})-L_k(\boldsymbol{x}_{\mathrm{a}}^{i-1})=L_k(\boldsymbol{x}_{\mathrm{b}}+\boldsymbol{x}_j')-L_k(\boldsymbol{x}_{\mathrm{a}}^{i-1})\\ \boldsymbol{P}_y^{i-1}&=\left(\boldsymbol{y}_{k,1}^{\prime,i-1},\cdots,\boldsymbol{y}_{k,N}^{\prime,i-1}\right)\end{aligned} \tag{2.95}$$

这种迭代方式的好处就是：① 只需要进行一次集合模拟，即 $L_k(\boldsymbol{x}_{\mathrm{b}}+\boldsymbol{x}_j')(j=1,\cdots,N)$；②在迭代分析解 $\boldsymbol{x}_{\mathrm{a}}^{i-1}$ 附近对 $\boldsymbol{H}_k'\boldsymbol{M}_k'\boldsymbol{x}_j^{\prime,i-1}$ 进行近似，这样提高了对切线性算子近似的准确度。我们给出实现 $\mathrm{NLS_5}$-4DVar 的拟程序——Algorithm 17 和 Algorithm 18。

Algorithm 17: program $\mathrm{NLS_5}$main

1 Prepare $\boldsymbol{x}_{\mathrm{b}},\boldsymbol{P}_x,\boldsymbol{y}_{\mathrm{o},k},\boldsymbol{R}_k$
2 **foreach** $j=1,N$ **do**
3 　Run the forecast model $M_{t_0\to t_k}$ and call H_k repeatedly
4 　$\boldsymbol{y}_{k,j}=L_k(\boldsymbol{x}_{\mathrm{b}}+\boldsymbol{x}_j')$
5 **end**
6 $\boldsymbol{x}_{\mathrm{a}}^0=\boldsymbol{x}_{\mathrm{b}}$
7 **foreach** $i=1,i_{\max}$ **do**
　// $i_{\max}$ is the maximum iteration number
8 　**foreach** $j=1,N$ **do**
9 　　$\boldsymbol{x}_j^{\prime,i-1}=\boldsymbol{x}_j'+\boldsymbol{x}_{\mathrm{b}}-\boldsymbol{x}_{\mathrm{a}}^{i-1}\to\boldsymbol{P}_x^{i-1}$

```
10 |   end
11 |   Run M_{t_0→t_k} and call H_k to obtain L_k(x_a^{i-1})
12 |   foreach j = 1, N do
13 |   |   y'^{,i-1}_{k,j} = y_{k,j} − L_k(x_a^{i-1}) → P_y^{i-1}
14 |   end
15 |   x'^{,i-1}_a = x_a^{i-1} − x_b
16 |   y'^{,i-1}_{o,k} = y_{o,k} − L_k(x_a^{i-1})
17 |   call NLS_5-4DVar(P_y^{i-1}, P_x^{i-1}, y'^{,i-1}_{o,k}, x'^{,i-1}_a, R_k, δβ^{i-1})
   |   // Input: P_y^{i-1}, P_x^{i-1}, y'^{,i-1}_{o,k}, x'^{,i-1}_a, R_k | output: δβ^{i-1}
18 |   x_a^{i-1} = x_a^{i-1} + P_x^{i-1} δβ^{i-1}
19 end
```

Algorithm 18: subroutine NLS$_5$-4DVar

Input: $\boldsymbol{P}_y^{i-1}, \boldsymbol{P}_x^{i-1}, \boldsymbol{y}_{\mathrm{o},k}^{\prime,i-1}, \boldsymbol{x}_{\mathrm{a}}^{\prime,i-1}, \boldsymbol{R}_k$

Output: $\delta\beta^{i-1}$

1

$$\begin{aligned}\delta\beta^{i-1}=&\left[(N-1)\boldsymbol{I}+\sum_{k=0}^{S}(\boldsymbol{P}_{y,k}^{i-1})^{\mathrm{T}}\boldsymbol{R}_k^{-1}(\boldsymbol{P}_{y,k}^{i-1})\right]^{-1}\\&\times\left[\sum_{k=0}^{S}(\boldsymbol{P}_{y,k}^{i-1})^{\mathrm{T}}\boldsymbol{R}_k^{-1}\boldsymbol{y}_{\mathrm{o},k}^{\prime,i-1}-(N-1)\right.\\&\left.\times\left[(\boldsymbol{P}_x^{i-1})^{\mathrm{T}}\boldsymbol{P}_x^{i-1}\right]^{-1}(\boldsymbol{P}_x^{i-1})^{\mathrm{T}}\boldsymbol{x}_{\mathrm{a}}^{\prime,i-1}\right]\end{aligned}$$

对比 NLS$_5$-4DVar 与 NLS$_2$-4DVar 的拟程序可以看出，前面的 NLS$_2$-4DVar 需要在高斯–牛顿迭代 ($i=1,i_{\max}$) 之内反复进行 $i_{\max}$ 次 N 个样本的集合模拟；对应地，NLS$_5$-4DVar 只需要在高斯–牛顿迭代之前进行一次集合模拟 (蓝色字体部分) 即可，而 $\boldsymbol{P}_{x,k}^{i-1}$、$\boldsymbol{P}_{y,k}^{i-1}$ 依然可以随着 $\boldsymbol{x}_{\mathrm{a}}^{i-1}$ 的更新而更新 (红色字体部分)。上面也已介绍过，NLS$_3$-4DVar 采用固定在 $\boldsymbol{x}_{\mathrm{b}}$ 而非 $\boldsymbol{x}_{\mathrm{a}}^{i-1}$ 处进行 Taylor 展开并对 $\boldsymbol{H}_k'\boldsymbol{M}_k'\boldsymbol{x}'$ 近似，两者的同化精度也会因此而存在差异。另外，需要说明的是，在以上的 NLS$_5$-4DVar 的公式推导中，采用了 $\beta^{i-1}=\left[(\boldsymbol{P}_x^{i-1})^{\mathrm{T}}\boldsymbol{P}_x^{i-1}\right]^{-1}(\boldsymbol{P}_x^{i-1})^{\mathrm{T}}\boldsymbol{x}_{\mathrm{a}}^{\prime,i-1}$ 这一近似，对于实际的数值预报模式而言，状态变量的个数多、维数高，以上的计算并不简单，我们进一步做以下近似：

$$\begin{aligned}\boldsymbol{x}_{\mathrm{a}}^{\prime,i-1}=&\boldsymbol{P}_x^{i-1}\beta^{i-1}\\ \varUpsilon_k\boldsymbol{x}_{\mathrm{a}}^{\prime,i-1}=&\varUpsilon_k\boldsymbol{P}_x^{i-1}\beta^{i-1}\end{aligned}$$

$$\begin{aligned} \boldsymbol{y}_a^{\prime,i-1} &= \boldsymbol{P}_y^{i-1}\beta^{i-1} \\ (\boldsymbol{P}_y^{i-1})^{\mathrm{T}}\boldsymbol{y}_a^{\prime,i-1} &= (\boldsymbol{P}_y^{i-1})^{\mathrm{T}}\boldsymbol{P}_y^{i-1}\beta^{i-1} \\ \left[\sum_{k=0}^{S}(\boldsymbol{P}_{y,k}^{i-1})^{\mathrm{T}}(\boldsymbol{P}_{y,k}^{i-1})\right]^{-1}\sum_{k=0}^{S}(\boldsymbol{P}_{y,k}^{i-1})^{\mathrm{T}}\boldsymbol{y}_{a,k}^{\prime,i-1} &= \beta^{i-1} \end{aligned} \tag{2.96}$$

其中

$$\boldsymbol{y}_{a,k}^{\prime,i-1} = L_k(\boldsymbol{x}_{\mathrm{a}}^{i-1}) - L_k(\boldsymbol{x}_{\mathrm{b}})$$

$$\boldsymbol{y}_{\mathrm{a}}^{\prime,i-1} = \begin{pmatrix} \boldsymbol{y}_{a,0}^{\prime,i-1} \\ \boldsymbol{y}_{a,1}^{\prime,i-1} \\ \vdots \\ \boldsymbol{y}_{a,S}^{\prime,i-1} \end{pmatrix} \tag{2.97}$$

$$\boldsymbol{P}_{y,k}^{i-1} = \Upsilon_k\boldsymbol{P}_x$$

$$\boldsymbol{P}_y^{i-1} = \begin{pmatrix} \boldsymbol{P}_{y,0}^{i-1} \\ \boldsymbol{P}_{y,1}^{i-1} \\ \vdots \\ \boldsymbol{P}_{y,S}^{i-1} \end{pmatrix} \tag{2.98}$$

由此，式 (2.93) 可变形为

$$\begin{aligned} \delta\beta^{i-1} = &\left[(N-1)\boldsymbol{I} + \sum_{k=0}^{S}(\boldsymbol{P}_{y,k}^{i-1})^{\mathrm{T}}\boldsymbol{R}_k^{-1}(\boldsymbol{P}_{y,k}^{i-1})\right]^{-1} \\ &\times\left\{\sum_{k=0}^{S}(\boldsymbol{P}_{y,k}^{i-1})^{\mathrm{T}}\boldsymbol{R}_k^{-1}\boldsymbol{y}_{\mathrm{o},k}^{\prime,i-1} - (N-1)\left[\sum_{k=0}^{S}(\boldsymbol{P}_{y,k}^{i-1})^{\mathrm{T}}(\boldsymbol{P}_{y,k}^{i-1})\right]^{-1}\right. \\ &\left.\times\sum_{k=0}^{S}(\boldsymbol{P}_{y,k}^{i-1})^{\mathrm{T}}\boldsymbol{y}_{o,k}^{\prime,i-1}\right\} \end{aligned} \tag{2.99}$$

式 (2.99) 的计算只/(无) 需在观测 (/模式) 空间进行，比式 (2.93) 简单甚多。我们给出实现这一变形 NLS_5-4DVar 的拟程序——Algorithm 19 和 Algorithm 20。

Algorithm 19: program NLS_5main

1 Prepare $\boldsymbol{x}_{\mathrm{b}}, \boldsymbol{P}_x, \boldsymbol{y}_{\mathrm{o},k}, \boldsymbol{R}_k$
2 **foreach** $j = 1, N$ **do**
3 　Run the forecast model $M_{t_0\to t_k}$ and call H_k repeatedly
4 　$\boldsymbol{y}_{k,j} = L_k(\boldsymbol{x}_{\mathrm{b}} + \boldsymbol{x}_j')$

5 **end**

6 $\boldsymbol{x}_{\rm a}^{0} = \boldsymbol{x}_{\rm b}$

7 **foreach** $i = 1, i_{\max}$ **do**

`// ` $i_{\max}$ ` is the maximum iteration number`

8 **foreach** $j = 1, N$ **do**

9 $\boldsymbol{x}_{j}^{\prime,i-1} = \boldsymbol{x}_{j}^{\prime} + \boldsymbol{x}_{b} - \boldsymbol{x}_{\rm a}^{i-1} \rightarrow \boldsymbol{P}_{x}^{i-1}$

10 **end**

11 Run $M_{t_0 \rightarrow t_k}$ and call H_k to obtain $L_k(\boldsymbol{x}_{\rm a}^{i-1})$

12 **foreach** $j = 1, N$ **do**

13 $\boldsymbol{y}_{k,j}^{\prime,i-1} = \boldsymbol{y}_{k,j} - L_k(\boldsymbol{x}_{\rm a}^{i-1}) \rightarrow \boldsymbol{P}_{y}^{i-1}$

14 **end**

15 $\boldsymbol{y}_{{\rm o},k}^{\prime,i-1} = \boldsymbol{y}_{{\rm o},k} - L_k(\boldsymbol{x}_{\rm a}^{i-1})$

16 $\boldsymbol{y}_{\rm a}^{\prime,i-1} = L_k(\boldsymbol{x}_{\rm a}^{i-1}) - \boldsymbol{y}_{\rm b}$

17 **call** NLS$_5$-4DVar$(\boldsymbol{P}_{y}^{i-1}, \boldsymbol{y}_{\rm a}^{\prime,i-1}, \boldsymbol{y}_{{\rm o},k}^{\prime,i-1}, \boldsymbol{R}_k, \delta\beta^{i-1})$

`// Input: ` $\boldsymbol{P}_{y}^{i-1}, \boldsymbol{y}_{\rm a}^{\prime,i-1}, \boldsymbol{y}_{{\rm o},k}^{\prime,i-1}, \boldsymbol{R}_k$ | `output: ` $\delta\beta^{i-1}$

18 $\boldsymbol{x}_{\rm a}^{i-1} = \boldsymbol{x}_{\rm a}^{i-1} + \boldsymbol{P}_{x}^{i-1}\delta\beta^{i-1}$

19 **end**

Algorithm 20: subroutine NLS$_5$-4DVar

Input: $\boldsymbol{P}_{y}^{i-1}, \boldsymbol{y}_{\rm a}^{\prime,i-1}, \boldsymbol{y}_{{\rm o},k}^{\prime,i-1}, \boldsymbol{R}_k$

Output: $\delta\beta^{i-1}$

1

$$
\begin{aligned}
\delta\beta^{i-1} &= \left[(N-1)\boldsymbol{I} + \sum_{k=0}^{S}(\boldsymbol{P}_{y,k}^{i-1})^{\rm T}\boldsymbol{R}_k^{-1}(\boldsymbol{P}_{y,k}^{i-1})\right]^{-1} \\
&\quad \times \left\{\sum_{k=0}^{S}(\boldsymbol{P}_{y,k}^{i-1})^{\rm T}\boldsymbol{R}_k^{-1}\boldsymbol{y}_{{\rm o},k}^{\prime,i-1} - (N-1)\left[\sum_{k=0}^{S}(\boldsymbol{P}_{y,k}^{i-1})^{\rm T}(\boldsymbol{P}_{y,k}^{i-1})\right]^{-1}\right. \\
&\quad \left. \times \sum_{k=0}^{S}(\boldsymbol{P}_{y,k}^{i-1})^{\rm T}\boldsymbol{y}_{o,k}^{\prime,i-1}\right\}
\end{aligned}
$$

进一步地，我们综合前面所发展的 NLS$_{2\sim5}$-4DVar 系列方法的特点，提出一种简化版本的 NLS$_5$-4DVar 算法，基本思路为：①整个算法如前面原始的 NLS$_5$-4DVar 一样，分为内外两个循环进行，内循环调用 NLS$_4$-4DVar 算法，外循环则不断利用上一次的 NLS$_4$-4DVar 分析解作为下一次内循环 NLS$_4$-4DVar 的背景场 $\boldsymbol{x}_{\rm b}$；② $\boldsymbol{P}_x$、$\boldsymbol{P}_{y,k}$ 随着 $\boldsymbol{x}_{\rm b}$ 的更新而更新。我们直接给出简化版本的 NLS$_5$-4DVar

的拟程序——Algorithm 21。

Algorithm 21: program NLS_5main

```
1  Prepare x_b, P_x, y_{o,k}, R_k
2  foreach j = 1, N do
3      Run the forecast model M_{t_0→t_k} and call H_k repeatedly
4      y_{k,j} = L_k(x_b + x'_j)
5      x_j = x_b + x'_j
6  end
7  foreach i = 1, i_max do
       // i_max is the maximum iteration number
8      x_b = x_a
9      foreach j = 1, N do
10         x'_j = x_j − x_b → P_x
11     end
12     Run M_{t_0→t_k} and call H_k to obtain L_k(x_b)
13     foreach j = 1, N do
14         y'_{k,j} = y_{k,j} − L_k(x_b) → P_{y,k}
15     end
16     y'_{o,k} = y_{o,k} − L_k(x_b)
17     call NLS_4-4DVar(P_{y,k}, y'_{o,k}, R_k, β)
       // Input: P_{y,k}, y'_{o,k}, R_k | output: β
18     x_a = x_b + P_x β
19 end
```

实际上在后面的数值试验中，我们真正采用的 NLS_5-4DVar 算法就是这一简化版本，数值试验也表明，简化与原始两个版本的 NLS_5-4DVar 算法的同化精度几乎完全一致，但简化版本的实现相当方便，甚至比原始的 NLS_3-4DVar 还要简单，在实际的同化应用中潜力巨大。

不难看出，NLS_5-4DVar 算法从 NLS_4-4DVar 分析解开始，通过迭代的方式对其进一步改善。NLS_5-4DVar 的每次迭代由以下三步组成：① 将背景场 $\boldsymbol{x}_\text{b}$ 更新；② 更新 $\boldsymbol{P}_x$ 与 $\boldsymbol{P}_{y,k}$；③用 (拟)NLS_4-4DVar 的方式计算新的分析增量。与之前的 NLS_i-4DVar$(i=1,\cdots,4)$ 相比，NLS_5-4DVar 的突出优势是既不需要引入切线性模式与伴随模式，又可以很容易地实现在迭代分析解 $\boldsymbol{x}_\text{a}^i$ 附近对其切线性算子进行近似。它计算经济，同化精度丝毫不逊色于 NLS_1-4DVar。

概言之，NLS_1-4DVar 给出了原始 En4DVar 方法的一个无须伴随模式的替代迭代方案。NLS_1-4DVar 的主要思想是通过将 En4DVar 的代价函数等价变形为非线性最小二乘最优化问题，并采用经典的高斯–牛顿迭代格式进行迭代求解。为了降低编程的难度，我们随后给出 NLS_1-4DVar 的一系列简化算法 (NLS_i-4DVar，$i=2,\cdots,4$)，随着编码难度的降低，同化精度也随之降低。总体而言，NLS_i-4DVar ($i=1,\cdots,4$) 系列算法实现了 En4DVar、4DEnVar 以及 LETKF 的公式统一，从理论上揭示了以上三种方法的内在联系，为不同的同化问题提供了灵活的方法选择。最后，在深入分析 NLS-4DVar 系列方法的基础上，我们推出了改进迭代方案的 NLS_5-4DVar。

2.4　NLS-4DVar 系列算法的数值验证

本节设计了一组基于 Lorenz-96 模型 (Lorenz,1996) 的数值试验，用以验证以上所发展 NLS_i-4DVar($i=1,\cdots,5$) 系列方法之间的内在联系以及它们与 En4DVar 之间的关系，至于 NLS_i-4DVar 方法在实际大气同化中的应用验证，将在 4.6 节中结合它的局地化方案进行统一验证。

Lorenz-96 模型在数据同化领域广泛应用，如用于 4DVar 与 4DEnKF 方法的比较研究 (Fertig et al.,2007)、通常的 EnKF 方法 (Kalnay et al.,2007)、无须观测扰动的 EnKF(Whitaker and Hamill,2002)、4DEnKF(Hunt et al.,2004) 以及 4DEnVar(Tian et al.,2011) 的评估研究。因此，在本节中我们特别选择 Lorenz-96 模型为预报算子，对以上 6 种方法的优劣进行详细的对比与评估。

Lorenz-96 模型是指如下带有周期边界条件的非线性系统：

$$\frac{\mathrm{d}x_i}{\mathrm{d}t}=-x_{i-2}x_{i-1}+x_{i-1}x_{i+1}-x_i+F,i=1,\cdots,n \tag{2.100}$$

式中，整数 F 为模型的输入参数，Lorenz-96 的模型表现会随着 F 不同取值的变化差异很大，一般来说如果 F 的取值大于 3 时，整个 Lorenz-96 系统是混沌的。在这个试验中，我们取 $n=40$ 和 $F=8$(表示 Lorenz-96 模式没有误差) 作为默认设置。另外，为了数值计算的稳定性，令时间步长为 0.05(或等价于 6 个小时)(Lorenz,1996)，并采用四阶龙格–库塔方案在时间上进行差分。在所有的试验中，系统的“背景场”与“真实场”按照下面的方式产生：由任意一个非 0 初始场开始利用 $F=8$ 的模式自由积分 100000 步作为真实初始场，然后继续积分 20 步得到背景场；观测点的个数为 20 个 (每个观测时刻在空间上均匀分布)，每两个积分步 (或者 12 小时) 有一次观测，“观测”数据由“真实”数据加上高斯白噪声随机误差 (标准偏差为 0.1) 构造而成，以上“观测”将被分别同化进 $F=8$(模式无误差) 与 $F=9$(模式有误差) 两种不同设置的模式里；同化窗口的长度为 4 个积分步，所有的试验都积分 5 天；样本个数为 200，样本的更新策略采用 LETKF 的格式 (Hunt et al.,2004)。

首先对 En4DVar 与 NLS_1-4DVar 的同化性能进行评估。该试验采用有限记忆

的拟牛顿法 (L-BFGS)(Liu and Nocedal,1989)，通过迭代计算方程 [式 (2.63) 和式 (2.64)] 极小化 En4DVar 的代价函数，NLS_1-4DVar 采用高斯–牛顿迭代算法结合切线性算子进行求解。图2.1给出的是在同样的同化设置下，En4DVar 与 NLS_1-4DVar 两种方法同化性能的对比结果：其中图2.1(a) 表示在真实、预报以及同化试验中 F 都取为 8，图2.1(b) 则表示真实场取 $F = 8$，预报与同化都选择 $F = 9$(模型存在误差) 的情形。NLS_1-4DVar(4) 及 En4DVar(4) 分别表示限定两种同化方法最大迭代次数 $i_{\max} = 4$。如上论述，NLS_1-4DVar 与 En4DVar 是等价的，两者的区别仅在于采用了不同的优化算法，因而它们的误差曲线完全重合。总体上看，En4DVar 与 NLS_1-4DVar 两种方法的同化性能相当不错，分析误差在同化时段内持续变小。当两种方法的最大迭代次数 $i_{\max}$ 都限制为 4 时，可以很明显地看出两者的区别，对于 NLS_1-4DVar 而言，它的同化性能根本没有受到任何的影响，NLS_1-4DVar 与

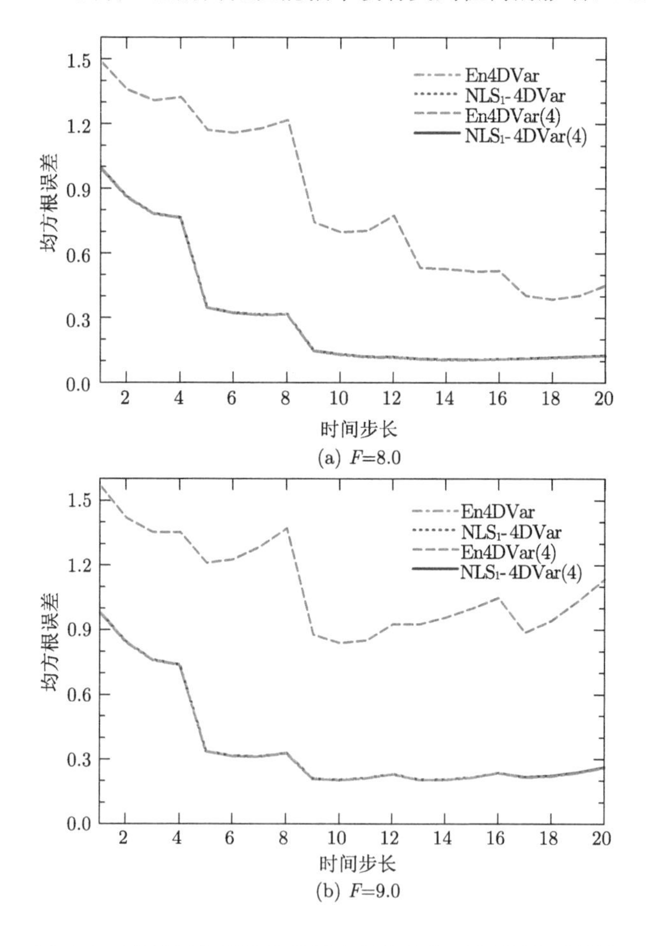

(a) F=8.0

(b) F=9.0

图 2.1 四种同化策略的分析向量均方根误差的时间序列

NLS_1-4DVar(4) 的两条误差曲线几乎完全重合，而 En4DVar(4) 的同化性能则明显变差、分析向量的均方根误差也远远大于 NLS_1-4DVar(4)。

下面我们进一步考察这两种不同的迭代格式 (L-BFGS 和高斯–牛顿) 对于 En4DVar 与 NLS_1-4DVar 同化性能的影响：由于这两种方法是等价的，我们重点关注它们迭代收敛速度的差异。图2.2给出的是首个同化窗口内 4DVar 的代价函数值随着迭代次数增加的变化，不难看出，无论模式有无误差 (即 $F=8$ 与 $F=9$ 两种情况)，NLS_1-4DVar 迭代收敛的速度都非常快，实际上只需要迭代 2~3 步，就会迅速地达到其代价函数的最小值；而采用 L-BFGS 迭代策略的 En4DVar 方法至少需要 20 步才逐渐接近到它的最小值。实际上对于完美模式的情形 ($F=8$)，采用高斯–牛顿迭代格式的 NLS_1-4DVar 仅需要 5 次，采用 L-BFGS 的 En4DVar 却需要 82 次才能完全达到各自代价函数的最小值 (517.156)；而对于非完美模型

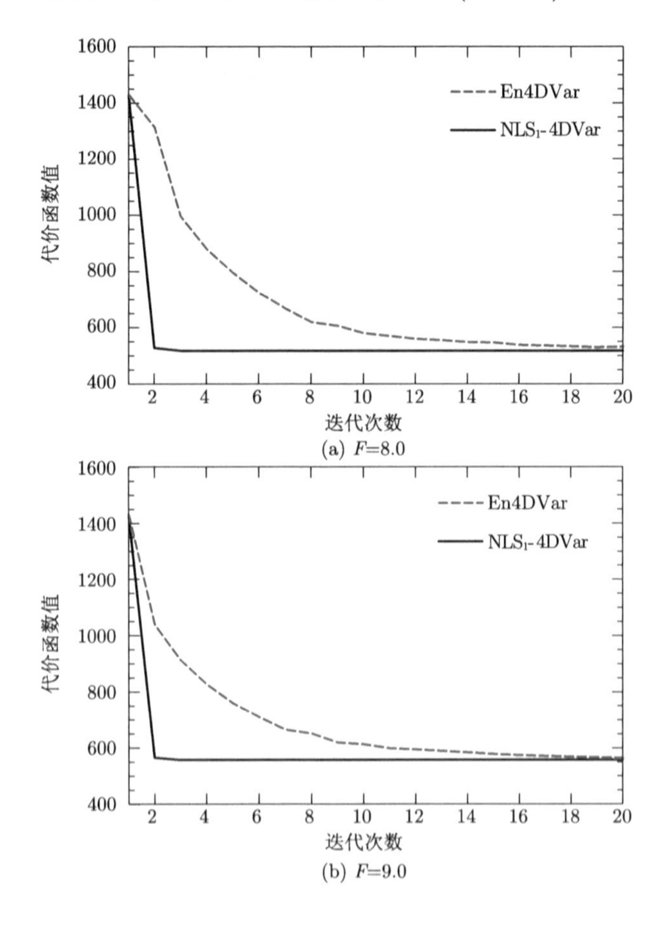

(a) F=8.0

(b) F=9.0

图 2.2　首个同化窗口内代价函数值随迭代次数变化的曲线

的情形 ($F=9$)，前者需要 8 次, 后者需要 83 次分别达到它们各自代价函数的最小值 (都为 556.94)。我们都知道对于 4DVar 问题而言，每一次迭代过程都需要重新计算 4DVar 的函数值与梯度值，也必然需要反复地积分数值预报模式与伴随模式，这必然会带来额外的计算代价。由此，除了对伴随模式的依赖的弊端之外，En4DVar 高昂的计算代价也会使得它在真实大气数据同化中的应用大打折扣。

为了深入考察不同的简化格式对于 NLS_i-4DVar 系列方法同化精度的影响，图2.3还对比了 NLS_i-4DVar($i=1,2,3,5$) 这 4 种同化方法的分析向量均方根误差的时间序列。不难看出，从 NLS_1-4DVar 到 NLS_3-4DVar，它们的同化精度大幅度降低，当然这部分的精度损失换来的是程序实现的方便。令人欣慰的是，整体上 NLS_5-4DVar 的同化性能并不逊色于 NLS_1-4DVar 方法 (尤其体现在整个同化过程的前几个窗口，这个时候的指标意义更明显)，甚至在首个同化窗口内，它的均方根误差还明显小于 NLS_1-4DVar 方法，这自然得益于 NLS_5-4DVar 所采用的在迭

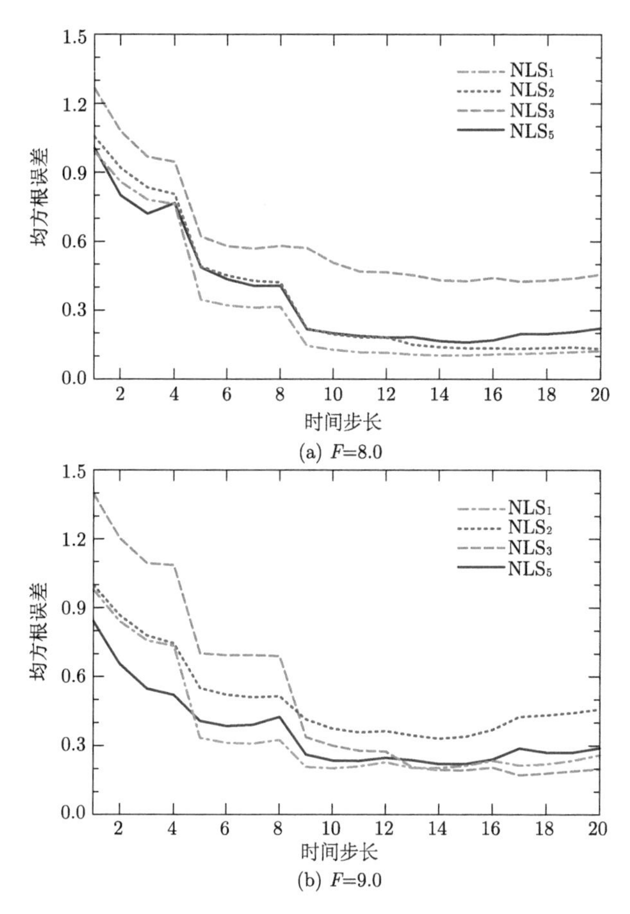

(a) F=8.0

(b) F=9.0

图 2.3 四种同化方法 NLS_i-4DVar($i=1,2,3,5$) 的分析向量均方根误差的时间序列

代最优值 $\boldsymbol{x}_{\mathrm{a}}^{i}$ 处对切线性算子进行近似的策略，从而在很大程度上保证了 NLS$_5$-4DVar 的同化精度。

此外，我们还着重测试了最大迭代次数 $i_{\max}$ 对于 NLS$_3$-4DVar 同化精度的影响 (图2.4)，可以看出，随着最大迭代次数 $i_{\max}$ 的增加，NLS$_3$-4DVar 的同化精度逐渐提高，表现为它的均方根误差也相应地变小，实际上当最大迭代次数为 $i_{\max}=1$ 时，此时 NLS$_3$-4DVar 方法退化为 POD-4DVar 方法，也就是我们前面所提到的一种非常典型的 4DEnVar 方法，这个数值算例特别论证了之前一些 4DEnVar 方法所宣称的无须迭代的所谓“优点”并不真正是这类 4DEnVar 的优点，相反地，是该类方法难以取得充分同化精度的缺憾之处。

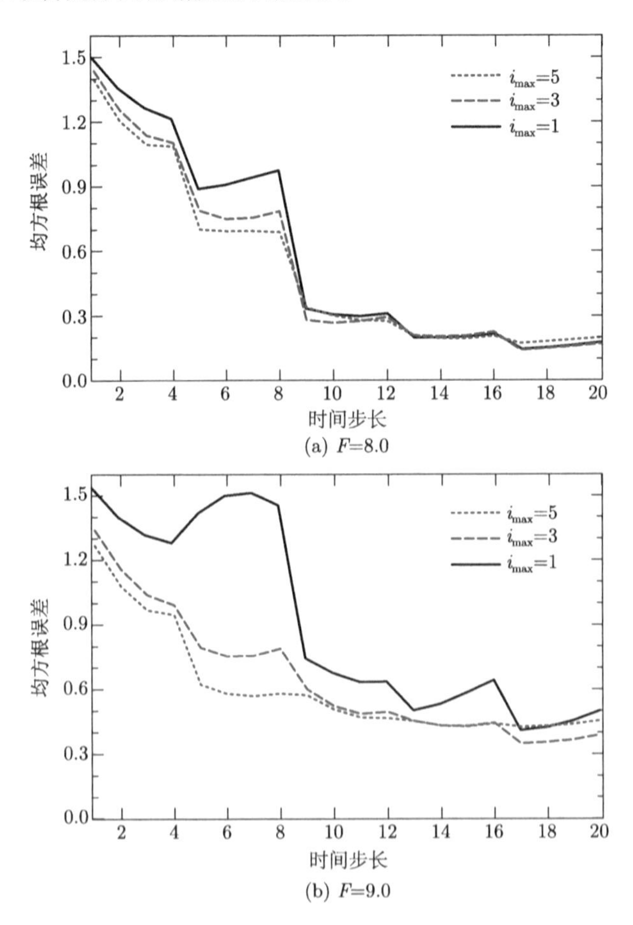

(a) F=8.0

(b) F=9.0

图 2.4　不同最大迭代次数 ($i_{\max}=1,3,5$) 的 NLS$_3$-4DVar 的分析向量均方根误差的时间序列

第 3 章　NLS-4DVar：样本生成与更新

本质上，集合数据同化方法就是利用 (扩展局地化后的，见第4章) 集合样本扰动空间去逼近分析增量 $\boldsymbol{x}'_{\mathrm{a}}$ 所在的解空间，因而集合样本的生成方式及更新策略 (适用于循环同化) 对于集合同化方法的重要性不言而喻。本章着重介绍 NLS-4DVar 所采用的集合样本生成方式及循环同化中样本的更新策略。

3.1　NLS-4DVar 的样本生成

首先介绍一种简单的样本生成方法——四维滑动采样策略 (图3.1) (Wang et al.,2010; Tian and Feng,2015)：

(1) 假设同化窗口为 $[t_0, t_S]$，先于 t_0 的 t_{pre} 时刻开始积分模式至后于 t_S 的 t_{pst} 时刻，得到区间 $[t_{\mathrm{pre}}, t_{\mathrm{pst}}]$ 的模拟结果;

(2) 假定 t_{pre} 处模拟的状态变量为 $\boldsymbol{x}_1$，$(t_{\mathrm{pre}} + \Delta t)$ 处模拟的状态变量为 $\boldsymbol{x}_2$，$\cdots$，$[t_{\mathrm{pre}} + (j-1)\Delta t]$ 处模拟的状态变量为 $\boldsymbol{x}_j$，$\cdots$，$[t_{\mathrm{pre}} + (N-1)\Delta t]$ 处模拟的状态变量为 $\boldsymbol{x}_N$，其中 Δt 为选定的时间间隔;

(3) 如果认定 $\boldsymbol{x}_j (j = 1, \cdots, N)$ 即为生成的集合样本，令 $\boldsymbol{x}'_j = \boldsymbol{x}_j - \boldsymbol{x}_{\mathrm{b}} (j = 1, \cdots, N)$，则 $\boldsymbol{P}_x = (\boldsymbol{x}'_1, \cdots, \boldsymbol{x}'_N)$ 即为样本扰动集合，$\boldsymbol{x}_{\mathrm{b}}$ 为 t_0 处的状态变量背景场。

需要特别说明的是，四维滑动采样仅通过一次 (较长的) 时间区间 $[t_{\mathrm{pre}}, t_{\mathrm{pst}}]$ 的数值模拟，就可以生成初始样本集合 $\boldsymbol{x}_j (j = 1, \cdots, N)$，同时时间区间 $[t_{\mathrm{pre}} + (j-1)\Delta t, t_{\mathrm{pre}} + (j-1)\Delta t + t_S - t_0]$ 的模拟结果恰好为模式从初始场 $\boldsymbol{x}_j$ 起在整个同化窗口 $[t_0, t_S]$ 的模拟结果，可定义为等效的同化窗口模拟。

为了增加样本个数，还可以进行 n 个不同时间区间 $[t^i_{\mathrm{pre}}, t^i_{\mathrm{pst}}] (i = 1, \cdots, n)$ 的模拟，然后重复以上的样本生成方式即可，这里的 $[t^i_{\mathrm{pre}}, t^i_{\mathrm{pst}}] (i = 1, \cdots, n)$ 都覆盖同化窗口 $[t_0, t_S]$。这种四维滑动采样的优势是便捷经济，劣势是生成样本的相关性较强。

另外，按照Evensen (2009)的论述，一个好的集合样本 $\boldsymbol{P}_x \in \Re^{n_m \times N}$ 应具备以下几个特点：

(1) 集合样本应该满足状态变量的实际物理约束;

(2) 样本集合的秩 $\mathrm{rank}(\boldsymbol{P}_x) = \min(n_m, N)$ 最大，一般而言，采样个数 N 远

小于状态变量的维数 n_m，即应该有 $\mathrm{rank}(\boldsymbol{P}_x) = N$；

(3) 样本集合 $\boldsymbol{P}_x$ 的条件数 $\mathrm{con}(\boldsymbol{P}_x) := \frac{\Sigma_{\max}}{\Sigma_{\min}}$ 最小，其中 $\Sigma_{\max}$、$\Sigma_{\min}$ 分别为矩阵 $\boldsymbol{P}_x$ 的最大、小特征根。

遵循这一思路，Evensen (2009)提出了一种改进的集合样本采样方式。该方法从大样本采样 (如利用上面的四维滑动采样) 开始，通过一系列的变换，使得最后得到的 N 个样本的集合有着更好的条件数。其基本思路如下：

(1) 首先进行 αN(α 为大于 1 的整数) 个大样本集合的采样，得到样本扰动集合 $\widehat{\boldsymbol{P}_x} \in \Re^{n_m \times \alpha N}$；

(2) 对 $\widehat{\boldsymbol{P}_x} \in \Re^{n_m \times \alpha N}$ 进行奇异值分解 (singular value decomposition, SVD)

$$\widehat{\boldsymbol{P}_x} = \widehat{\boldsymbol{U}}\widehat{\Sigma}\widehat{\boldsymbol{V}}^{\mathrm{T}} \tag{3.1}$$

其中，$\widehat{\boldsymbol{U}} \in \Re^{n_m \times n_m}, \widehat{\Sigma} \in \Re^{n_m \times \alpha N}$ 及 $\widehat{\boldsymbol{V}} \in \Re^{\alpha N \times \alpha N}$；

(3) 最后得到 N 个样本的集合 $\boldsymbol{P}_x \in \Re^{n_m \times N}$：

$$\boldsymbol{P}_x = \widehat{\boldsymbol{U}}\widetilde{\Sigma}\Theta^{\mathrm{T}} \tag{3.2}$$

其中，$\widetilde{\Sigma} \in \Re^{n_m \times \beta N}$ 为

$$\widetilde{\Sigma}(:, 1:\beta N) = \sqrt{\frac{\beta}{\alpha}}\widehat{\Sigma}(:, 1:\beta N) \tag{3.3}$$

式中，整数 $1 \leqslant \beta \leqslant \alpha$; $\Theta \in \Re^{N \times \beta N}$ 为随机矩阵且其行向量互相正交。

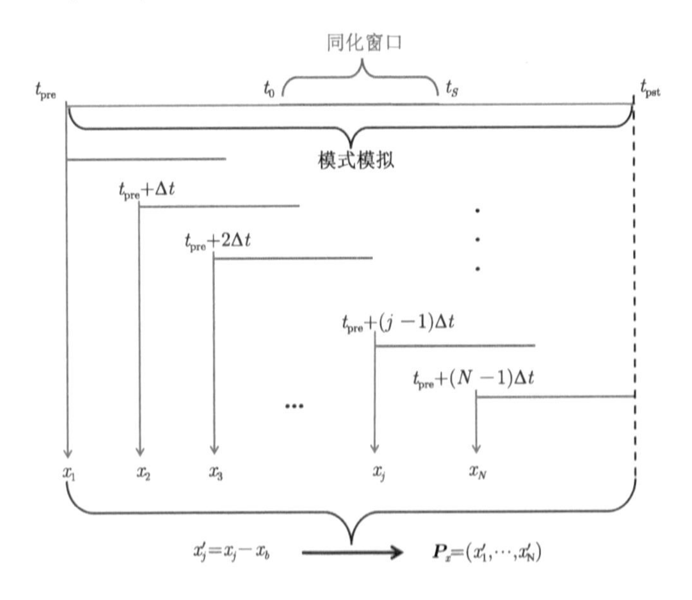

图 3.1　四维滑动采样示意图

需要指出的是，通常而言，$\alpha N, \beta N \ll n_m$，因此以上的 SVD 分解可采用下面的方式进行。

(1) 计算：

$$\boldsymbol{\varPhi} = \widehat{\boldsymbol{P}_x}^{\mathrm{T}} \widehat{\boldsymbol{P}_x} \tag{3.4}$$

式中，$\boldsymbol{\varPhi} \in \Re^{\alpha N \times \alpha N}$。

(2) 对 $\boldsymbol{\varPhi}$ 进行特征值分解：

$$\boldsymbol{\varPhi} = \widehat{\boldsymbol{V}} \widehat{\varSigma}^2 \widehat{\boldsymbol{V}}^{\mathrm{T}} \tag{3.5}$$

其中 $\widehat{\boldsymbol{V}} \in \Re^{\alpha N \times \alpha N}$。

$$\widehat{\varSigma}^2 = \begin{pmatrix} \varSigma_1^2 & 0 & \cdots & 0 \\ 0 & \varSigma_2^2 & \cdots & 0 \\ \vdots & \vdots & \ddots & \vdots \\ 0 & 0 & \cdots & \varSigma_{\alpha N}^2 \end{pmatrix} \tag{3.6}$$

式中，$\widehat{\varSigma}^2 \in \Re^{\alpha N \times \alpha N}$，其对角线元素 $\varSigma_i^2 (i = 1, \cdots, \alpha N)$ 为降序排列的特征根。

(3) 令：

$$\widehat{\varSigma}^{-1} = \begin{pmatrix} \varSigma_1^{-1} & 0 & \cdots & 0 \\ 0 & \varSigma_2^{-1} & \cdots & 0 \\ \vdots & \vdots & \ddots & \vdots \\ 0 & 0 & \cdots & \varSigma_{\alpha N}^{-1} \end{pmatrix} \tag{3.7}$$

及

$$\widehat{\varSigma} = \begin{pmatrix} \varSigma_1 & 0 & \cdots & 0 \\ 0 & \varSigma_2 & \cdots & 0 \\ \vdots & \vdots & \ddots & \vdots \\ 0 & 0 & \cdots & \varSigma_{\alpha N} \end{pmatrix} \tag{3.8}$$

(4) 则有：

$$\widehat{\boldsymbol{U}} = \widehat{\boldsymbol{P}_x} \widehat{\boldsymbol{V}} \widehat{\varSigma}^{-1} \tag{3.9}$$

式中，$\widehat{\boldsymbol{U}} \in \Re^{n_m \times \alpha N}$ 及

$$\boldsymbol{P}_x = \widehat{\boldsymbol{U}} \widetilde{\varSigma} \varTheta^{\mathrm{T}} \tag{3.10}$$

由于 $\alpha N \ll n_m$，以上的分解 [式 (3.4)~式 (3.10)] 非常便捷。

另外，行向量互相正交的随机矩阵 $\varTheta \in \Re^{N \times \beta N}$ 可按如下方式生成：构造随机正交矩阵 $\varTheta \in \Re^{\beta N \times \beta N}$，然后抽取其前 N 行即可 (Evensen,2009)。以上方案的优

势是显而易见的，从式 (3.1)~式 (3.3) 的推导不难看出，最终获取的 N 个样本的小样本集合 $\boldsymbol{P}_x$ 显然满足 $\mathrm{rank}(\boldsymbol{P}_x)=N$ 且其条件数 $\mathrm{con}(\boldsymbol{P}_x)$ 较小 [$\boldsymbol{P}_x$ 的前 (/所有)N 个特征根恰好为大样本集合 $\widehat{\boldsymbol{P}_x}$ 的前 N 个特征根]。上述优势在理论上的详细证明请见Evensen (2009)，这里不再赘述。

在实际的 NLS-4DVar 操作中，往往采取以上两种采样方法相结合的方式：首先利用四维滑动采样进行 (αN 个) 大样本采样，得到大集合扰动样本 $\widehat{\boldsymbol{P}_x}$，其集合样本自然满足状态变量的实际物理约束；再采用式 (3.1)~式 (3.10)，由 αN 个大样本集合得到最后需要的小样本集合 $\boldsymbol{P}_x$ 即可。

在真实的数值预报模式中，状态变量往往由诸如径向风 u、纬向风 v、气温 T、气压 P 和水汽混合比 q 等多个变量构成，即 $\boldsymbol{x}=(u,v,T,P,q)^{\mathrm{T}}$。式 (3.4) 的计算将非常烦琐，为了降低计算代价与编程难度，实际操作中 [式 (3.1)~式 (3.10)] 对所有的变量 (u,v,T,P,q) 逐个进行，由此计算代价与编程难度得以降低，同时还避免不同变量之间单位、量级差异等问题，还可以增加集合 $\boldsymbol{P}_x$ 的离散度。

3.2　NLS-4DVar 的样本更新

任何集合数据同化方法在实际的循环同化中都需要对集合样本进行更新。对于 NLS-4DVar 方法而言，假设当前第 l 个同化窗口 $[t_0^l,t_S^l]$ 的集合样本为 $\boldsymbol{P}_x^l$，那么下一个窗口 $[t_0^{l+1},t_S^{l+1}]$(其中 $t_0^{l+1}=t_S^l$) 的集合样本 $\boldsymbol{P}_x^{l+1}$ 按照Evensen (2009)[①]改进的平方根分析方案进行在线集合更新，具体如下：

$$\boldsymbol{P}_x^{l+1}=\boldsymbol{P}_x^l\boldsymbol{V}_2\sqrt{\boldsymbol{I}-\Sigma_2^T\Sigma_2}\boldsymbol{\Phi}^{\mathrm{T}} \tag{3.11}$$

其中

$$\boldsymbol{U}_2\Sigma_2\boldsymbol{V}_2^{\mathrm{T}}=\boldsymbol{X}_2 \tag{3.12}$$

$$\boldsymbol{X}_2=\Lambda^{-\frac{1}{2}}\boldsymbol{Z}^{\mathrm{T}}\boldsymbol{P}_y \tag{3.13}$$

$$\boldsymbol{Z}\Lambda^{-1}\boldsymbol{Z}^{\mathrm{T}}=\left[\boldsymbol{P}_y\boldsymbol{P}_y^{\mathrm{T}}+(N-1)\boldsymbol{R}\right]^{-1} \tag{3.14}$$

及

$$\boldsymbol{P}_y=\begin{pmatrix}\boldsymbol{P}_{y,0}\\ \boldsymbol{P}_{y,1}\\ \vdots\\ \boldsymbol{P}_{y,S}\end{pmatrix} \tag{3.15}$$

① 此处不必过分纠结于推导过程。

式中，$\boldsymbol{P}_{y,k}$(其定义见第2章) 为第 l 个同化窗口 $[t_0^l, t_S^l](k=0,\cdots,S)$ 内模拟观测扰动样本集合；Φ 为任一随机正交矩阵 (详见 Evensen,2009)。值得注意的是，$\sqrt{\boldsymbol{I}-\Sigma_2^{\mathrm{T}}\Sigma_2}$ 的对角线元素小于 1.0，这将导致集合样本逐渐崩溃。由于 $\boldsymbol{R}$ 是对称的，具有 Cholesky 因式分解 $\boldsymbol{R}=\boldsymbol{R}_+^{1/2}(\boldsymbol{R}_+^{1/2})^{\mathrm{T}}$，式 (3.14) 这一分解可通过公式 (3.16)~(3.18) 轻松获得。

$$
\begin{aligned}
\boldsymbol{Z}\Lambda^{-1}\boldsymbol{Z}^{\mathrm{T}} &=[\boldsymbol{P}_y\boldsymbol{P}_y^{\mathrm{T}}+(N-1)\boldsymbol{R}]^{-1}\\
&=\left[\boldsymbol{P}_y\boldsymbol{P}_y^{\mathrm{T}}+(N-1)\boldsymbol{R}_+^{1/2}(\boldsymbol{R}_+^{1/2})^{\mathrm{T}}\right]^{-1}\\
&=(\boldsymbol{R}_+^{-1/2})^{\mathrm{T}}\left[(\boldsymbol{R}_+^{-1/2}\boldsymbol{P}_y)(\boldsymbol{R}_+^{-1/2}\boldsymbol{P}_y)^{\mathrm{T}}+(N-1)\boldsymbol{I}\right]^{-1}(\boldsymbol{R}_+^{-1/2})\\
&=(\boldsymbol{R}_+^{-1/2})^{\mathrm{T}}\left[(\boldsymbol{U}\Sigma\boldsymbol{V}^{\mathrm{T}})(\boldsymbol{U}\Sigma\boldsymbol{V}^{\mathrm{T}})^{\mathrm{T}}+(N-1)\boldsymbol{I}\right]^{-1}(\boldsymbol{R}_+^{-1/2})\\
&=(\boldsymbol{R}_+^{-1/2})^{\mathrm{T}}\left[\boldsymbol{U}(\Sigma^2+(N-1)\boldsymbol{I})\boldsymbol{U}^{\mathrm{T}}\right]^{-1}(\boldsymbol{R}_+^{-1/2})\\
&=(\boldsymbol{R}_+^{-1/2})^{\mathrm{T}}\boldsymbol{U}\left[\Sigma^2+(N-1)\boldsymbol{I}\right]^{-1}\boldsymbol{U}^{\mathrm{T}}(\boldsymbol{R}_+^{-1/2})
\end{aligned}
\tag{3.16}
$$

$$
\boldsymbol{Z}=(\boldsymbol{R}_+^{-1/2})^{\mathrm{T}}\boldsymbol{U} \tag{3.17}
$$

以及

$$
\Lambda=[\Sigma^2+(N-1)\boldsymbol{I}] \tag{3.18}
$$

很多研究表明，随着循环同化的进行，以上的集合样本更新往往会造成集合样本的离散度逐渐变小 (Wang and Bishop,2003)(亦见Tian et al.,2020之多参正则化)，以上的分析揭示了其根本原因。集合样本离散度的降低会使得 $\boldsymbol{P}_x^{l+1}$ 所撑起的线性样本空间对 $\boldsymbol{x}'_{\mathrm{a}}$ 解空间的近似会逐渐失真乃至同化失败。鉴于此，往往需要在 $\boldsymbol{P}_x^{l+1}$ 之上乘上一个膨胀因子 $\sqrt{\lambda}$ 以此来保持集合样本的离散度 (Zheng et al.,2013)，这一过程称为集合样本的膨胀。而我们为了维持样本的离散度，对式 (3.11) 进行如下的变形：

$$
\boldsymbol{P}_x^{l+1}=\boldsymbol{P}_x^l\boldsymbol{V}_2\Phi^{\mathrm{T}} \tag{3.19}
$$

可以看出，式 (3.19) 本质上是式 (3.11) 一种特殊的自适应膨胀，可用于同化循环中保离散度的集合在线更新。不过，我们仍然使用式 (3.11) 来构建分析误差协方差矩阵 $\boldsymbol{B}^a$。

3.3 大数据驱动的样本生成与更新

增加“在线”集合的规模显然可以提高基于集合扰动的切线性模式的近似精度，但计算成本也会随之增大。受“大数据”概念 (Chen et al.,2014) 的启发，提前准备一组从历史“大数据”模拟中提取的大集合 (样本个数为 N_{h}) 样本，而不是通过完全“在线”模拟的方式准备。这既增加了集合规模、提高了切线性模式的近似精度，又不会增加计算成本。而为了保持集合估计背景误差协方差的流型依赖性，仍然需保留一定数量的“在线”样本 (大小为 N_{o})。总的 (历史“大数据” + “在线”) 集合规模为 $N_{\mathrm{h}}+N_{\mathrm{o}}$。采用这种样本组合方式的 NLS-4DVar 方法被称为大数据驱动的 NLS-4DVar(BD-NLS4DVar)，其基本流程如下：

首先，准备一组四维 (三维空间 + 一维时间) 历史“大数据” $\boldsymbol{P}_{x,\mathrm{h}}^{4D}=(\boldsymbol{x}_{\mathrm{h},1}^{4D},\cdots,\boldsymbol{x}_{\mathrm{h},N_{\mathrm{h}}}^{4D})$，这里 $\boldsymbol{x}_{\mathrm{h},j}^{4D}=(\boldsymbol{x}_{\mathrm{h},j}^{t_0},\cdots,\boldsymbol{x}_{\mathrm{h},j}^{t_S})$，由同化窗口相同长度的历史预报模拟 $\boldsymbol{x}_{\mathrm{h},j}^{t_k}=M_{t_0\to t_k}(\boldsymbol{x}_{\mathrm{h},j}^{t_0})(k=0,\cdots,S)$ 准备而成 (这里的初始样本 $\boldsymbol{x}_{\mathrm{h},j}^{t_0}$ 可依 3.1 节的方式生成)。这部分初始集合扰动为 $\boldsymbol{P}_{x,\mathrm{h}}=(\boldsymbol{x}'_{\mathrm{h},1},\cdots,\boldsymbol{x}'_{\mathrm{h},N_{\mathrm{h}}})$，$\boldsymbol{x}'_{\mathrm{h},j}=\boldsymbol{x}_{\mathrm{h},j}^{t_0}-\boldsymbol{x}_{\mathrm{b}}$，其对应的模拟观测扰动集合为 $\boldsymbol{P}_{y,\mathrm{h}}=(\boldsymbol{y}'_{\mathrm{h},1},\cdots,\boldsymbol{y}'_{\mathrm{h},N_{\mathrm{h}}})$，$\boldsymbol{y}'_{\mathrm{h},j}=H_k(\boldsymbol{x}_{\mathrm{h},j}^{t_k})-L_k(\boldsymbol{x}_{\mathrm{b}})$ $(j=1,\cdots,N_{\mathrm{h}})$，其中 L_k 与 $\boldsymbol{x}_{\mathrm{b}}$ 的定义见第2章。

其次，与原始的 NLS-4DVar 方法一样，还需要一组“在线”初始集合扰动样本 $\boldsymbol{P}_{x,\mathrm{o}}$(集合规模较小，为 N_{o})，其相应的模拟观测扰动集合为 $\boldsymbol{P}_{y,\mathrm{o}}=(\boldsymbol{y}'_{\mathrm{o},1},\cdots,\boldsymbol{y}'_{\mathrm{o},N_{\mathrm{o}}})$，可通过同化窗口 $[t_0,t_S]$ 的集合模拟获得。

然后，将“大数据”集合扰动 $\boldsymbol{P}_{x,\mathrm{h}}$ 和“在线”集合扰动矩阵 $\boldsymbol{P}_{x,\mathrm{o}}$ 合并为 $\boldsymbol{P}_x=(\boldsymbol{P}_{x,\mathrm{h}},\boldsymbol{P}_{x,\mathrm{o}})$，其样本个数为 $N=N_{\mathrm{h}}+N_{\mathrm{o}}$，同样地，可得到其对应的模拟观测扰动样本集合 $\boldsymbol{P}_y=(\boldsymbol{P}_{y,\mathrm{h}},\boldsymbol{P}_{y,\mathrm{o}})$。

最后，将 $\boldsymbol{x}'=\boldsymbol{P}_x\beta$ 和集合背景误差协方差 $\boldsymbol{B}=\frac{(\boldsymbol{P}_x)(\boldsymbol{P}_x)^{\mathrm{T}}}{N-1}$ 代入 NLS_3-4DVar(第2章)，就可以得到以下大数据驱动的 NLS_3-4DVar 迭代格式[①]：

$$\begin{aligned}\Delta\beta^i&=-\left[(N-1)\boldsymbol{I}+\sum_{k=0}^{S}(\boldsymbol{P}_{y,k})^{\mathrm{T}}\boldsymbol{R}_k^{-1}(\boldsymbol{P}_{y,k})\right]^{-1}\\&\quad\times\left\{(N-1)\beta^{i-1}+\sum_{k=0}^{S}(\boldsymbol{P}_{y,k})^{\mathrm{T}}\boldsymbol{R}_k^{-1}\left[L'_k(\boldsymbol{P}_x\beta^{i-1})-\boldsymbol{y}'_{\mathrm{o},k}\right]\right\}\end{aligned}\tag{3.20}$$

以及

$$\boldsymbol{x}'^{,i}=\boldsymbol{P}_x\Delta\beta^i\tag{3.21}$$

这种大数据驱动 NLS-4DVar 的集合更新方案与原始的 NLS-4DVar 有较大不同，包括以下三个重要步骤。

(1) 定义：

$$x_{o,j}^{4D}=\left[\left(M_{t_0\to t_0}\left(x_b+x'_{o,j}\right)\right)^{\mathrm{T}},\cdots,\left(M_{t_0\to t_s}\left(x_b+x'_{o,j}\right)\right)^{\mathrm{T}}\right]^{\mathrm{T}}\tag{3.22}$$

① 这种大样本组合方式会在一定程度上提高样本量 (以牺牲存储为代价)，但总的样本个数 N 依然会远小于模式自由度，一般还是需要局地化过程 (第4章)。

此部分在以上同化过程中已完成。

(2) 与 NLS-4DVar 一样，大数据驱动 NLS-4DVar 首先利用式 (3.19) 对整个集合进行更新；从上述更新后大的集合提取“在线”小样本集合的对应部分，作为下一步的初始“在线”小样本集合。

(3) 利用当前同化窗口输出的“在线”四维样本 [式 (3.22)]，对历史“大数据”集合进行部分更新，具体如下：

$$\boldsymbol{x}_{\mathrm{h},j}^{4D}=\boldsymbol{x}_{\mathrm{h},j+N_{\mathrm{o}}}^{4D}, j=1,\cdots,N_{\mathrm{h}}-N_{\mathrm{o}} \tag{3.23}$$

$$\boldsymbol{x}_{\mathrm{h},j+N_{\mathrm{h}}-N_{\mathrm{o}}}^{4D}=\boldsymbol{x}_{\mathrm{o},j}^{4D}, j=1,\cdots,N_{\mathrm{o}} \tag{3.24}$$

与原来的 NLS-4DVar 相比，BD-NLS4DVar 方法具有以下明显优势：

(1) 数量可观的历史“大数据”集合使得 BD-NLS4DVar 能够更准确地近似背景误差协方差和切线性模式，从而提高同化精度。

(2) BD-NLS4DVar 与 NLS-4DVar 具有相同的分析功能，但由于其集合规模相当大 ($N=N_{\mathrm{h}}+N_{\mathrm{o}}$)，则在以上样本更新的步骤 (2) 中产生的虚假误差更少。此外，这种“在线”集合更新方式能够捕捉到尽可能多的动能，保持了整个大集合的基本结构，从而提高了同化循环的精度 (Tian and Zhang,2019a)。

(3) 通过式 (3.23) 和式 (3.24) 对历史“大数据”集合进行持续更新，这也部分地实现了其流型变化。

需要指出的是，目前 4DEnVar 方法通常还使用因子膨胀法、松弛预先扰动法（RTPP）及“气候态”+“在线”样本加权法等方式进行样本更新，以减轻滤波发散问题，更多的内容大家请参阅相关文献 (Zhu et al.,2022)，此处不作过多赘述。

3.4 NLS-4DVar 循环同化的程序实现

到目前为止，我们已经介绍了适合循环同化的 NLS-4DVar 算法的几乎所有的理论与技术环节，包括 NLS-4DVar 算法本身和它的样本生成与更新 (尚不包括局地化过程) 等。下文以大数据驱动的 $\mathrm{NLS_3}$-4DVar 为例，给出完整的 NLS-4DVar 循环同化的拟程序——Algorithm 22。

Algorithm 22: program $\mathrm{NLS_3main}$

1 Prepare $\boldsymbol{P}_{x\,\mathrm{h}}^{4D}$

2 Prepare the initial $\boldsymbol{P}_{x,\mathrm{o}}$

3 Prepare $\boldsymbol{x}_{\mathrm{b}}$ for the first assimilation window

4 **foreach** $l=1,n_{\max}^{\mathrm{AD}}$ **do**

```
    // n_max^AD is the total assimilation times
5   Prepare y_{o,k}, R_k for the lth assimilation window [t_0^l, t_S^l]
6   β^0 = 0
7   Run the forecast model M_{t_0→t_k} and call H_k to obtain L_k(x_b) and
     y'_{o,k}
8   foreach j = 1, N_o do
9       Run the forecast model M_{t_0→t_k} and call H_k repeatedly
10      y'_{k,j} = L_k(x_b + x'_j) − L_k(x_b) → P_{y,o}^k
11  end
12  foreach j = 1, N_h do
13      Call H_k repeatedly
14      y'_{k,j} = H_k(x_{h,j}^{t_k}) − L_k(x_b) → P_{y,h}^k
15  end
16  P_{y,h} = ((P_{y,h}^0)^T, ··· , (P_{y,h}^S)^T)^T
17  P_{y,o} = ((P_{y,o}^0)^T, ··· , (P_{y,o}^S)^T)^T
18  P_x = (P_{x,h}, P_{x,o}), P_y = (P_{y,h}, P_{y,o})
19  foreach i = 1, i_max do
        // i_max is the maximum iteration number
20      x_a^{i−1} = x_b + P_x β^{i−1}
21      Run M_{t_0→t_k} and call H_k to obtain L_k(x_a^{i−1}) and L'_k(P_x β^{i−1})
22      y_a^{',i−1} = L'_k(P_x β^{i−1})
23      call NLS_3-4DVar(P_{y,k}, y'_{o,k}, R_k, y_a^{',i−1}, β^{i−1}, Δβ^i)
        // Input: P_{y,k}, y'_{o,k}, R_k, y_a^{',i−1}, β^{i−1} | output: Δβ^i
24      β^i = β^{i−1} + Δβ^i
25      β^{i−1} = β^i
26  end
27  x'_a = P_x β^{i_max}
28  x_b = x_b + x'_a
29  Run the forecast model from x_b to obtain x_{t_S^l}
30  x_b = x_{t_S^l}
31  P_x = P_x V_2 Φ^T
32  P_{x,o} = P_x(:, N_h + 1 : N_h + N_o)
33  x_{h,j}^{4D} = x_{h,j+N_o}^{4D}, j = 1, ··· , N_h − N_o
34  x_{h,j+N_h−N_o}^{4D} = x_{o,j}^{4D}, j = 1, ··· , N_o
35 end
```

需要指出的是,以上的拟程序尚未考虑局地化过程;另外,还需根据式 (3.11)~式 (3.15) 与式 (3.19) 给出样本更新的子程序。

3.5 数值验证

我们设计了一组基于浅水波方程模型的评估试验 (Tian and Zhang,2019a),用以验证大数据驱动的 NLS-4DVar 的特性与优势,并将其与一般的 NLS-4DVar 方法进行对比。评估试验中采用以下二维浅水波方程作为预报模式:

$$\frac{\partial u}{\partial t}=-u\frac{\partial u}{\partial x}-v\frac{\partial u}{\partial y}+fv-g\frac{\partial u}{\partial x} \tag{3.25}$$

$$\frac{\partial v}{\partial t}=-u\frac{\partial u}{\partial x}-v\frac{\partial u}{\partial y}-u-g\frac{\partial u}{\partial x} \tag{3.26}$$

$$\frac{\partial h}{\partial t}=-u\frac{\partial(h-h_s)}{\partial x}-v\frac{\partial(h-h_s)}{\partial y}-(H+h-h_s)(\frac{\partial u}{\partial x}+\frac{\partial u}{\partial y}) \tag{3.27}$$

式中,$f=7.272\times10^{-5}\text{s}^{-1}$,为科里奥利参数;$h_s=h_0\sin(4\pi x/L_x)[\sin(4\pi y/L_y)]^2$,为地形高度;$H=3000\text{m}$,为基态深度;$h_0=250\text{m}$ 和 $D=L_x=L_y=44d$,分别为模拟区域两边的长度 (其中 $d=\Delta_x=\Delta_y=300\text{km}$,为均匀网格长度)。模拟区域为正方形,每个坐标方向上有 45 个网格点,在 $x=0,L_x$ 和 $y=0,L_y$ 处施加周期性边界条件。选择 Matsuno (1966)的空间上的二阶中心有限差分和时间上的两步后向差分方案进行离散,时间步长选择 360 s(6min) 用以确保计算的稳定性 (Qiu et al.,2007)。模型状态变量由格点上的 u、v 风速与高度 h 组成。

从以下初始条件:

$$h=360[\sin(\frac{\pi y}{D})]^2+120\sin(\frac{2\pi x}{D})\sin(\frac{2\pi y}{D}) \tag{3.28}$$

$$u=-f^{-1}g\frac{\partial h}{\partial y},\ v=f^{-1}g\frac{\partial h}{\partial x}\ \text{at}\ t=-60\text{h} \tag{3.29}$$

对浅水波方程模型 ($h_0=250\text{m}$) 进行积分 60h 得到同化试验的“真实”初始场。背景场 $\boldsymbol{x}_\text{b}$ 也由以上的初始场积分 60h 得到,但采用的参数为 $h_0=0\text{m}$。由此可知,两者所采用的 h_0 参数大不同,造成“真实场”与“背景场”差异明显,体现在空间均方根误差上,分别为 23.4m(h)、1.53m/s(u) 和 2.58m/s(v)。

每个评估试验共有五个同化窗口组成,窗口的长度为 12h,每隔 3h(即在每个同化窗口的 3h、6h、9h 和 12h 处) 进行一次“观测”。每个模式网格内均有一个随机分布的观测点,即总共有 44×44 个观测点。“观测值”通过在观测点处的“真实”值 (通过简单的双线性插值法得到,即观测算子为双线性插值算子) 上添加随机白噪声产生。默认的同化参数设置为 $h_0 = 250\text{m}$，$N_\text{o} = 50, N_\text{h} = 200, l_{\max} = 3$。

本节评估了大数据驱动的 NLS-4DVar[$N_\text{h} = 200, N_\text{o} = 50$，简称 BD-NLS 4DVar(200+50)] 以及集合样本分为 $N_\text{o} = 50$、250 的完全“在线”集合样本的 NLS-4DVar [简称 NLS-4DVar(50) 和 NLS-4DVar(250)] 的性能。图3.2比较了 BD-NLS4DVar(200+50)、NLS-4DVar(50) 和 NLS-4DVar(250) 方法在每个同化窗口 (=120 时间步) 的时空平均的高度 ($\overline{r^h_\text{mse}}$) 与风速 ($\overline{r^\text{wind}_\text{mse}}$) 的均方根误差：

$$\overline{r^h_\text{mse}} = \frac{1}{120}\sum_{k=1}^{120} r^h_\text{mse}(k) \tag{3.30}$$

以及

$$r^h_\text{mse}(k) = \sqrt{\frac{1}{45\times 45}\sum_{m=1}^{45}\sum_{n=1}^{45}(x^{a,k}_{m,n} - x^{t,k}_{m,n})^2} \tag{3.31}$$

式中，$x^{a,k}_{m,n}$、$x^{t,k}_{m,n}$ 分别为同化窗口内第 k 个时间步的 (m,n) 模式格点上的同化变量和“真实”变量值。对于风速，首先根据式 (3.30) 和式 (3.31) 计算 $\overline{r^u_\text{mse}}$ 和 $\overline{r^v_\text{mse}}$，进而得到 $\overline{r^\text{wind}_\text{mse}}$。图3.2显示，BD-NLS4DVar(200+50) 的性能明显优于 NLS-4DVar(50)。这当然是因为历史“大数据”集合占据了整个 BD-NLS4DVar 集合的大部分，它可以更准确地近似背景误差协方差矩阵和复合切线性模式。因此，它的整体同化性能应该更强、均方根误差也会更小。而当集合规模从 50 个增加到 250 个时，NLS-4DVar 的高度与风速误差急剧下降。但其表现依然要比 BD-NLS4DVar(200+50) 差很多 (第一个同化窗口除外)，尽管它们的集合样本的总数相同。

特别地，NLS-4DVar(250) 采用式 (2.43) 和式 (2.44) 的 LETKF 样本更新方案，会导致集合逐渐萎缩，其集合样本离散度总体上以 1/1.5 的比率在减小。为了

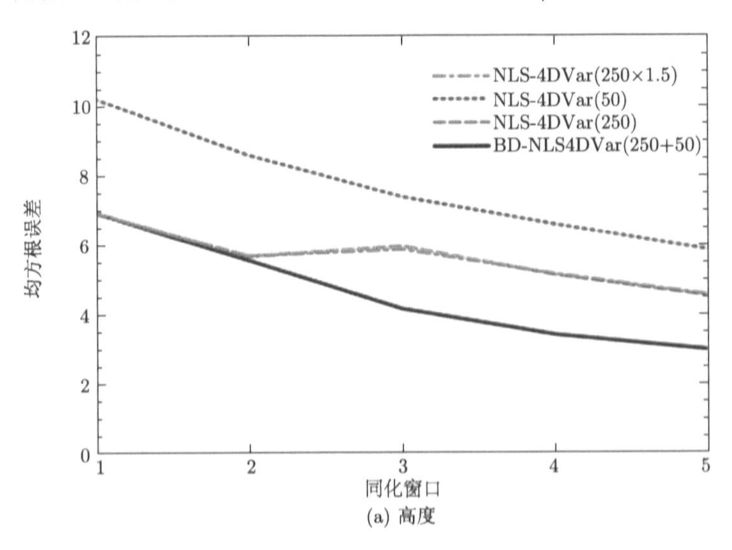

(a) 高度

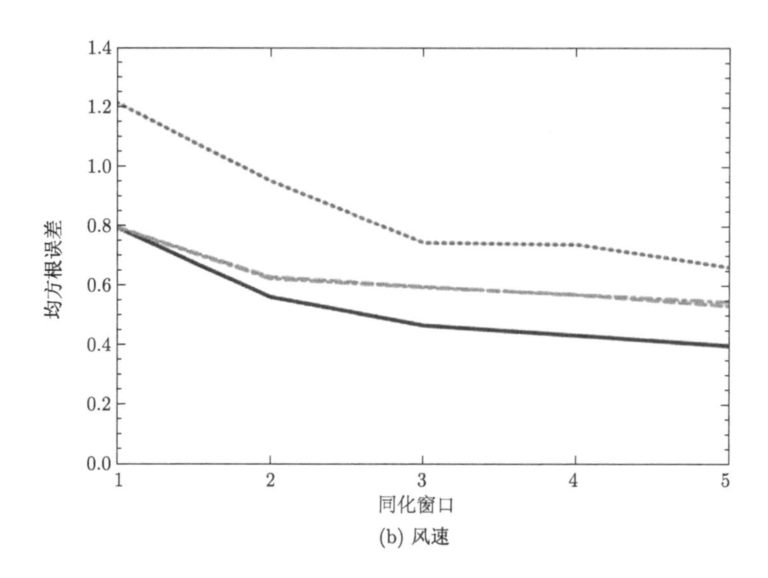

(b) 风速

图 3.2 四种 [BD-NLS4DVar(200+50)、NLS-4DVar(250)、NLS-4DVar(50) 与 NLS-4DVar(250×1.5)] 方法同化后高度 (a) 和风速 (b) 时空平均的均方根误差的时间序列

改善这一状态，我们对其实施了一个简单的因子膨胀 $\boldsymbol{P}_{x,\mathrm{o}} = 1.5 \times \boldsymbol{P}_{x,\mathrm{o}}$，并标记其为 NLS-4DVar(250×1.5)，但这几乎没有任何作用 (图 3.2)，这也说明大样本组合方式不仅改变了样本数量与离散度，还改善了样本的总体结构。

需要说明的是，以上的数值验证试验其实包含局地化过程 (将在第4章介绍)；另外，对于详细细节有兴趣的读者还可参阅我们相关的文章 (Tian and Zhang,2019a; Tian et al.,2020)。

第 4 章 NLS-4DVar：高效局地化

本章首先利用一个简单的例子向大家介绍采样不足所导致的虚假相关现象以及如何通过引入局地化相关函数对此予以缓解，由此引入资料同化中局地化的概念；然后回顾目前国际上流行的多种局地化方案，并重点介绍在变分数据同化中应用广泛的扩展局地化方案。紧接着，给出一种高效便捷的局地化相关矩阵分解方法，在此基础上提出 NLS-4DVar 的高效局地化方案。

4.1 虚假相关与局地化

假设随机向量 $\boldsymbol{x}' \in \Re^{101}$[它的 101 个元素 $x_i'(i=1,\cdots,101)$ 等距分布在一条直线上] 符合均值为 0 的高斯分布且其误差协方差矩阵 $\boldsymbol{B} \in \Re^{101\times 101}$ 满足：

$$\boldsymbol{B}(i,j) = \exp\left[-\left(\frac{d_{i,j}}{8}\right)^2\right] \tag{4.1}$$

式中，$\boldsymbol{B}(i,j)$ 为误差矩阵 $\boldsymbol{B}$ 的第 (i,j) 个元素；$d_{i,j}$ 为第 i,j 个元素 x_i', x_j' 之间的距离。按照前面所介绍的集合方法 (如 EnKF 与 NLS-4DVar)，通常需要依照随机向量 $\boldsymbol{x}'$ 的分布 (均值为 0 的高斯分布且其误差协方差矩阵为 $\boldsymbol{B}$) 随机生成 80 个样本 $\boldsymbol{x}_s'(s=1,\cdots,80)$，由此得到如下的集合误差协方差矩阵 $\boldsymbol{B}_\mathrm{e}$：

$$\boldsymbol{B}_\mathrm{e} = \frac{\boldsymbol{P}_x\boldsymbol{P}_x^\mathrm{T}}{N-1} \tag{4.2}$$

式中，$N=80$; $\boldsymbol{P}_x = (\boldsymbol{x}_1', \cdots, \boldsymbol{x}_N')$。对于以上随机样本的生成，感兴趣的读者可参阅Evensen (2009)。在集合方法中，我们就是利用集合误差协方差矩阵 $\boldsymbol{B}_\mathrm{e}$ 代替真正的误差协方差矩阵 $\boldsymbol{B}$。很自然地，大家就会关心这样的近似是否准确可信？下面，我们就通过对比 $\boldsymbol{B}_\mathrm{e}(50,i)$ 与 $\boldsymbol{B}(50,i)(i=1,\cdots,101$，即随机变量 $\boldsymbol{x}'$ 第 50 个元素与 $\boldsymbol{x}'$ 所有元素的误差相关系数) 来回答上面的疑问。图4.1(a) 给出了 $\boldsymbol{B}_\mathrm{e}(50,i)$ 与 $\boldsymbol{B}(50,i)$ 的对比，不难看出，当 $d_{i,50}$ 比较小 (也就是第 i 个元素与我们选定的第 50 个元素距离较近) 时，两者几乎重合，说明此时 $\boldsymbol{B}_\mathrm{e}$ 对 $\boldsymbol{B}$ 的近似准确度很高，当 $d_{i,50}$ 比较大 (第 i 个元素与我们选定的第 50 个元素距离较远) 时，$\boldsymbol{B}(50,i)$ 趋近于 0，而 $\boldsymbol{B}_\mathrm{e}(50,i)$ 不为 0 且偏差不小，这说明此时 $\boldsymbol{B}_\mathrm{e}$ 对 $\boldsymbol{B}$ 的近

似准确度不高，产生了虚假相关 (Houtekamer and Mitchell,1998; Lorenc,2003a; Evensen,2009)。

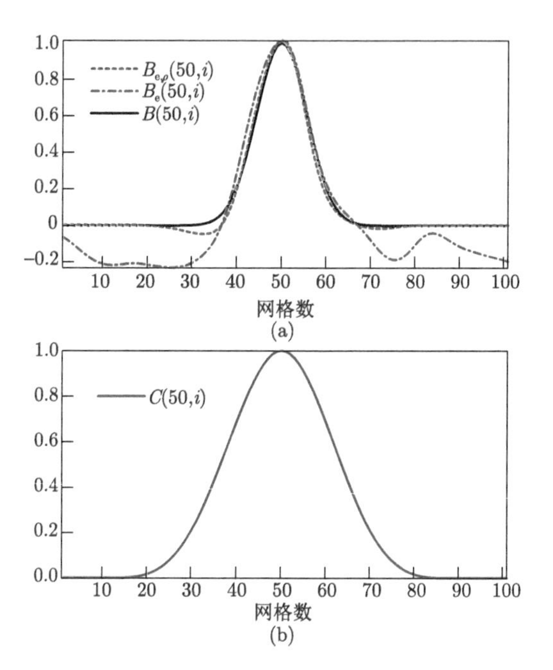

图 4.1 集合误差相关系数与距离修订函数

真实、集合以及距离修订后的集合误差相关系数 $\boldsymbol{B}(50,i), \boldsymbol{B}_{\mathrm{e}}(50,i), \boldsymbol{B}_{\mathrm{e},\rho}(50,i)$ 的对比 (a)；距离修订函数 $\boldsymbol{C}(50,i)$(b)

那么如何消除这种距离较远元素之间的虚假相关现象呢？最为直接的想法就是增加样本集合的个数，使得 $N\to\infty$。这是在理论上最严谨也最容易想到的应对策略，但在实际的同化应用中却难以施行。如前所述，样本个数为 N 就意味着要进行 N 次基于数值预报模式与观测算子的模拟计算，无限增大 N 不可行，在实际的数据同化中样本个数 N 一般只能取 10^2 左右。我们返回来再分析有限样本集合误差协方差矩阵 $\boldsymbol{B}_{\mathrm{e}}$ 对于 $\boldsymbol{B}$ 近似的规律，不难发现：①元素之间距离较近时近似准确度高；②元素之间距离较远时近似准确度低。针对以上这两点，可以引入一个基于距离的修订函数 $\boldsymbol{C}(i,j)$，它是距离 d_{ij} 的函数，当两点的距离 d_{ij} 较近时，它的函数值趋于 1(两点重合的时候就为 1)，当两者距离 d_{ij} 较远时，它的函数值就趋于 0。将 $\boldsymbol{B}_{\mathrm{e}}(i,j)$ 与其对应的距离修订函数值 $\boldsymbol{C}(i,j)$ 相乘就可以在消除距离较远虚假相关的同时维持住距离较近的相关系数的数值。图4.1(b) 就给出如下的距离修订函数 (五阶分段函数)(Gaspari and Cohn,1999)。

$$\boldsymbol{C}(i,j)=\boldsymbol{C}_0(d_{i,j}/d_0) \tag{4.3}$$

其中

$$
\boldsymbol{C}_0(l)=\begin{cases}-\dfrac{1}{4}l^5+\dfrac{1}{2}l^4+\dfrac{5}{8}l^3-\dfrac{5}{3}l^2+1 & 0\leqslant l\leqslant 1\\ \dfrac{1}{12}l^5-\dfrac{1}{2}l^4+\dfrac{5}{8}l^3+\dfrac{5}{3}l^2-5l+4-\dfrac{2}{3}l^{-1} & 1<l\leqslant 2\\ 0 & l>2\end{cases} \tag{4.4}
$$

式中，$l=d_{i,j}/d_0$ 且 d_0 为经验给定的常数，称为局地化 (相关) 半径。其中，图4.1(b) 中的 $\boldsymbol{C}(50,i)$ 取 $d_0=20$(距离单位)。经常用的距离修订函数还有如下的高斯函数：

$$
\boldsymbol{C}_0(l)=\exp\left(-\frac{l}{2}\right) \tag{4.5}
$$

不难看出，经过距离修订函数 $\boldsymbol{C}(i,j)$ 修订之后的 $\boldsymbol{B}_{\mathrm{e},\rho}(50,i)[=\boldsymbol{B}_{\mathrm{e}}(50,i)\times\boldsymbol{C}(50,i)]$ 与真实的误差相关系数 $\boldsymbol{B}(50,i)$ 吻合得极好 [图4.1(a)]：距离较近处的误差相关系数被基本保持，距离较远的虚假误差则被消除。以上这个对集合误差协方差矩阵 $\boldsymbol{B}_{\mathrm{e}}$ 进行修订的过程，即

$$
\boldsymbol{B}_{\mathrm{e},\rho}(i,j)=\boldsymbol{B}_{\mathrm{e}}(i,j)\times\boldsymbol{C}(i,j) \tag{4.6}
$$

就称为局地化 (Houtekamer and Mitchell,1998;Houtekamer and Mitchell,2001; Anderson,2001,2007,2012;Houtekamer et al.,2005;Burgers et al.,1998;Whitaker and Hamill,2002; Evensen,2003; Bishop and Hodyss,2007,2009a,2009b)。另外，矩阵 $\boldsymbol{C}$ 称为局地化相关矩阵。式 (4.6) 一般还可以写为如下的形式：

$$
\boldsymbol{B}_{\mathrm{e},\rho}=\boldsymbol{B}_{\mathrm{e}}\circ\boldsymbol{C} \tag{4.7}
$$

式中，符号“$\circ$”表示两个同维矩阵的 Schür 积，也就是 $\boldsymbol{A}=\boldsymbol{B}\circ\boldsymbol{C}$，表示 $a_{i,j}=b_{i,j}\times c_{i,j}$，其中 $\boldsymbol{A},\boldsymbol{B},\boldsymbol{C}\in\Re^{m\times n}$ 且 $a_{i,j},b_{i,j},c_{i,j}$ 分别为矩阵 $\boldsymbol{A},\boldsymbol{B},\boldsymbol{C}$ 第 $(i,j)(1\leqslant i\leqslant m,1\leqslant j\leqslant n)$ 个元素。矩阵 $\boldsymbol{B}_{\mathrm{e},\rho}$ 则称为局地化后的集合误差协方差矩阵。

目前，最为流行的集合数据同化方法就是 EnKF 方法，所以针对集合误差协方差矩阵 $\boldsymbol{B}_{\mathrm{e}}$ 的局地化大都出现在 EnKF 框架之内。在 EnKF 中，背景误差协方差矩阵 $\boldsymbol{B}_{\mathrm{e}}$ 由模式集合扰动 $\boldsymbol{P}_x=(\boldsymbol{x}'_1,\cdots,\boldsymbol{x}'_N)$ 近似而来。

$$
\boldsymbol{B}_{\mathrm{e}}=\frac{(\boldsymbol{P}_x)(\boldsymbol{P}_x)^{\mathrm{T}}}{N-1} \tag{4.8}
$$

则 (集合)Kalman 增益矩阵为

$$
\boldsymbol{K}_{\mathrm{e}}=\boldsymbol{B}_{\mathrm{e}}\boldsymbol{H}^{\mathrm{T}}\left(\boldsymbol{H}\boldsymbol{B}_{\mathrm{e}}\boldsymbol{H}^{\mathrm{T}}+\boldsymbol{R}\right)^{-1} \tag{4.9}
$$

为了论述简单，式 (4.9) 采用 (切) 线性观测算子 $\boldsymbol{H}:\Re^{n_m}\to\Re^{n_o}$。实际上，EnKF 框架内的局地化过程主要是针对集合 Kalman 增益矩阵 $\boldsymbol{K}_{\mathrm{e}}$ 当中的 $\boldsymbol{B}_{\mathrm{e}}$ 进

行，即

$$\boldsymbol{K}_{\mathrm{e},\rho}=(\boldsymbol{C}\circ\boldsymbol{B}_{\mathrm{e}})\boldsymbol{H}^{\mathrm{T}}\left[\boldsymbol{H}(\boldsymbol{C}\circ\boldsymbol{B}_{\mathrm{e}})\boldsymbol{H}^{\mathrm{T}}+\boldsymbol{R}\right]^{-1} \tag{4.10}$$

式中，$\boldsymbol{C}\in\Re^{n_m\times n_m}$ 即上面所定义的局地化相关矩阵。如同 Houtekamer 和 Mitchell (2001) 所讨论的，(切) 线性算子 $\boldsymbol{H}$ 包含水平与垂直两个方向上不同模式格点之间的插值等诸多操作，而式 (4.3) 和式 (4.4) 表明局地化相关函数只是一个简单、宽泛的距离相关函数，为了使之协调同时简化计算，人们通常把式 (4.10) 简化为 (Houtekamer and Mitchell,2001,2005)

$$\boldsymbol{K}_{\mathrm{e},\rho}=\boldsymbol{C}'\circ(\boldsymbol{B}_{\mathrm{e}}\boldsymbol{H}^{\mathrm{T}})\left[\boldsymbol{C}''\circ(\boldsymbol{H}\boldsymbol{B}_{\mathrm{e}}\boldsymbol{H}^{\mathrm{T}})+\boldsymbol{R}\right]^{-1} \tag{4.11}$$

式中，$\boldsymbol{C}'$ 为 $n_x\times n_y$ 维模式格点与观测位置之间的距离相关矩阵; $\boldsymbol{C}''$ 为 $n_{\mathrm{o}}\times n_{\mathrm{o}}$ 维不同观测位置之间的距离相关矩阵，$\boldsymbol{C}'$、$\boldsymbol{C}''$ 的计算公式与原始 $\boldsymbol{C}$ 的计算公式完全一致；$\boldsymbol{H}$ 为矩阵算子时有 $\boldsymbol{C}'=\boldsymbol{C}\boldsymbol{H}^{\mathrm{T}}$ 和 $\boldsymbol{C}''=\boldsymbol{H}\boldsymbol{C}\boldsymbol{H}^{\mathrm{T}}$。从式 (4.10) 变形到式 (4.11) 最大的作用是将完全的模式空间局地化过程转移为模式变量与观测变量之间的联系操作。在实际的同化应用中，EnKF 算法一般采用式 (4.11) 的局地化方案。

即便如此，由式 (4.11) 不难看出，局地化过程必须在所有的模式格点与观测位置之间进行重复计算，计算量极大且不易并行。因此，在 EnKF 框架之内，观测一般逐个或逐批地被同化，局地化直接作用于观测空间，这可以改善所有网格的分析 (Houtekamer and Mitchell,1998,2001;Hamill et al.,2001;Ott et al.,2004; Hunt et al.,2007; Greybush et al.,2011)；或者是针对每一个网格点, 限制遥远观测对状态变量的影响来减少虚假的误差相关性 (Ott et al.,2004; Tian and Xie,2012)。这样可以部分地回避计算量过大的问题，但不可避免地会影响到数据同化的整体效果。

另外，随着集合变分数据同化方法的兴起，许多研究致力于将集合估计的 $\boldsymbol{B}_{\mathrm{e}}$ 纳入变分的代价函数中 (Lorenc,2003b;Buehner,2005;Wang et al.,2007;Liu et al.,2008;Buehner et al.,2010a,2010b;Bishop and Hodyss,2011;Clayton et al.,2013)：Hamill 和 Snyder(2000) 认为，背景误差协方差矩阵 $\boldsymbol{B}$ 应该是气候态的 $\boldsymbol{B}_{\mathrm{c}}$ 和集合估计的 $\boldsymbol{B}_{\mathrm{e}}$ 的线性组合；Lorenc (2003b)提出了扩展控制变量的方案，将基于集合估计 $\boldsymbol{B}_{\mathrm{e}}$ 纳入三维变分 (3DVar) 框架，同时提出了相应的局地化方案；Buehner (2005)在基于扩展控制变量的基础上，提出了另外的一种局地化方案，隐式地增加了集合估计 $\boldsymbol{B}_{\mathrm{e}}$ 的秩，基本公式如下：

$$\begin{aligned}\boldsymbol{B}_{\mathrm{e}}&=\frac{(\boldsymbol{P}_x)(\boldsymbol{P}_x)^{\mathrm{T}}}{N-1}\\ \boldsymbol{B}_{\mathrm{e}}\circ\boldsymbol{C}&=\frac{(\boldsymbol{P}_{x,\rho})(\boldsymbol{P}_{x,\rho})^{\mathrm{T}}}{N-1}\end{aligned} \tag{4.12}$$

其中

$$\begin{aligned} \boldsymbol{P}_{x,\rho} &= \left(\boldsymbol{P}_{x,1}^{*} \circ \rho_m, \cdots, \boldsymbol{P}_{x,N}^{*} \circ \rho_m\right) \\ \boldsymbol{C} &= \rho_m \rho_m^{\mathrm{T}} \end{aligned} \tag{4.13}$$

其中，m 表示模式变量空间。这里的 $\boldsymbol{C} = \rho_m \rho_m^{\mathrm{T}}$ 可由对局地化相关矩阵 $\boldsymbol{C}$ 进行 EOF 分解实现

$$\begin{aligned} \boldsymbol{C} &= \boldsymbol{E}\lambda\boldsymbol{E}^{\mathrm{T}} \\ \rho_m &= \boldsymbol{E}\lambda^{\frac{1}{2}} \end{aligned} \tag{4.14}$$

$\boldsymbol{P}_{x,j}^{*} \in \Re^{n_m \times r}(j = 1, \cdots, N)$ 的每个 (一共为 r 个) 列向量都为矩阵 $\boldsymbol{P}_x$ 的第 j 个列向量，r 为在 $\boldsymbol{C} = \boldsymbol{E}\lambda\boldsymbol{E}^{\mathrm{T}}$ 分解中所选择的特征向量模态数。Wang 等 (2007) 理论上证明了两种局地化方案式 (4.6) 与式 (4.12)~式 (4.14) 的等价性；这种局地化方案将采用局地化相关函数 $\boldsymbol{C}$ 对 $\boldsymbol{B}_{\mathrm{e}}$ 的修订转换到对用以估计 $\boldsymbol{B}_{\mathrm{e}}$ 的集合扰动样本 $\boldsymbol{P}_x$ 上，进行了集合样本扰动的扩展，被称为集合扩展局地化。集合扩展局地化的推出对于在变分 (尤其是 4DVar) 框架内进行集合误差协方差矩阵 $\boldsymbol{B}_{\mathrm{e}}$ 的局地化意义重大，实际上直接作用于 EnKF 分析方程的局地化方案 [式 (4.10) 和式 (4.11)] 根本无法直接应用到变分框架之内。

Bishop 和 Hodyss(2011) 讨论了局地化的 $\boldsymbol{B}_{\mathrm{e}}$ 用于变分方法的方法，并认为局地化相关矩阵 $\boldsymbol{C}$ 是水平、垂直相关函数的积。但问题依然并不简单，不难看出，$\boldsymbol{C}$ 的维数与 $\boldsymbol{B}_{\mathrm{e}}$ 完全一致，维数为 $(n_x \times n_y \times n_z) \times (n_x \times n_y \times n_z) \sim 10^{6-9} \times 10^{6-9}$(其中 n_x、n_y、n_z 分别为模式计算区域 x、y、z 三个方向上的格点数)，它的 EOF 分解 $\boldsymbol{C} = \boldsymbol{E}\lambda\boldsymbol{E}^{\mathrm{T}}$ 根本无法直接进行。一般而言，以上的 EOF 分解只能在粗分辨率网格上进行 (Liu et al.,2009)，然后再插值到细网格上，实现高分辨率相关函数的分解，进而应用于 En4DVar 及 4DEnVar 的局地化。当然，这样的粗糙处理必然会带来同化精度的损失。为了解决这个问题，申思 (2015)将局地化相关矩阵 $\boldsymbol{C}$ 在 x、y、z 三个方向上进行分解，针对周期/非周期 (全球/区域) 两种情形，分别利用正弦/傅里叶级数对相应的一维相关函数进行分解，并在 DRP-4DVar 方法 (Wang et al.,2010) 上进行了验证；Zhang 和 Tian(2018a) 则在 x、y、z 三个方向上进行简单的 EOF 分解，因为每个方向上的局地化相关矩阵 $\boldsymbol{C}_x$、$\boldsymbol{C}_y$、$\boldsymbol{C}_z$ 的维数大约只为 $10^2 \times 10^2$，它们的 EOF 分解非常简单，这一局地化相关矩阵分解方案将在下一节详细向大家介绍。

4.2 局地化相关矩阵的高效分解

本节提出了一种高效的局地化相关矩阵分解方案。该方案认为，三维局地化相关矩阵 $\boldsymbol{C}$ 是水平 (xy 平面)、垂直 (z 方向) 相关函数的积，而水平方向相关矩

阵 $\boldsymbol{C}_{xy}$ 又可以进一步表征为 x、y 方向上两个一维相关函数 $\boldsymbol{C}_x$、$\boldsymbol{C}_y$ 的积，同时假定 z 方向上的一维相关矩阵为 $\boldsymbol{C}_z$。借鉴克罗内克积的概念，有

$$\boldsymbol{C} = \boldsymbol{C}_x \otimes \boldsymbol{C}_y \otimes \boldsymbol{C}_z \tag{4.15}$$

而且如果 ρ_m、ρ_x、ρ_y、ρ_z 满足：

$$\begin{aligned} \boldsymbol{C} &= \rho_m \rho_m^{\mathrm{T}} \\ \boldsymbol{C}_x &= \rho_x \rho_x^{\mathrm{T}} \\ \boldsymbol{C}_y &= \rho_y \rho_y^{\mathrm{T}} \\ \boldsymbol{C}_z &= \rho_z \rho_z^{\mathrm{T}} \end{aligned} \tag{4.16}$$

则有

$$\rho_m = \rho_x \otimes \rho_y \otimes \rho_z \tag{4.17}$$

按照这一思路，首先将局地化相关矩阵 $\boldsymbol{C}$ 降维到 x(径向)、y(纬向) 与 z(垂向) 三个方向上，在低分辨率上 (节约计算量) 分别构造 x、y 与 z 的一维局地化相关矩阵 $\boldsymbol{C}_x$、$\boldsymbol{C}_y$ 及 $\boldsymbol{C}_z$，然后对这三个一维相关矩阵 $\boldsymbol{C}_x$、$\boldsymbol{C}_y$ 及 $\boldsymbol{C}_z$ 进行 EOF 分解，并利用一维样条插值方法插值到高分辨率的网格上，将插值后的结果借鉴克罗内克积 [式 (4.15)~式 (4.17)] 的方式实现三维局地化相关函数 $\boldsymbol{C}$ 的高效分解。具体而言，$\boldsymbol{C}$ 的高效分解需要以下几步。

第一步：首先在低分辨率网格上，构造 x、y 与 z 三个方向分别对应的一维相关矩阵 $\boldsymbol{C}_{x,k}(k=1,\cdots,n_y$，随纬圈变化)；$\boldsymbol{C}_y$(如 Gaspari and Cohn,1999) 和 $\boldsymbol{C}_z$(如Liu et al.,2009; Zhang et al.,2004a)，其中 $\boldsymbol{C}_{x,k} \in \Re^{n_{x,l}\times n_{x,l}}(k=1,\cdots,n_{yl})$，$\boldsymbol{C}_y \in \Re^{n_{y,l}\times n_{y,l}}$ 与 $\boldsymbol{C}_z \in \Re^{n_{z,l}\times n_{z,l}}$，$n_{x,l}$，$n_{y,l}$ 与 $n_{z,l}$ 分别是 x、y 与 z 方向上对应的低分辨率网格数；在 x 和 y(水平) 方向上，我们采用五阶分段函数 [式 (4.3)~式 (4.4)](Gaspari and Cohn,1999) 在均匀网格上构造一维的相关矩阵 $\boldsymbol{C}_{x,k}, \boldsymbol{C}_y$；在 z 方向上根据下面的公式 (Zhang et al.,2004b)

$$\boldsymbol{C}_z(\Delta \log P_{i,j}) = \frac{1}{1+K_p(\Delta \log P_{i,j})^2} \tag{4.18}$$

构造一维相关矩阵 $\boldsymbol{C}_z$，其中 K_p 代表阻尼距离参数，其作用类似于滤波半径；$\Delta\log P_{i,j} = \log P_i - \log P_j$，$P_i$、$P_j(1 \leqslant i,j \leqslant n_z)$ 为任意两个垂直层处的大气压，显然 z 方向上的格点分布是不均匀的。

第二步：对一维局地化相关函数 $\boldsymbol{C}_{x,[\frac{n_{y,l}}{2}]}$、$\boldsymbol{C}_y$ 与 C_z 进行 EOF 分解 (其中 $\left[\frac{n_{y,l}}{2}\right]$ 为 $\frac{n_{y,l}}{2}$ 的整数部分)，得到：

$$\boldsymbol{C}_{x,[\frac{n_{y,l}}{2}]} = \boldsymbol{E}_x \lambda_x \boldsymbol{E}_x^{\mathrm{T}} \tag{4.19}$$

$$\boldsymbol{C}_y = \boldsymbol{E}_y \lambda_y \boldsymbol{E}_y^{\mathrm{T}} \tag{4.20}$$

$$\boldsymbol{C}_z = \boldsymbol{E}_z \lambda_z \boldsymbol{E}_z^{\mathrm{T}} \tag{4.21}$$

则有

$$\rho_{x,[\frac{n_{y,l}}{2}]} = \boldsymbol{E}_x \lambda_x^{1/2} \tag{4.22}$$

$$\rho_y = \boldsymbol{E}_y \lambda_y^{1/2} \tag{4.23}$$

$$\rho_z = \boldsymbol{E}_z \lambda_z^{1/2} \tag{4.24}$$

对于任意 $\boldsymbol{C}_{x,k}(k=1,\cdots,n_{y,l})$ 可进行如下的分解：

$$\rho_{x,k} = \boldsymbol{E}_x \lambda_{x,k}^{1/2} \tag{4.25}$$

其中 $\lambda_{x,k}^{1/2}$ 满足：

$$\left(\lambda_{x,k}^{1/2}\right)^2 = \mathrm{diag}\left(\boldsymbol{E}_x^{\mathrm{T}} \boldsymbol{C}_{x,k} \boldsymbol{E}_x\right) \tag{4.26}$$

以此防止对不同纬圈对应的相关矩阵 $\boldsymbol{C}_{x,k}$ 直接分解所造成模态向量顺序不同的问题 (Zhang and Tian,2018a)。为了节约计算资源，我们仅保留 $\rho_{x,k}$、ρ_y 与 ρ_z 的前 r_x、r_y 与 r_z 列，为简单起见，依然采用 $\rho_{x,k}$、ρ_y 与 ρ_z 对其进行表示；其中 r_x、r_y、r_z 分别为 $\boldsymbol{C}_{x,[\frac{n_{y,l}}{2}]}$、$\boldsymbol{C}_y$、$\boldsymbol{C}_z$ 的特征向量截断模态数，选取标准是累积解释方差 (Liu et al.,2009)；值得说明的是，由于是在粗分辨率网格上，一维相关矩阵的 EOF 分解非常高效；同时 r_x、r_y、r_z 以及 r(其中 $r = r_x \times r_y \times r_z$) 相当小，即可以用很少的模态数代表较大的能量。

第三步：利用样条插值将 $\rho_{x,k} \in \Re^{n_{x,l} \times r_x}$、$\rho_y \in \Re^{n_{y,l} \times r_y}$ 和 $\rho_z \in \Re^{n_{z,l} \times r_z}$ 插值到高分辨率网格后分别得到 $\rho_{x,k} \in \Re^{n_x \times r_x}$、$\rho_y \in \Re^{n_y \times r_y}$ 和 $\rho_z \in \Re^{n_z \times r_z}$，其中 n_x、n_y 与 n_z 分别是 x、y 与 z 方向对应的高分辨率网格数；同时，由 $n_{y,l}$ 个纬圈的 $\rho_{x,k}(k=1,\cdots,n_{y,l})$ 可以插值得到高分辨率上 n_y 个纬圈的 $\rho_{x,k}(k=1,\cdots,n_y)$；由此 $\boldsymbol{C}_{x,k}(k=1,\cdots,n_y)$，$\boldsymbol{C}_y$ 与 $\boldsymbol{C}_z$ 可近似表达为

$$\boldsymbol{C}_{x,k} \approx \rho_{x,k}\left(\rho_{x,k}\right)^{\mathrm{T}} \tag{4.27}$$

$$\boldsymbol{C}_y \approx \rho_y\left(\rho_y\right)^{\mathrm{T}} \tag{4.28}$$

$$\boldsymbol{C}_z \approx \rho_z\left(\rho_z\right)^{\mathrm{T}} \tag{4.29}$$

第四步：最终 ρ_m 可以近似表达为

$$\rho_m \approx \rho_z \otimes \left(\rho_y \widetilde{\otimes} \rho_x^*\right) \tag{4.30}$$

其中

$$\rho_y \widetilde{\otimes} \rho_x^* = \begin{pmatrix} \rho_{y,11} \cdot \rho_{x,1} & \rho_{y,12} \cdot \rho_{x,1} & \cdots & \rho_{y,1r_y} \cdot \rho_{x,1} \\ \rho_{y,21} \cdot \rho_{x,2} & \rho_{y,22} \cdot \rho_{x,2} & \cdots & \rho_{y,2r_y} \cdot \rho_{x,2} \\ \vdots & \vdots & \ddots & \vdots \\ \rho_{y,n_y1} \cdot \rho_{x,n_y} & \rho_{y,n_y2} \cdot \rho_{x,n_y} & \cdots & \rho_{y,n_yr_y} \cdot \rho_{x,n_y} \end{pmatrix} \tag{4.31}$$

$$\rho_{xy}^* \approx \rho_y \widetilde{\otimes} \rho_x^* \tag{4.32}$$

$$\rho_x^* = \begin{pmatrix} \rho_{x,1} \\ \rho_{x,2} \\ \vdots \\ \rho_{x,n_y} \end{pmatrix} \tag{4.33}$$

$$\rho_{\mathrm{m}} \approx \rho_z \otimes \rho_{xy}^* = \begin{pmatrix} \rho_{z,11} \cdot \rho_{xy}^* & \rho_{z,12} \cdot \rho_{xy}^* & \cdots & \rho_{z,1r_z} \cdot \rho_{xy}^* \\ \rho_{z,21} \cdot \rho_{xy}^* & \rho_{z,22} \cdot \rho_{xy}^* & \cdots & \rho_{z,2r_z} \cdot \rho_{xy}^* \\ \vdots & \vdots & \ddots & \vdots \\ \rho_{z,n_y1} \cdot \rho_{xy}^* & \rho_{z,n_z2} \cdot \rho_{xy}^* & \cdots & \rho_{z,n_zr_z} \cdot \rho_{xy}^* \end{pmatrix} \tag{4.34}$$

则有

$$\boldsymbol{C} \approx \rho_{\mathrm{m}} \rho_{\mathrm{m}}^{\mathrm{T}} \tag{4.35}$$

式中，$\rho_{xy}^* \in \Re^{(n_x \times n_y) \times (r_x \times r_y)}$；$\rho_{x,k} \in \Re^{n_x \times r_x}(k = 1, \cdots, n_y)$；$\rho_{y,ij}$ 为 ρ_y 的第 (i,j) 个元素；$\rho_{z,ij}$ 为 $\rho_z \in \Re^{n_z \times r_z}$ 的第 (i,j) 个元素；$\rho_{\mathrm{m}} \in \Re^{n_{\mathrm{m}} \times r}$；$n_{\mathrm{m}} = n_x \times n_y \times n_z$。算子“$\otimes$”和“$\widetilde{\otimes}$”的定义如式 (4.34) 和式 (4.31)。至此，ρ_{m} 已构造完成。

以上的构建显然仅限于模式变量空间，如前所述，实际的局地化大都在观测空间进行，于是进一步定义：

$$\rho_{\mathrm{o}} = \boldsymbol{H}(\rho_{\mathrm{m}}) \tag{4.36}$$

为此，我们也提供一种构造 ρ_{o} 的方案：基本思路类似于以上构造 ρ_{m} 的第一至第四步，唯一的区别就是将第三步修改为用样条插值，将 $\rho_{x,k}$、ρ_y、ρ_z 插值到包含观测点坐标的高分辨率网格系统上，从而得到包含模式格点与观测点的 $\rho_{\mathrm{mo}} \in \Re^{(n_{\mathrm{m}}+n_{\mathrm{o}}) \times r}$($n_{\mathrm{o}}$ 为观测变量的维数)，进而从 ρ_{mo} 中按照对应的行向量抽取出 $\rho_{\mathrm{m}} \in \Re^{n_{\mathrm{m}} \times r}$ 和 $\rho_{\mathrm{o}} \in \Re^{n_{\mathrm{o}} \times r}$(Tian et al.,2016;Zhang and Tian,2018a)。显然，模式格点和观测点坐标的相关矩阵 $\boldsymbol{C}_{\mathrm{mo}}$ 可由 ρ_{m} 和 ρ_{o} 近似表达为

$$\boldsymbol{C}_{\mathrm{mo}} \approx \rho_{\mathrm{m}} \rho_{\mathrm{o}}^{\mathrm{T}} \tag{4.37}$$

至此，我们发展了用于集合扩展局地化方案的高精度、高效率的 ρ_{m} 和 ρ_{o} 构造方案，下面将对其构造的有效性与精确度进行评估。

4.3 局地化相关矩阵高效分解方案的验证

本节对4.2节所发展的局地化相关矩阵分解方案的有效性进行验证，分为全球和区域两种情况：

对于区域上的验证，采用的研究区域为 (15.5°N~43.5°N 和 88.5°E~131.5°E)，水平方向的网格点数是 120×100，水平分辨率是 30km，垂直方向分为 30η 层 (Tian and Feng,2015)，具体定义如下：

$$\eta = \frac{P - P_{\mathrm{top}}}{P_{\mathrm{bot}} - P_{\mathrm{top}}} \tag{4.38}$$

式中，P 为某一层气压；P_{top} 为模式顶层气压；P_{bot} 为地面气压，从数值上看，η 值在 $[0,1]$，地面的 η 值是 1，顶层为 0。在以下的验证中，选择的低分辨率网格系统为 $60 \times 50 \times 30$，如上可知高分辨率网格系统为 $120 \times 100 \times 30$；水平 x 和 y 方向的局地化半径为 750km；在 x、y 和 z 方向上，选择的截断模态数分别为 $r_x = 18$、$r_y = 15$、$r_z = 15$。

对于全球上的验证，设置的低分辨率网格系统为 $72 \times 37 \times 30$；高分辨率网格系统为 $144 \times 74 \times 30$，水平 x 和 y 方向上的局地化半径为 2000km；在 x、y 和 z 方向上，选择的截断模态数分别为 $r_x = 22$、$r_y = 12$、$r_z = 5$。

首先，通过对比直接构造 (记为“Dir”) 和分解重构 (记为“Rec”) 的一维相关矩阵 $\boldsymbol{C}_{x,k}$(在高分辨率上) 来验证 $\rho_{x,k}$、ρ_y 与 ρ_z 构造的准确性。关于 $\boldsymbol{C}_{x,k} \approx \rho_{x,k}\rho_{x,k}^{\mathrm{T}}$ 的验证，本节首先选取三个不同纬圈 ($k = 1, 50, 100$) 的任意一点 (此处选定为第 60 个格点) 与相应纬圈上所有点之间“Dir”与“Rec”相关分布 $\boldsymbol{C}_{x,k}(60,i)(k = 1,50,100, i = 1,\cdots,120)$ 进行对比验证，图4.2给出的是三个不同纬圈对应的直接构造 (Dir) 和分解重构 (Rec) 的相关函数对比及两者之差 (Dir−Rec)：从图4.2(a)~图4.2(c) 可知，分解重构 (Rec) 与直接构造 (Dir) 的任意两点相关分布吻合得相当好；并且图4.2(d)~图4.2(f) 表明，Dir−Rec 的绝对值被控制在 0.012 以内，可定量地论证4.2节所发展分解重构方案的有效性与准确性。换言之，式 (4.19)、式 (4.25)、式 (4.26) 所发展的 $\boldsymbol{C}_{x,k} = \rho_{x,k}\rho_{x,k}^{\mathrm{T}}$ 的分解策略是行之有效的。

更为详尽地，本节还验证了同一纬度圈 ($k = 50$) 内任取三个格点 (此处取第 1、第 60、第 120 个格点) 与所有格点相关分布的比较 [$\boldsymbol{C}_{x,50}(1,i), \boldsymbol{C}_{x,50}(60,i), \boldsymbol{C}_{x,50}(120,i), i = 1,\cdots,100$]：由图4.3可以看出，分解重构 (Rec) 和直接构造 (Dir)

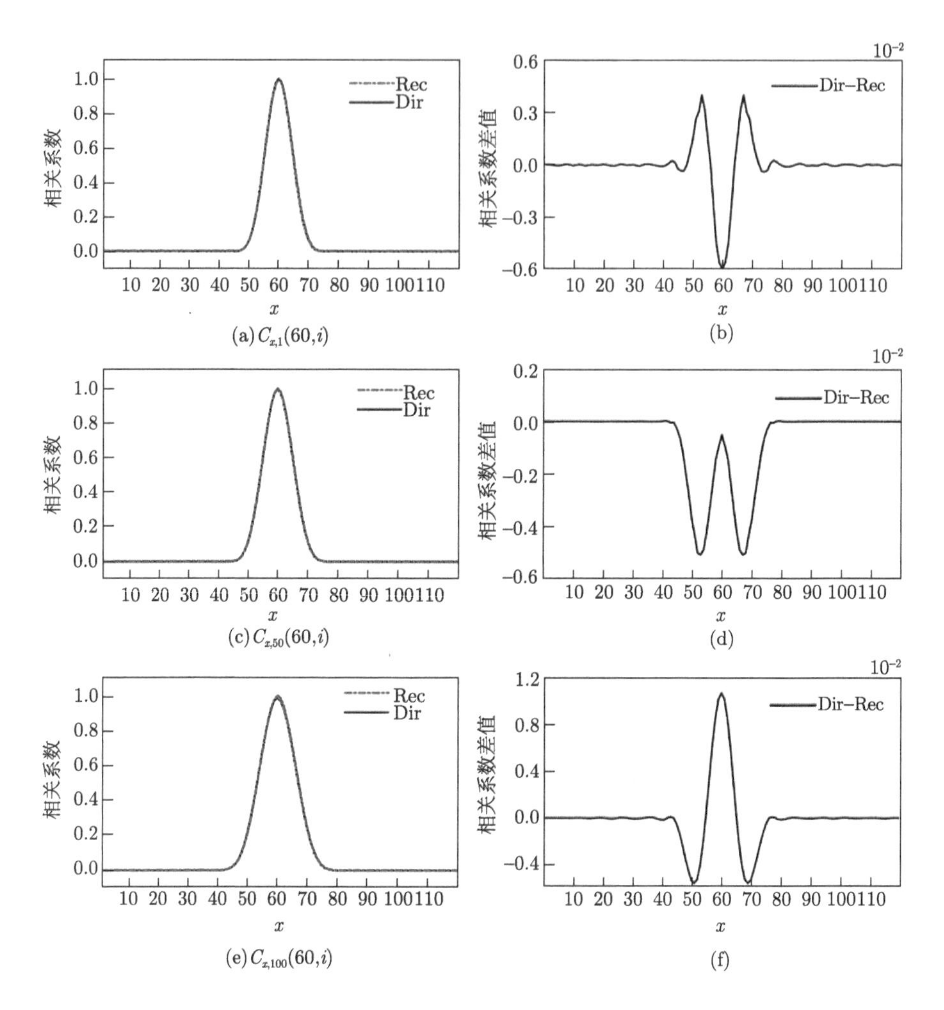

图 4.2　三个不同纬圈上的第 60 个格点与相应纬圈上所有格点之间直接构造 (Dir) 与分解重构 (Rec) 的相关函数分布 $\boldsymbol{C}_{x,k}(k=1,50,100;i=1,\cdots,120)$ 的对比 [(a)~(c)] 及两者之差 [(d)~(f)]

的相关分布同样有着很好的吻合 [图4.3(a)、(c)、(e)]，且两者之差 Dir−Rec 的绝对值也被控制在 0.0004 之内 [图4.3(b)、(d)、(f)]，这些结果都充分表明这种分解重构方案的准确性；类似地，图4.4和图4.5还进一步给出了 y、z 两个方向上 $\boldsymbol{C}_y \approx \rho_y\rho_y^{\mathrm{T}}$ 和 $\boldsymbol{C}_z \approx \rho_z\rho_z^{\mathrm{T}}$ 分解重构的验证结果，同样也说明这两个方向分解重构策略的有效性与准确性，同时图4.5还表明，4.2节提出的分解方案同样适用于非均匀网格。

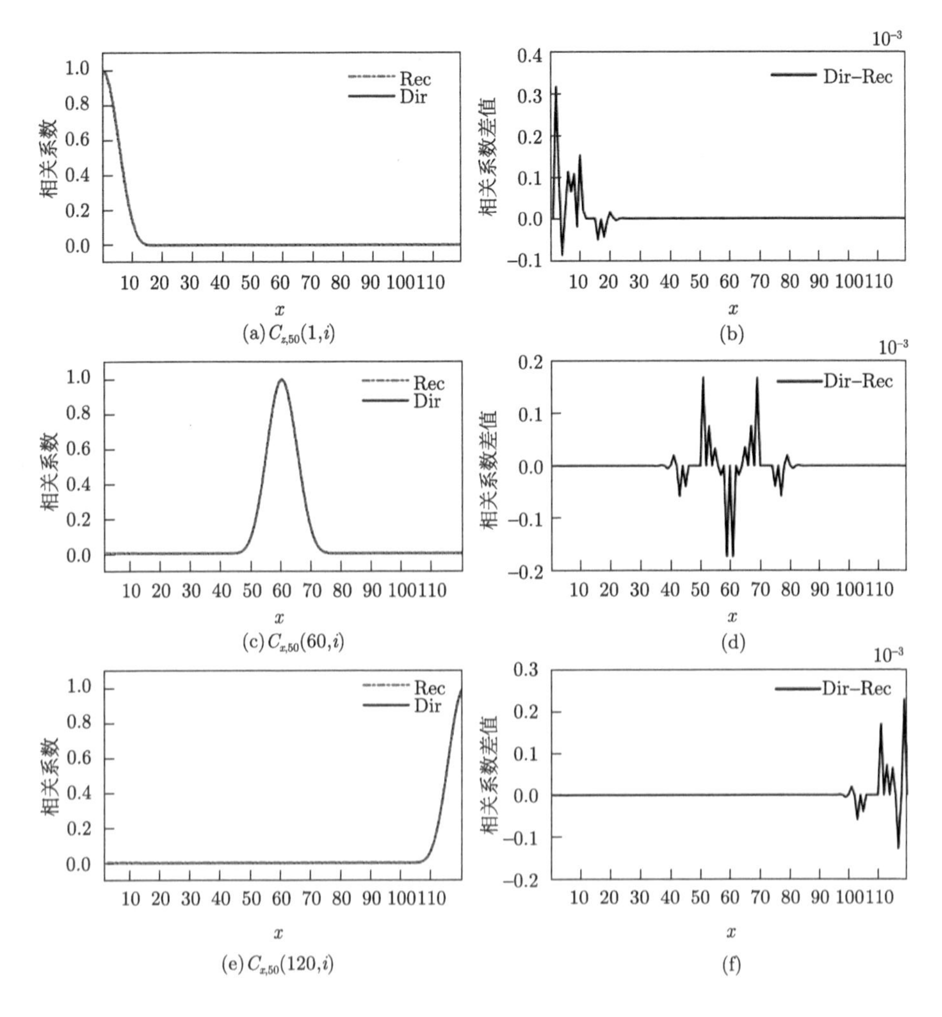

图 4.3　同一纬圈上的第 1、第 60、第 120 个格点与所有格点之间直接构造 Dir 与重构 Rec 的相关函数分布的对比 [(a)、(c)、(e)] 及两者之差 Dir−Rec[(b)、(d)、(f)]

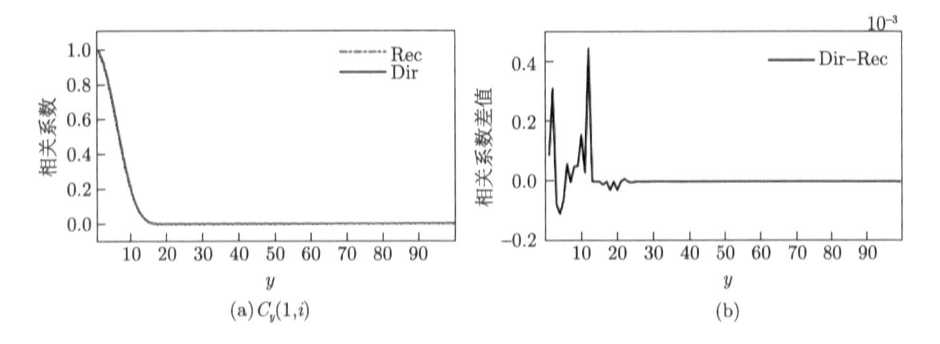

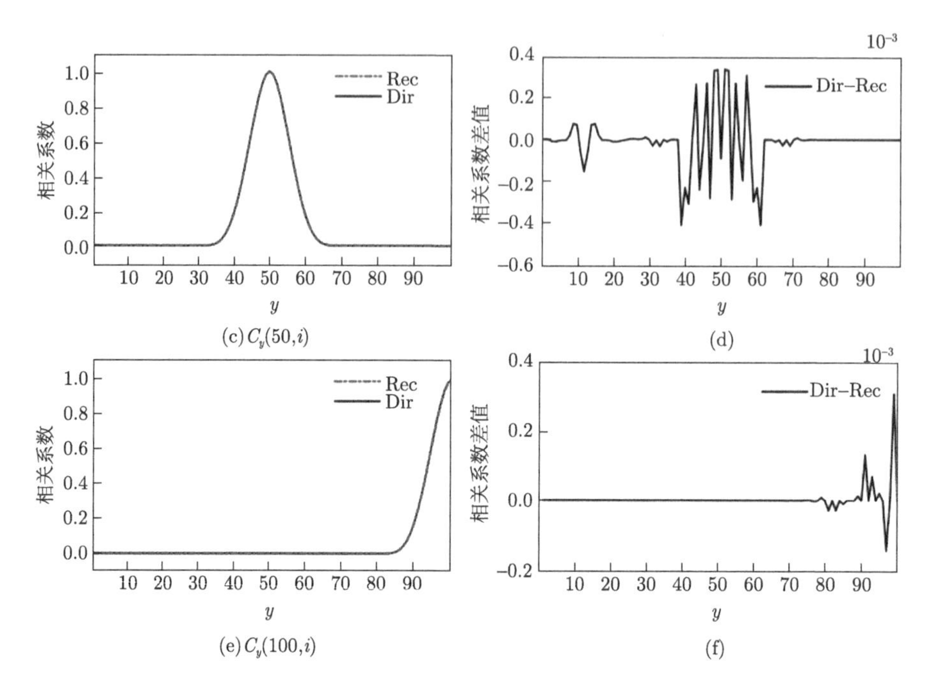

图 4.4 在 y 方向上的第 1、第 50、第 100 个格点与所有格点之间直接构造 (Dir) 与分解重构 (Rec) 的相关函数的对比 [(a)、(c)、(e)] 及两者之差 Dir−Rec [(b)、(d)、(f)]

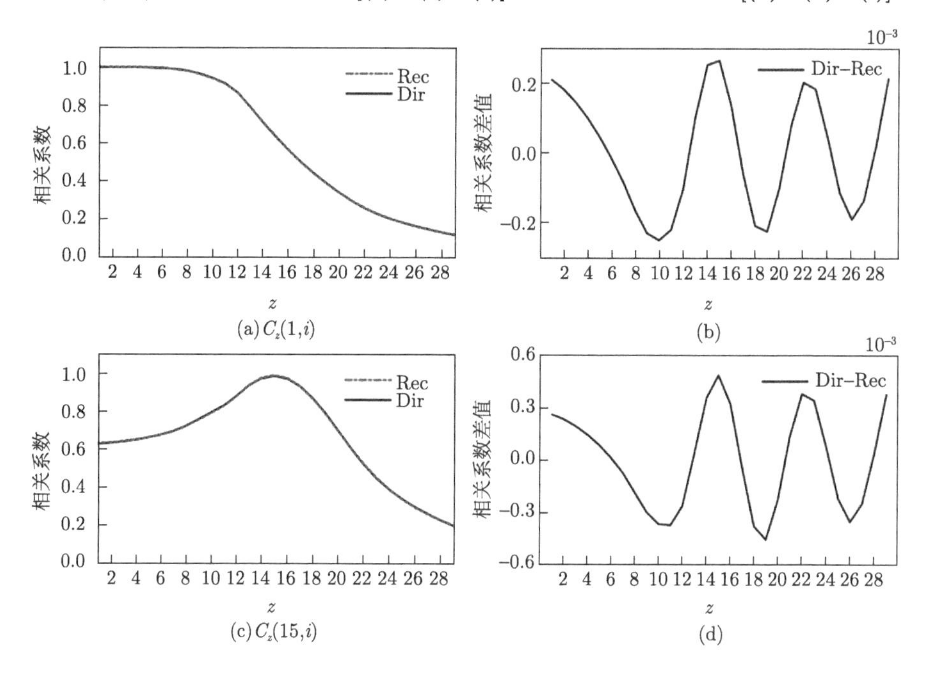

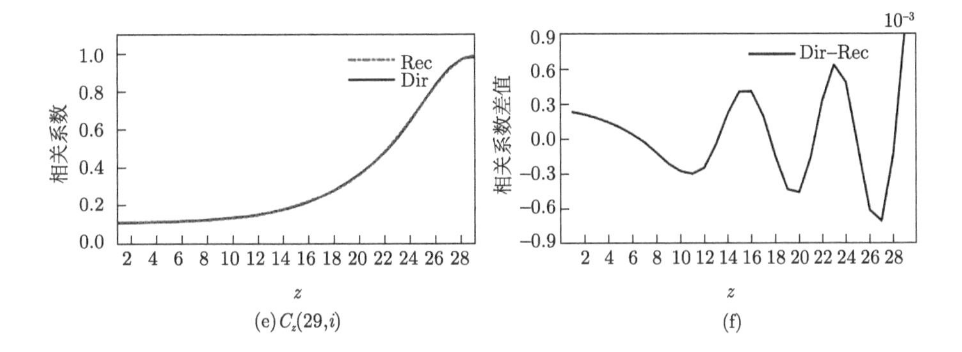

(e) $C_z(29,i)$　　(f)

图 4.5　在 z 方向上的第 1、第 15、第 29 个格点与所有格点之间直接构造 (Dir) 与分解重构 (Rec) 的相关函数分布对比 [(a)、(c)、(e)] 及两者之差 Dir−Rec[(b)、(d)、(f)]

进一步地，本节对分解重构的相关函数 $\boldsymbol{C}_{xy} \approx \rho_{xy}^*\rho_{xy}^{*\mathrm{T}}$[其中 $\rho_{xy}^* \approx \rho_y \widetilde{\otimes} \rho_x^*$] 进行验证，仍采取分解重构 (Rec) 与直接构造 (Dir) 相关函数相比较的方式，图4.6给出的是 xy 平面上任意一点 [这里选第 5940 个点，恰为该水平面上第 (50，60) 点，即有 $5940 = (50-1) \times 120 + 60$] 与该平面上所有点之间 Dir 与 Rec 的相关分布 [$\boldsymbol{C}_{xy}(5940, i), i = 1, \cdots, 120 \times 100$] 的对比 [图4.6(a) 和图4.6(b)] 以及两者的差值 [图4.6(c)]，以上结果同样表明 4.2 节所发展的 $\boldsymbol{C}_{xy} \approx \rho_{xy}^*\rho_{xy}^{*\mathrm{T}}$ 分解重构方案的有效性。

另外，本节还对三维相关函数的重构 $\boldsymbol{C} \approx \rho_{\mathrm{m}}\rho_{\mathrm{m}}^{\mathrm{T}}$ 进行了验证 (图4.7)，图中显示了第一层的任意单点 (这里选取第 5940 个点，如上) 与任意三个垂直平面上 (第 1、第 15、第 28 层) 所有格点的相关性：图4.7(a)～图4.7(c) 分别是该点与第 28 层 (top level)，第 15 层 (middle level) 和第 1 层 (bottom level) 内所有点的相关分布。

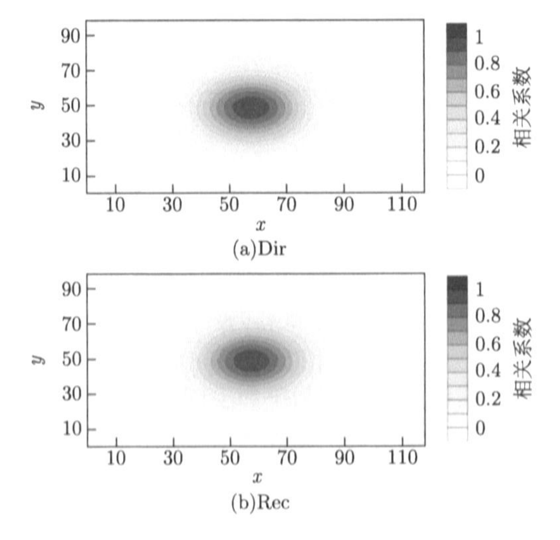

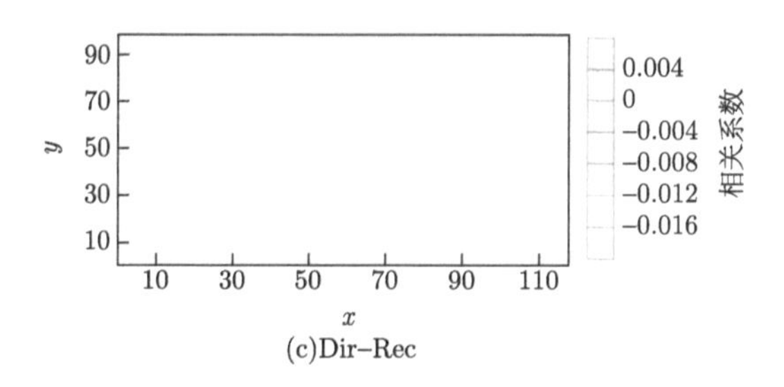

(c)Dir−Rec

图 4.6 在二维水平方向上的第 5490 个格点与其他所有格点之间直接构造 (Dir) 与分解重构 (Rec) 的相关函数分布 $\boldsymbol{C}_{xy}(5940, i)$[(a)、(b)] 及两者之差 (Dir−Rec)(c)

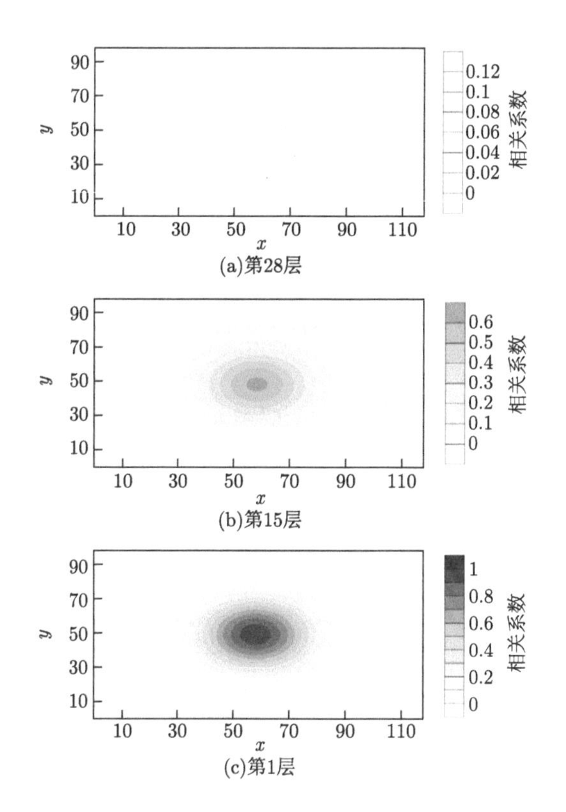

图 4.7 垂直方向第一模式层的第 5940 个格点与其他三个模式层的所有格点的单点相关性 (a) 第 28 层; (b) 第 15 层和 (c) 第 1 层内所有点的相关分布

取单点在第 1 层，理论上该单点与平面上同一个水平位置的相关性会随着垂向距离增大而变小，图4.7的结果很清晰地表明了以上的变化趋势：对于任意同一水平位置，图4.7(c) 的相关性最大，图4.7(b)、图4.7(a) 逐渐变小，体现了 z 方向上网格之间的相关关系。另外，直接构造与分解重构的相关函数的对比还进一步说明两者的差别几乎可以忽略不计。

对于全球上的验证，我们也比较了 x 方向上直接构造和分解重构的一维相关矩阵 $\boldsymbol{C}_x$ 在不同纬圈 (纬度分别为 0°、45°N 和 85°N) 上任取一点 (此处选取第 72 个格点) 与相应纬圈上所有格点的相关分布 $\boldsymbol{C}_x(72, i)(i = 1, \cdots, 144)$(图4.8)。图4.8与图4.2有相似的结论，说明4.2节发展的分解方案在全球应用上依然有效。

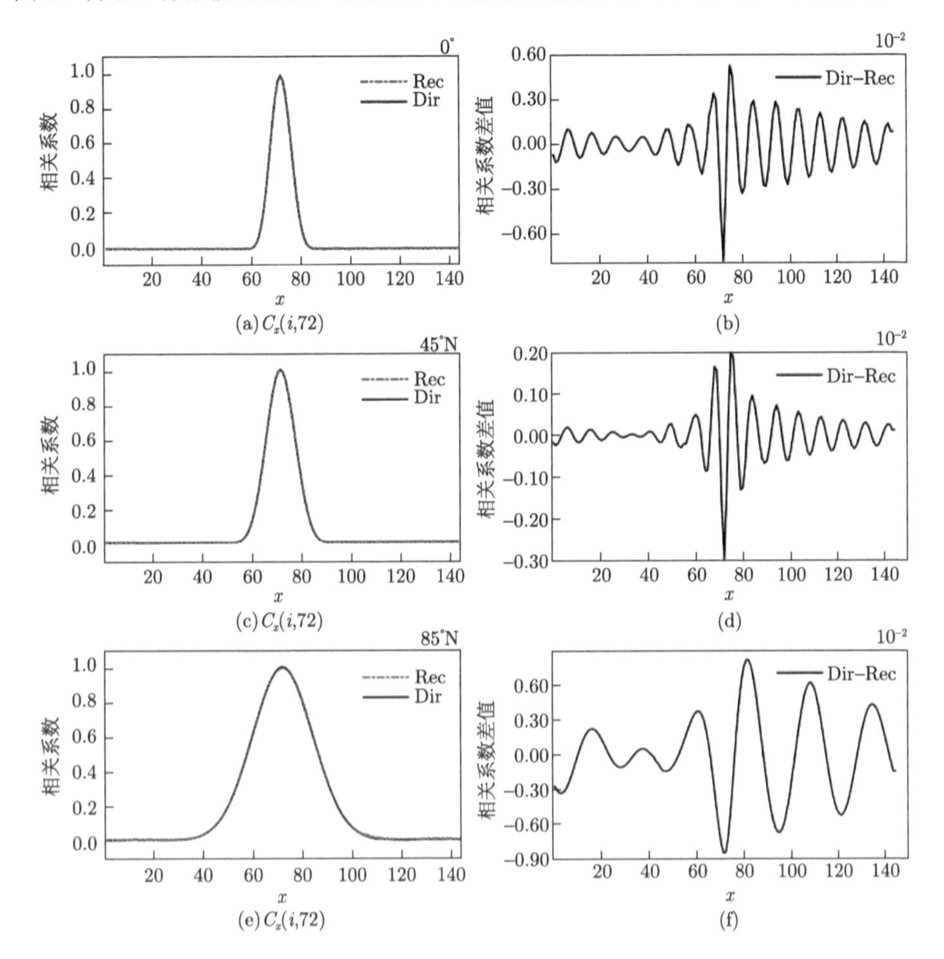

图 4.8　三个不同纬圈上的第 72 个格点与相应纬圈上所有格点之间直接构造 (Dir) 与分解重构 (Rec) 的相关函数分布 $\boldsymbol{C}_x(i, 72)$

(a) 赤道 0°; (c) 45°N; (e) 85°N 的对比及两者之差 (Dir−Rec) [(b)、(d)、(f)]

我们还重点对比了某一确定纬圈上 (此处选择 30°N) 直接构造和分解重构的任意三个格点 (此处选择第 1、第 72、第 144 个格点) 与该纬圈上所有格点的相关性 $\boldsymbol{C}_x(i, 1), \boldsymbol{C}_x(i, 72), \boldsymbol{C}_x(i, 144)(i = 1, \cdots, 144)$，从而对全球 x 方向上的分解重构方案进行了检验；图4.9还体现了全球尺度上一维相关矩阵的周期特征。同样地，在全球尺度上，y 和 z 方向上的 $\boldsymbol{C}_y \approx \rho_y\rho_y^{\mathrm{T}}$ 和 $\boldsymbol{C}_z \approx \rho_z\rho_z^{\mathrm{T}}$ 验证结论与区域上完全一致，此处不再赘述。

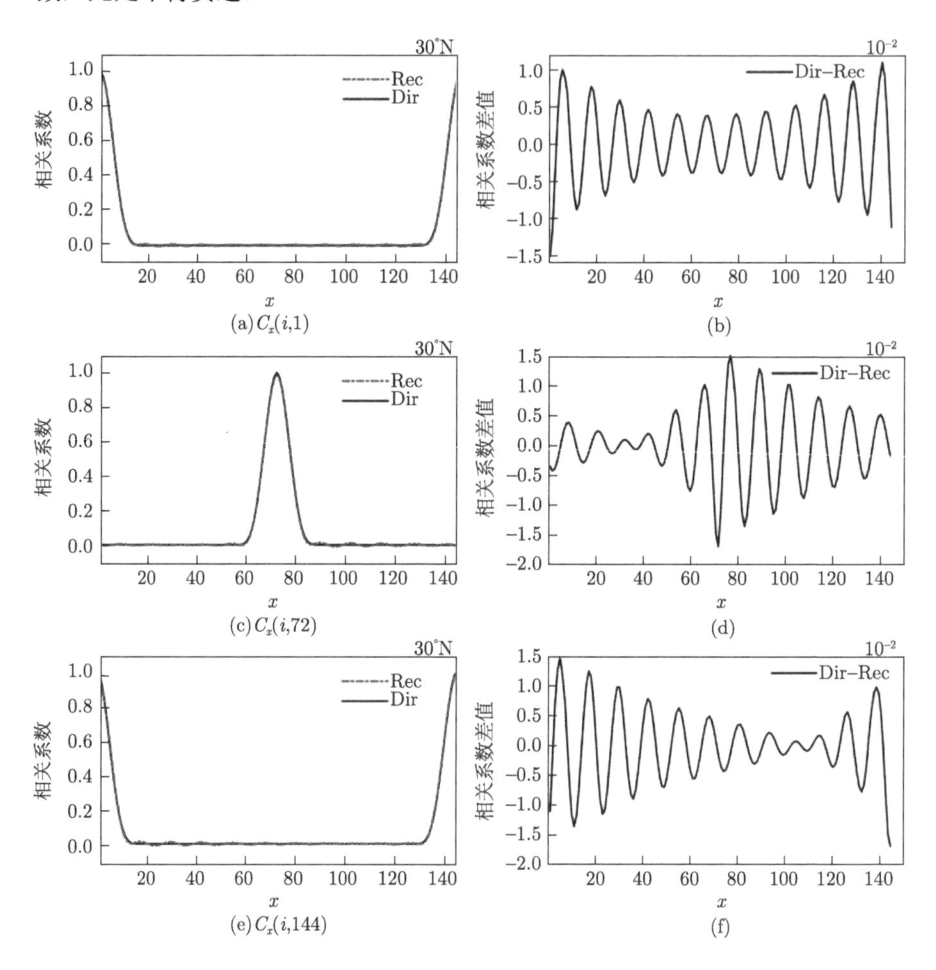

图 4.9　30°N 纬圈上的第 1、第 72、第 144 个格点与同一纬圈上其他所有格点之间直接构造 (Dir) 与分解重构 (Rec) 的相关函数分布 [(a)、(c)、(e)] 及两者之差 (Dir−Rec)[(b)、(d)、(f)]

为了验证4.2节所提出的局地化相关矩阵分解方案在球面的适用性，我们还比较了直接构造和分解重构的球面上单点的相关性。我们考察了第 1 垂直层上的单点和第 1 和 15 垂直层上的所有格点的球面相关性。我们选取了球面上的 4 个单点：(0°，0°)，(0°，30°N)，(0°，60°N) 和 (0°，90°N)。由图4.10可以看出，本章所发展的高效局地化相关矩阵分解方案在全球尺度的二维 (图4.10左边前两列) 和三维 (图4.10左边第 4 和第 5 列) 上依然有效。在每个纬度上，单点相关分布都呈现近乎同心圆的形状，表明方案缓解了随纬度绝对值的增大网格间距减小的球面效应。另外，直接构造和重构的相关矩阵的差别 (图4.10左边第 3 和第 6 列) 小到几乎可以忽略不计。

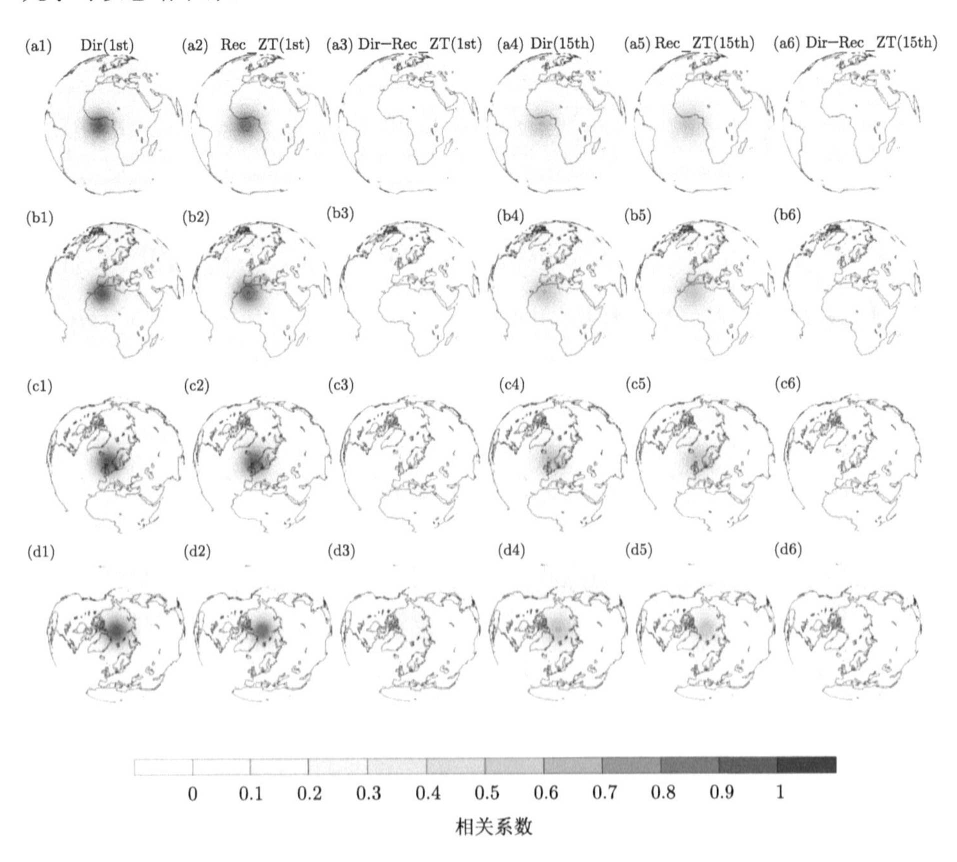

图 4.10　第 1 垂直层上的单点和第 1(左边前两列)、第 15(左边第四、第五列) 垂直层上的其他格点直接构造 (Dir) 与分解重构 (Rec) 的相关函数分布的球面相关性及两者之差 Dir−Rec(左边第三、第六列)

球面上的 4 个单点：(0°，0°)，(0°，30°N)，(0°，60°N) 和 (0°，90°N)

4.4　NLS-4DVar 的局地化

介绍完局地化相关矩阵 $\boldsymbol{C}$ 及 $\boldsymbol{C}_{\mathrm{mo}}$ 的高效分解重构方案之后，我们就进入 NLS-4DVar 局地化方案的介绍，直接从集合误差协方差矩阵 $\boldsymbol{B}_{\mathrm{e}}$ 的局地化入手：

$$\boldsymbol{B}_{\mathrm{e},\rho} = \frac{(\boldsymbol{P}_{x,\rho})(\boldsymbol{P}_{x,\rho})^{\mathrm{T}}}{N-1} \tag{4.39}$$

式中，$\boldsymbol{P}_{x,\rho}$ 的定义见式 (4.13)。将局地化扩展之后的集合样本 $\boldsymbol{P}_{x,\rho}$ 直接代入 NLS_1-4DVar 公式 (2.70) 并得到如下局地化版本的 NLS_1-4DVar 的迭代公式：

$$\begin{aligned}\Delta\beta_\rho^i =& -\left[(N-1)\boldsymbol{I}+\sum_{k=0}^{S}(\boldsymbol{H}_k'\boldsymbol{M}_k'\boldsymbol{P}_{x,\rho})^{\mathrm{T}}\boldsymbol{R}_k^{-1}(\boldsymbol{H}_k'\boldsymbol{M}_k'\boldsymbol{P}_{x,\rho})\right]^{-1}\\ &\times\left\{(N-1)\beta^{i-1}+\sum_{k=0}^{S}(\boldsymbol{H}_k'\boldsymbol{M}_k'\boldsymbol{P}_{x,\rho})^{\mathrm{T}}\boldsymbol{R}_k^{-1}\left[L_k'(\boldsymbol{P}_{x,\rho}\beta^{i-1})-\boldsymbol{y}_{\mathrm{o},k}'\right]\right\}\end{aligned}\tag{4.40}$$

由于进行了局地化样本扩展，样本个数由原来的 N 个急剧扩展到 $N\times r$ 个，此时有 $\Delta\beta_\rho^i\in\Re^{N\times r}$, $\boldsymbol{P}_{x,\rho}\in\Re^{n_m\times(N\times r)}$, $\boldsymbol{H}_k'\boldsymbol{M}_k'\boldsymbol{P}_{x,\rho}\in\Re^{n_\mathrm{o}\times(N\times r)}$ 及 $[(N-1)\boldsymbol{I}+\sum_{k=0}^{S}(\boldsymbol{H}_k'\boldsymbol{M}_k'\boldsymbol{P}_{x,\rho})^{\mathrm{T}}\boldsymbol{R}_k^{-1}(\boldsymbol{H}_k'\boldsymbol{M}_k'\boldsymbol{P}_{x,\rho})]\in\Re^{(N\times r)\times(N\times r)}$。对 $[(N-1)\boldsymbol{I}+\sum_{k=0}^{S}(\boldsymbol{H}_k'\boldsymbol{M}_k'\boldsymbol{P}_{x,\rho})^{\mathrm{T}}\boldsymbol{R}_k^{-1}(\boldsymbol{H}_k'\boldsymbol{M}_k'\boldsymbol{P}_{x,\rho})]\in\Re^{(N\times r)\times(N\times r)}$ 的直接求逆根本不可能。实际上，我们通常把式 (4.40) 变形为

$$\begin{aligned}&\left[(N-1)\boldsymbol{I}+\sum_{k=0}^{S}(\boldsymbol{H}_k'\boldsymbol{M}_k'\boldsymbol{P}_{x,\rho})^{\mathrm{T}}\boldsymbol{R}_k^{-1}(\boldsymbol{H}_k'\boldsymbol{M}_k'\boldsymbol{P}_{x,\rho})\right]\Delta\beta_\rho^i\\ =&\left\{(N-1)\beta_\rho^{i-1}+\sum_{k=0}^{S}(\boldsymbol{H}_k'\boldsymbol{M}_k'\boldsymbol{P}_{x,\rho})^{\mathrm{T}}\boldsymbol{R}_k^{-1}\left[\boldsymbol{y}_{\mathrm{o},k}'-L_k'(\boldsymbol{P}_{x,\rho}\beta_\rho^{i-1})\right]\right\}\end{aligned}\tag{4.41}$$

并采用（预处理的）共轭梯度法对其进行迭代求解得到 $\Delta\beta_\rho^i$。

即便如此，以上的计算代价依然很大，加之共轭梯度算法难以并行，以上的局地化过程在实际的数据同化中极难应用。为了克服这一难题，我们利用如下近似：

$$L'(\boldsymbol{P}_x\beta^{i-1})\approx\boldsymbol{H}'\boldsymbol{M}'(\boldsymbol{P}_x\beta^{i-1})=\boldsymbol{P}_y\beta^{i-1}\tag{4.42}$$

其中

$$\boldsymbol{H}'\boldsymbol{M}'=\begin{pmatrix}\boldsymbol{H}_0'\boldsymbol{M}_0'\\ \boldsymbol{H}_0'\boldsymbol{M}_1'\\ \vdots\\ \boldsymbol{H}_0'\boldsymbol{M}_S'\end{pmatrix}\tag{4.43}$$

$$L'=\begin{pmatrix}L_0'\\ L_1'\\ \vdots\\ L_S'\end{pmatrix}\tag{4.44}$$

及

$$\boldsymbol{P}_y = \begin{pmatrix} \boldsymbol{P}_{y,0} \\ \boldsymbol{P}_{y,1} \\ \vdots \\ \boldsymbol{P}_{y,S} \end{pmatrix} = \begin{pmatrix} \boldsymbol{H}_0'\boldsymbol{M}_0'\boldsymbol{P}_x \\ \boldsymbol{H}_1'\boldsymbol{M}_1'\boldsymbol{P}_x \\ \vdots \\ \boldsymbol{H}_S'\boldsymbol{M}_S'\boldsymbol{P}_x \end{pmatrix} \tag{4.45}$$

得到：

$$\begin{aligned} &\boldsymbol{P}_y\beta^{i-1} \approx L'(\boldsymbol{P}_x\beta^{i-1}) \\ &(\boldsymbol{P}_y)^{\mathrm{T}}\boldsymbol{P}_y\beta^{i-1} \approx (\boldsymbol{P}_y)^{\mathrm{T}}L'(\boldsymbol{P}_x\beta^{i-1}) \\ &\beta^{i-1} \approx \left[(\boldsymbol{P}_y)^{\mathrm{T}}\boldsymbol{P}_y\right]^{-1}(\boldsymbol{P}_y)^{\mathrm{T}}L'(\boldsymbol{P}_x\beta^{i-1}) \\ &\beta^{i-1} \approx \left[(\boldsymbol{P}_y)^{\mathrm{T}}\boldsymbol{P}_y\right]^{-1}(\boldsymbol{P}_y)^{\mathrm{T}}L'(\boldsymbol{x}_{\mathrm{a}}^{\prime,i-1}) \end{aligned} \tag{4.46}$$

则有

$$\beta^{i-1} \approx \left[\sum_{k=0}^{S}(\boldsymbol{P}_{y,k})^{\mathrm{T}}(\boldsymbol{P}_{y,k})\right]^{-1}\sum_{k=0}^{S}(\boldsymbol{P}_{y,k})^{\mathrm{T}}L_k'(\boldsymbol{x}_{\mathrm{a}}^{\prime,i-1}) \tag{4.47}$$

再将式 (4.47) 代入 NLS$_1$-4DVar 未局地化版本的迭代公式：

$$\begin{aligned} \Delta\beta^i =& -\left[(N-1)\boldsymbol{I} + \sum_{k=0}^{S}(\boldsymbol{P}_{y,k})^{\mathrm{T}}\boldsymbol{R}_k^{-1}(\boldsymbol{P}_{y,k})\right]^{-1} \\ &\times\left\{(N-1)\beta^{i-1} + \sum_{k=0}^{S}(\boldsymbol{P}_{y,k})^{\mathrm{T}}\boldsymbol{R}_k^{-1}\left[L_k'(\boldsymbol{x}_{\mathrm{a}}^{\prime,i-1}) - \boldsymbol{y}_{\mathrm{o},k}'\right]\right\} \end{aligned}$$

中的 $(N-1)\beta^{i-1}$ 项，得到：

$$\begin{aligned} \Delta\beta^i =& -\left[(N-1)\boldsymbol{I} + \sum_{k=0}^{S}(\boldsymbol{P}_{y,k})^{\mathrm{T}}\boldsymbol{R}_k^{-1}(\boldsymbol{P}_{y,k})\right]^{-1} \\ &\times\left\{(N-1)\left[\sum_{k=0}^{S}(\boldsymbol{P}_{y,k})^{\mathrm{T}}(\boldsymbol{P}_{y,k})\right]^{-1}\sum_{k=0}^{S}(\boldsymbol{P}_{y,k})^{\mathrm{T}}L_k'(\boldsymbol{x}_{\mathrm{a}}^{\prime,i-1})\right. \\ &\left.+\sum_{k=0}^{S}(\boldsymbol{P}_{y,k})^{\mathrm{T}}\boldsymbol{R}_k^{-1}\left[L_k'(\boldsymbol{x}_{\mathrm{a}}^{\prime,i-1}) - \boldsymbol{y}_{\mathrm{o},k}'\right]\right\} \end{aligned} \tag{4.48}$$

标记：

$$\begin{aligned} \widehat{\boldsymbol{P}_{y,k}}^{\mathrm{T}} =& -(N-1)\left[(N-1)\boldsymbol{I} + \sum_{k=0}^{S}(\boldsymbol{P}_{y,k})^{\mathrm{T}}\boldsymbol{R}_k^{-1}(\boldsymbol{P}_{y,k})\right]^{-1} \\ &\times\left[\sum_{k=0}^{S}(\boldsymbol{P}_{y,k})^{\mathrm{T}}(\boldsymbol{P}_{y,k})\right]^{-1}(\boldsymbol{P}_{y,k})^{\mathrm{T}} \end{aligned} \tag{4.49}$$

及

$$\widetilde{\boldsymbol{P}_{y,k}}^{\mathrm{T}} = -\left[(N-1)\boldsymbol{I} + \sum_{k=0}^{S} \left(\boldsymbol{P}_{y,k}\right)^{\mathrm{T}} \boldsymbol{R}_k^{-1} \left(\boldsymbol{P}_{y,k}\right)\right]^{-1} \left(\boldsymbol{P}_{y,k}\right)^{\mathrm{T}} \tag{4.50}$$

则有

$$\Delta\beta^i = \sum_{k=0}^{S} \widehat{\boldsymbol{P}_{y,k}}^{\mathrm{T}} L_k'(\boldsymbol{x}_{\mathrm{a}}^{\prime,i-1}) + \sum_{k=0}^{S} \widetilde{\boldsymbol{P}_{y,k}}^{\mathrm{T}} \boldsymbol{R}_k^{-1} \left[L_k'(\boldsymbol{x}_{\mathrm{a}}^{\prime,i-1}) - \boldsymbol{y}_{\mathrm{o},k}'\right] \tag{4.51}$$

及

$$\boldsymbol{x}_{\mathrm{a}}^{\prime,i} = \sum_{k=0}^{S} \boldsymbol{P}_x \widehat{\boldsymbol{P}_{y,k}}^{\mathrm{T}} L_k'(\boldsymbol{x}_{\mathrm{a}}^{\prime,i-1}) + \sum_{k=0}^{S} \boldsymbol{P}_x \widetilde{\boldsymbol{P}_{y,k}}^{\mathrm{T}} \boldsymbol{R}_k^{-1} \left[L_k'(\boldsymbol{x}_{\mathrm{a}}^{\prime,i-1}) - \boldsymbol{y}_{\mathrm{o},k}'\right] \tag{4.52}$$

实际上最初的 NLS-4DVar(Tian and Feng,2015) 就是基于式 (4.52) 进行如下的局地化：

$$\begin{aligned}\boldsymbol{x}_{\mathrm{a}}^{\prime,i} =& \sum_{k=0}^{S} \boldsymbol{C}_{\mathrm{mo}} \circ \left(\boldsymbol{P}_x \widehat{\boldsymbol{P}_{y,k}}^{\mathrm{T}}\right) L_k'(\boldsymbol{x}_{\mathrm{a}}^{\prime,i-1}) \\ &+ \sum_{k=0}^{S} \boldsymbol{C}_{\mathrm{mo}} \circ \left(\boldsymbol{P}_x \widetilde{\boldsymbol{P}_{y,k}}^{\mathrm{T}}\right) \boldsymbol{R}_k^{-1} \left[L_k'(\boldsymbol{x}_{\mathrm{a}}^{\prime,i-1}) - \boldsymbol{y}_{\mathrm{o},k}'\right]\end{aligned} \tag{4.53}$$

其中，$\boldsymbol{C}_{\mathrm{mo}} \in \Re^{n_m \times n_o}$ 为所有模式格点与观测点坐标之间的相关函数矩阵。不难看出，式 (4.53) 的局地化非常类似于前面介绍的 EnKF 之局地化格式，也就意味着需要在所有的模式格点与观测点坐标之间进行反复的循环计算。一般而言，这样的局地化格式极难适用于大规模观数据同化应用，为了简化计算，观测资料一般只能被逐批同化进来，这样势必会对数据同化的整体效果产生影响。

为了避免这个问题，我们直接对式 (4.51) 进行扩展局地化，得到：

$$\Delta\beta_\rho^i = \sum_{k=0}^{S} \widehat{\boldsymbol{P}_{y,k,\rho}}^{\mathrm{T}} L_k'(\boldsymbol{x}_{\mathrm{a}}^{\prime,i-1}) + \sum_{k=0}^{S} \widetilde{\boldsymbol{P}_{y,k,\rho}}^{\mathrm{T}} \boldsymbol{R}_k^{-1} \left[L_k'(\boldsymbol{x}_{\mathrm{a}}^{\prime,i-1}) - \boldsymbol{y}_{\mathrm{o},k}'\right] \tag{4.54}$$

及

$$\boldsymbol{x}_{\mathrm{a}}^{\prime,i} = \boldsymbol{P}_{x,\rho} \beta_\rho^i \tag{4.55}$$

其中，$\widehat{\boldsymbol{P}_{y,k,\rho}}$、$\widetilde{\boldsymbol{P}_{y,k,\rho}}$ 的定义与 $\boldsymbol{P}_{x,\rho}$ 的定义类似。

$$\boldsymbol{P}_{x,\rho} = \left(\boldsymbol{P}_{x,1}^* \circ \rho_{\mathrm{m}}, \cdots, \boldsymbol{P}_{x,N}^* \circ \rho_{\mathrm{m}}\right)$$

$$\widehat{\boldsymbol{P}_{y,k,\rho}} = \left(\widehat{\boldsymbol{P}_{y,k,1}}^* \circ \rho_{\mathrm{o}}, \cdots, \widehat{\boldsymbol{P}_{y,k,N}}^* \circ \rho_{\mathrm{o}}\right) \tag{4.56}$$

$$\widetilde{\boldsymbol{P}_{y,k,\rho}} = \left(\widetilde{\boldsymbol{P}_{y,k,1}}^* \circ \rho_{\mathrm{o}}, \cdots, \widetilde{\boldsymbol{P}_{y,k,N}}^* \circ \rho_{\mathrm{o}}\right) \tag{4.57}$$

$$\boldsymbol{C}_{\mathrm{mo}} = \rho_{\mathrm{m}}\rho_{\mathrm{o}}^{\mathrm{T}} \tag{4.58}$$

$\boldsymbol{P}_{x,j}^* \in \Re^{n_m \times r}(\widehat{\boldsymbol{P}_{y,k,j}}^* \in \Re^{n_{\mathrm{o}} \times r}, \widetilde{\boldsymbol{P}_{y,k,j}}^* \in \Re^{n_{\mathrm{o}} \times r})(j = 1, \cdots, N)$ 的每个 (一共为 r 个) 列向量都为矩阵 $\boldsymbol{P}_x(\widehat{\boldsymbol{P}_{y,k}}, \widetilde{\boldsymbol{P}_{y,k}})$ 的第 j 个列向量，r 为在 $\boldsymbol{C}_{\mathrm{mo}} = \rho_{\mathrm{m}}\rho_{\mathrm{o}}^{\mathrm{T}}$ 分解中选择的特征向量模态数，ρ_{m}、ρ_{o} 可由4.2节所发展的高效分解方法 $\boldsymbol{C}_{\mathrm{mo}} = \rho_{\mathrm{m}}\rho_{\mathrm{o}}^{\mathrm{T}}$ 求得。实际上，两种局地化方案 [式 (4.53)] 与式 (4.54) 和式 (4.55) 是等价的，下面我们就给出一个简单的证明。方便起见，我们引入如下的局地化样本扩展算子 "$< e >$"：

$$(\boldsymbol{P}_x < e > \rho_{\mathrm{m}}) = \boldsymbol{P}_{x,\rho} \tag{4.59}$$

则有 [详细证明过程可参考(Liu et al., 2009)的附录 A]。

$$\begin{aligned}
\boldsymbol{x}_a'^{,i} &= \boldsymbol{P}_{x,\rho}\Delta\beta_\rho^i \\
&= (\boldsymbol{P}_x < e > \rho_{\mathrm{m}})\sum_{k=0}^{S}(\widehat{\boldsymbol{P}_{y,k}} < e > \rho_{\mathrm{o}})^{\mathrm{T}} L_k'(\boldsymbol{x}_{\mathrm{a}}'^{,i-1}) \\
&\quad + (\boldsymbol{P}_x < e > \rho_{\mathrm{m}})\sum_{k=0}^{S}(\widetilde{\boldsymbol{P}_{y,k}} < e > \rho_{\mathrm{o}})^{\mathrm{T}} \boldsymbol{R}_k^{-1}\left[L_k'(\boldsymbol{x}_{\mathrm{a}}'^{,i-1}) - \boldsymbol{y}_{\mathrm{o},k}'\right] \\
&= \sum_{k=0}^{S}\left[\left(\rho_{\mathrm{m}}\rho_{\mathrm{o}}^{\mathrm{T}}\right) \circ \left(\boldsymbol{P}_x\widehat{\boldsymbol{P}_{y,k}}^{\mathrm{T}}\right)\right] L_k'(\boldsymbol{x}_{\mathrm{a}}'^{,i-1}) \\
&\quad + \sum_{k=0}^{S}\left[\left(\rho_{\mathrm{m}}\rho_{\mathrm{o}}^{\mathrm{T}}\right) \circ \left(\boldsymbol{P}_x\widetilde{\boldsymbol{P}_{y,k}}^{\mathrm{T}}\right)\right]\left[L_k'(\boldsymbol{x}_{\mathrm{a}}'^{,i-1}) - \boldsymbol{y}_{\mathrm{o},k}'\right] \\
&= \sum_{k=0}^{S}\left[\boldsymbol{C}_{\mathrm{mo}} \circ \left(\boldsymbol{P}_x\widehat{\boldsymbol{P}_{y,k}}^{\mathrm{T}}\right)\right] L_k'(\boldsymbol{x}_{\mathrm{a}}'^{,i-1}) \\
&\quad + \sum_{k=0}^{S}\left[\boldsymbol{C}_{\mathrm{mo}} \circ \left(\boldsymbol{P}_x\widetilde{\boldsymbol{P}_{y,k}}^{\mathrm{T}}\right)\right]\left[L_k'(\boldsymbol{P}_{x,\rho}\beta^{i-1}) - \boldsymbol{y}_{\mathrm{o},k}'\right]
\end{aligned} \tag{4.60}$$

证毕。需要指出的是，尽管两种局地化方案 [式 (4.53)] 与式 (4.54) 和式 (4.55) 完全等价，但比较而言，扩展局地化方案 [式 (4.54) 和式 (4.55)] 的实现非常简单。实际上对于式 (4.54) 的求解，我们只需要从右向左算过去一次就可以计算出 $\triangle\beta_\rho^i$，进而求出 $\boldsymbol{x}_{\mathrm{a}}'^{,i}$；而前面也讨论过，局地化方案 [式 (4.53)] 与 EnKF 的局地化策略非常类似，需要反复在所有的模式格点与观测点坐标之间进行循环计算，计算量极大。

一旦 $\boldsymbol{P}_{y,k} = \left(\boldsymbol{y}'_{k,1}, \cdots, \boldsymbol{y}'_{k,N}\right)$ 采用下面的近似:

$$\boldsymbol{y}'_{k,j} = L_k(\boldsymbol{x}_\mathrm{b} + \boldsymbol{x}'_j) - L_k(\boldsymbol{x}_\mathrm{b}), j = 1, \cdots, N$$

则公式 (4.53) 与 (4.54-4.55) 恰好对应着 $\mathrm{NLS_3}$-4DVar 的局地化版本。我们给出实现扩展局地化的 $\mathrm{NLS_3}$-4DVar 的拟程序——Algorithm 23和 Algorithm 24。

Algorithm 23: program $\mathrm{NLS_3}$mainLoc

1 Prepare $\boldsymbol{x}_\mathrm{b}, \boldsymbol{P}_x, \boldsymbol{y}_{\mathrm{o},k}, \boldsymbol{R}_k$
2 Prepare $\rho_\mathrm{m}, \rho_\mathrm{o}$ according to eqs.(4.15-4.37)
3 $\beta_\rho^0 = 0$
4 Run the forecast model $M_{t_0 \to t_k}$ and call H_k to obtain $L_k(\boldsymbol{x}_\mathrm{b})$ and $\boldsymbol{y}'_{\mathrm{o},k}$
5 **foreach** $j = 1, N$ **do**
6   Run the forecast model $M_{t_0 \to t_k}$ and call H_k repeatedly
7     $\boldsymbol{y}'_{k,j} = L_k(\boldsymbol{x}_\mathrm{b} + \boldsymbol{x}'_j) - L_k(\boldsymbol{x}_\mathrm{b}) \to \boldsymbol{P}_{y,k}$
8 **end**
9 **foreach** $i = 1, i_\mathrm{max}$ **do**
    `//` i_max `is the maximum iteration number`
10     $\boldsymbol{x}_\mathrm{a}^{i-1} = \boldsymbol{x}_\mathrm{b} + (\boldsymbol{P}_x < e > \rho_\mathrm{m})\beta_\rho^{i-1}$
11   Run $M_{t_0 \to t_k}$ and call H_k to obtain $L_k(\boldsymbol{x}_\mathrm{a}^{i-1})$ and $L'_k(\boldsymbol{P}_{x,\rho}\beta_\rho^{i-1})$
12     $\boldsymbol{y}_\mathrm{a}^{\prime,i-1} = L'_k(\boldsymbol{P}_{x,\rho}\beta_\rho^{i-1})$
13   **call** $\mathrm{NLS_3}$-4DVarLoc$(\boldsymbol{P}_{y,k}, \boldsymbol{y}'_{\mathrm{o},k}, \boldsymbol{R}_k, \rho_\mathrm{o}, \boldsymbol{y}_\mathrm{a}^{\prime,i-1}, \beta^{i-1}, \Delta_\rho\beta_\rho^i)$
    `// Input:` $\boldsymbol{P}_{y,k}, \boldsymbol{y}'_{\mathrm{o},k}, \rho_\mathrm{o}, \boldsymbol{R}_k, \boldsymbol{y}_\mathrm{a}^{\prime,i-1}, \beta^{i-1}$ `| output:` $\Delta\beta_\rho^i$
14     $\beta_\rho^i = \beta_\rho^{i-1} + \Delta\beta_\rho^i$
15     $\beta_\rho^{i-1} = \beta_\rho^i$
16 **end**
17 $\boldsymbol{x}'_\mathrm{a} = (\boldsymbol{P}_x < e > \rho_\mathrm{m})\,\beta_\rho^{i_\mathrm{max}}$

Algorithm 24: subroutine $\mathrm{NLS_3}$-4DVarLoc

Input: $\boldsymbol{P}_{y,k}, \boldsymbol{y}'_{\mathrm{o},k}, \boldsymbol{R}_k, \rho_\mathrm{o}, \boldsymbol{y}_a^{\prime,i-1}, \beta_\rho^{i-1}$
Output: $\Delta\beta_\rho^i$

1

$$\begin{aligned}\widehat{\boldsymbol{P}_{y,k}} &= -(N-1)\boldsymbol{P}_{y,k}\left[\sum_{k=0}^{S}(\boldsymbol{P}_{y,k})^\mathrm{T}(\boldsymbol{P}_{y,k})\right]^{-1} \\ &\quad\times\left[(N-1)\boldsymbol{I} + \sum_{k=0}^{S}(\boldsymbol{P}_{y,k})^\mathrm{T}\boldsymbol{R}_k^{-1}(\boldsymbol{P}_{y,k})\right]^{-1}\end{aligned}$$

$$\widetilde{\boldsymbol{P}_{y,k}} = -\boldsymbol{P}_{y,k}\left[(N-1)\boldsymbol{I} + \sum_{k=0}^{S}\left(\boldsymbol{P}_{y,k}\right)^{\mathrm{T}}\boldsymbol{R}_k^{-1}\left(\boldsymbol{P}_{y,k}\right)\right]^{-1}$$

$$\begin{aligned}\Delta\beta_{\rho}^{i} &= \sum_{k=0}^{S}\left(\widehat{\boldsymbol{P}_{y,k}} < e > \rho_{\mathrm{o}}\right)^{\mathrm{T}}\boldsymbol{y}_{a}^{\prime,i-1} \\ &\quad + \sum_{k=0}^{S}\left(\widetilde{\boldsymbol{P}_{y,k}} < e > \rho_{\mathrm{o}}\right)^{\mathrm{T}}\boldsymbol{R}_k^{-1}\left[\boldsymbol{y}_{\mathrm{a}}^{\prime,i-1} - \boldsymbol{y}_{\mathrm{o},k}^{\prime}\right]\end{aligned}$$

需要再次说明的是，本书所给出的拟程序仅侧重于算法逻辑的实现，并不特别考虑实际编码问题。实际上，在 NLS-4DVar 系列方法的扩展局地化版本的迭代公式里面，我们特别强调按照从右向左的顺序进行计算，以便于节约计算与内存。

类似地，NLS_4-4DVar 的公式 (2.78) 可以进一步变形为

$$\begin{aligned}\beta &= \left[(N-1)\boldsymbol{I} + \sum_{k=0}^{S}(\boldsymbol{P}_{y,k})^{\mathrm{T}}\boldsymbol{R}_k^{-1}(\boldsymbol{P}_{y,k})\right]^{-1}\sum_{k=0}^{S}(\boldsymbol{P}_{y,k})^{\mathrm{T}}\boldsymbol{R}_k^{-1}\boldsymbol{y}_{\mathrm{o},k}^{\prime} \\ &= \sum_{k=0}^{S}\left[(N-1)\boldsymbol{I} + \sum_{k=0}^{S}(\boldsymbol{P}_{y,k})^{\mathrm{T}}\boldsymbol{R}_k^{-1}(\boldsymbol{P}_{y,k})\right]^{-1}(\boldsymbol{P}_{y,k})^{\mathrm{T}}\boldsymbol{R}_k^{-1}\boldsymbol{y}_{\mathrm{o},k}^{\prime} \\ &= \sum_{k=0}^{S}\widetilde{\boldsymbol{P}_{y,k}}^{\mathrm{T}}\boldsymbol{R}_k^{-1}\boldsymbol{y}_{\mathrm{o},k}^{\prime}\end{aligned} \tag{4.61}$$

类似地，我们给出局地化版本的 NLS_4-4DVar 的公式：

$$\begin{aligned}\beta_{\rho} &= -\sum_{k=0}^{S}\widetilde{\boldsymbol{P}_{y,k,\rho}}^{\mathrm{T}}\boldsymbol{R}_k^{-1}\boldsymbol{y}_{\mathrm{o},k}^{\prime} \\ &= -\sum_{k=0}^{S}\left(\widetilde{\boldsymbol{P}_{y,k}} < e > \rho_{\mathrm{o}}\right)^{\mathrm{T}}\boldsymbol{R}_k^{-1}\boldsymbol{y}_{\mathrm{o},k}^{\prime}\end{aligned} \tag{4.62}$$

我们给出实现 NLS_4-4DVar 的拟程序——Algorithm 25 和 Algorithm 26。

Algorithm 25: program NLS_4mainLoc

---

1 Prepare $\boldsymbol{x}_{\mathrm{b}}, \boldsymbol{P}_x, \boldsymbol{y}_{\mathrm{o},k}, \boldsymbol{R}_k$

2 Prepare $\rho_{\mathrm{m}}, \rho_{\mathrm{o}}$ according to eqs.(4.15-4.37)

3 Run the forecast model $M_{t_0\to t_k}$ and call H_k to obtain $L_k(\boldsymbol{x}_{\mathrm{b}})$ and $\boldsymbol{y}_{\mathrm{o},k}^{\prime}$

4 **foreach** $j = 1, N$ **do**

5 　　Run the forecast model $M_{t_0\to t_k}$ and call H_k repeatedly

6 　　$\boldsymbol{y}_{k,j}^{\prime} = L_k(\boldsymbol{x}_{\mathrm{b}} + \boldsymbol{x}_j^{\prime}) - L_k(\boldsymbol{x}_{\mathrm{b}}) \to \boldsymbol{P}_{y,k}$

7 **end**

8 **call** NLS$_4$-4DVarLoc($\boldsymbol{P}_{y,k}, \boldsymbol{y}'_{\mathrm{o},k}, \rho_{\mathrm{o}}, \boldsymbol{R}_k, \beta_\rho$)

`// Input:` $\boldsymbol{P}_{y,k}, \boldsymbol{y}'_{\mathrm{o},k}, \rho_{\mathrm{o}}, \boldsymbol{R}_k$ | `output:` β_ρ

9 $\boldsymbol{x}'_{\mathrm{a}} = (\boldsymbol{P}_x < e > \rho_{\mathrm{m}})\beta_\rho$

Algorithm 26: subroutine NLS$_4$-4DVarLoc

Input: $\boldsymbol{P}_{y,k}, \boldsymbol{y}'_{\mathrm{o},k}, \rho_{\mathrm{o}}, \boldsymbol{R}_k$

Output: β_ρ

1

$$\widetilde{\boldsymbol{P}_{y,k}} = \boldsymbol{P}_{y,k}\left[(N-1)\boldsymbol{I} + \sum_{k=0}^{S}\left(\boldsymbol{P}_{y,k}\right)^{\mathrm{T}}\boldsymbol{R}_k^{-1}\left(\boldsymbol{P}_{y,k}\right)\right]^{-1}$$

$$\beta_\rho = \sum_{k=0}^{S}\left(\widetilde{\boldsymbol{P}_{y,k}} < e > \rho_{\mathrm{o}}\right)^{\mathrm{T}}\boldsymbol{R}_k^{-1}\boldsymbol{y}'_{\mathrm{o},k}$$

类似地，我们可以将 NLS$_5$-4DVar 的迭代公式 (2.93)

$$\begin{aligned}\delta\beta^{i-1} &= \left[(N-1)\boldsymbol{I} + \sum_{k=0}^{S}(\boldsymbol{P}_{y,k}^{i-1})^{\mathrm{T}}\boldsymbol{R}_k^{-1}(\boldsymbol{P}_{y,k}^{i-1})\right]^{-1} \\ &\times\left\{\sum_{k=0}^{S}(\boldsymbol{P}_{y,k}^{i-1})^{\mathrm{T}}\boldsymbol{R}_k^{-1}\boldsymbol{y}_{\mathrm{o},k}^{\prime,i-1} - (N-1)\left[(\boldsymbol{P}_x^{i-1})^{\mathrm{T}}\boldsymbol{P}_x^{i-1}\right]^{-1}(\boldsymbol{P}_x^{i-1})^{\mathrm{T}}\boldsymbol{x}_{\mathrm{a}}^{\prime,i-1}\right\}\end{aligned}$$

改写为

$$\delta\beta^{i-1} = \sum_{k=0}^{S}(\widehat{\boldsymbol{P}_{y,k}^{i-1}})^{\mathrm{T}}\boldsymbol{R}_k^{-1}\boldsymbol{y}_{\mathrm{o},k}^{\prime,i-1} + (\widetilde{\boldsymbol{P}_x^{i-1}})^{\mathrm{T}}\boldsymbol{x}_{\mathrm{a}}^{\prime,i-1} \tag{4.63}$$

其中

$$\widehat{\boldsymbol{P}_{y,k}^{i-1}} = \boldsymbol{P}_{y,k}^{i-1}\left[(N-1)\boldsymbol{I} + \sum_{k=0}^{S}(\boldsymbol{P}_{y,k}^{i-1})^{\mathrm{T}}\boldsymbol{R}_k^{-1}(\boldsymbol{P}_{y,k}^{i-1})\right]^{-1} \tag{4.64}$$

$$\widetilde{\boldsymbol{P}_x^{i-1}} = -(N-1)\boldsymbol{P}_x^{i-1}\left[(\boldsymbol{P}_x^{i-1})^{\mathrm{T}}\boldsymbol{P}_x^{i-1}\right]^{-1}\left[(N-1)\boldsymbol{I} + \sum_{k=0}^{S}(\boldsymbol{P}_{y,k}^{i-1})^{\mathrm{T}}\boldsymbol{R}_k^{-1}(\boldsymbol{P}_{y,k}^{i-1})\right]^{-1} \tag{4.65}$$

则其扩展局地化的迭代格式为

$$\delta\beta_\rho^{i-1} = \sum_{k=0}^{S}(\widehat{\boldsymbol{P}_{y,k}^{i-1}} < e > \rho_{\mathrm{o}})^{\mathrm{T}}\boldsymbol{R}_k^{-1}\boldsymbol{y}_{\mathrm{o},k}^{\prime,i-1} + (\widetilde{\boldsymbol{P}_x^{i-1}} < e > \rho_{\mathrm{m}})^{\mathrm{T}}\boldsymbol{x}_{\mathrm{a}}^{\prime,i-1} \tag{4.66}$$

我们给出实现局地化版本 NLS$_5$-4DVar[式 (4.66)] 的拟程序——Algorithm 27和 Algorithm 28。

Algorithm 27: program NLS$_5$mainLoc

1 Prepare $\boldsymbol{x}_\mathrm{b}, \boldsymbol{P}_x, \boldsymbol{y}_{\mathrm{o},k}, \boldsymbol{R}_k$
2 Prepare $\rho_\mathrm{m}, \rho_\mathrm{o}$ according to eqs.(4.15-4.37)
3 **foreach** $j = 1, N$ **do**
4 | Run the forecast model $M_{t_0 \to t_k}$ and call H_k repeatedly
5 | $\boldsymbol{y}_{k,j} = L_k(\boldsymbol{x}_\mathrm{b} + \boldsymbol{x}'_j)$
6 **end**
7 $\boldsymbol{x}^0_\mathrm{a} = \boldsymbol{x}_\mathrm{b}$
8 **foreach** $i = 1, i_\mathrm{max}$ **do**
| `//` i_max `is the maximum iteration number`
9 | **foreach** $j = 1, N$ **do**
10 | | $\boldsymbol{x}'^{,i-1}_j = \boldsymbol{x}'_j + \boldsymbol{x}_\mathrm{b} - \boldsymbol{x}^{i-1}_\mathrm{a} \to \boldsymbol{P}^{i-1}_x$
11 | **end**
12 | $\boldsymbol{x}'^{,i-1}_\mathrm{a} = \boldsymbol{x}^{i-1}_\mathrm{a} - \boldsymbol{x}_\mathrm{b}$
13 | Run $M_{t_0 \to t_k}$ and call H_k to obtain $L_k(\boldsymbol{x}^{i-1}_\mathrm{a})$
14 | **foreach** $j = 1, N$ **do**
15 | | $\boldsymbol{y}'^{,i-1}_{k,j} = \boldsymbol{y}_{k,j} - L_k(\boldsymbol{x}^{i-1}_\mathrm{a}) \to \boldsymbol{P}^{i-1}_y$
16 | **end**
17 | $\boldsymbol{y}'^{,i-1}_{\mathrm{o},k} = \boldsymbol{y}_{\mathrm{o},k} - L_k(\boldsymbol{x}^{i-1}_\mathrm{a})$
18 | **call** NLS$_5$-4DVarLoc$(\boldsymbol{P}^{i-1}_y, \boldsymbol{P}^{i-1}_x, \boldsymbol{y}'^{,i-1}_{\mathrm{o},k}, \boldsymbol{x}'^{,i-1}_\mathrm{a}, \boldsymbol{R}_k, \rho_\mathrm{m}, \rho_\mathrm{o}, \delta\beta^{i-1}_\rho)$
| `// Input:` $\boldsymbol{P}^{i-1}_y, \boldsymbol{P}^{i-1}_x, \boldsymbol{y}'^{,i-1}_{\mathrm{o},k}, \boldsymbol{x}'^{,i-1}_\mathrm{a}, \boldsymbol{R}_k, \rho_\mathrm{m}, \rho_\mathrm{o}$ | `output:` $\delta\beta^{i-1}_\rho$
19 | $\boldsymbol{x}^{i-1}_\mathrm{a} = \boldsymbol{x}^{i-1}_\mathrm{a} + \left(\boldsymbol{P}^{i-1}_x < e > \rho_\mathrm{m}\right) \delta\beta^{i-1}_\rho$
20 **end**

Algorithm 28: subroutine NLS$_5$-4DVarLoc

Input: $\boldsymbol{P}^{i-1}_y, \boldsymbol{P}^{i-1}_x, \boldsymbol{y}'^{,i-1}_{\mathrm{o},k}, \boldsymbol{x}'^{,i-1}_\mathrm{a}, \boldsymbol{R}_k, \rho_\mathrm{m}, \rho_\mathrm{o}$
Output: $\delta\beta^{i-1}_\rho$

1

$$\widehat{\boldsymbol{P}^{i-1}_{y,k}} = \boldsymbol{P}^{i-1}_{y,k}\left[(N-1)\boldsymbol{I} + \sum_{k=0}^{S}(\boldsymbol{P}^{i-1}_{y,k})^\mathrm{T}\boldsymbol{R}^{-1}_k(\boldsymbol{P}^{i-1}_{y,k})\right]^{-1}$$

$$\begin{aligned}\widetilde{\boldsymbol{P}^{i-1}_x} = &-(N-1)\boldsymbol{P}^{i-1}_x\left[(\boldsymbol{P}^{i-1}_x)^\mathrm{T}\boldsymbol{P}^{i-1}_x\right]^{-1} \\ &\times\left[(N-1)\boldsymbol{I} + \sum_{k=0}^{S}(\boldsymbol{P}^{i-1}_{y,k})^\mathrm{T}\boldsymbol{R}^{-1}_k(\boldsymbol{P}^{i-1}_{y,k})\right]^{-1}\end{aligned}$$

$$\delta\beta_{\rho}^{i-1}=\sum_{k=0}^{S}(\widehat{\boldsymbol{P}_{y,k}^{i-1}}<e>\rho_{\mathrm{o}})^{\mathrm{T}}\boldsymbol{R}_k^{-1}\boldsymbol{y}_{\mathrm{o},k}^{\prime,i-1}+(\widetilde{\boldsymbol{P}_x^{i-1}}<e>\rho_{\mathrm{m}})^{\mathrm{T}}\boldsymbol{x}_{\mathrm{a}}^{\prime,i-1}$$

同样地，NLS$_5$-4DVar 的迭代公式 (2.99) 也可以改写为

$$\delta\beta^{i-1}=\sum_{k=0}^{S}(\widehat{\boldsymbol{P}_{y,k}^{i-1}})^{\mathrm{T}}\boldsymbol{R}_k^{-1}\boldsymbol{y}_{\mathrm{o},k}^{\prime,i-1}+\sum_{k=0}^{S}(\widetilde{\boldsymbol{P}_{y,k}^{i-1}})^{\mathrm{T}}\boldsymbol{y}_{\mathrm{a},k}^{\prime,i-1} \tag{4.67}$$

其中

$$\widehat{\boldsymbol{P}_{y,k}^{i-1}}=\boldsymbol{P}_{y,k}^{i-1}\left[(N-1)\boldsymbol{I}+\sum_{k=0}^{S}(\boldsymbol{P}_{y,k}^{i-1})^{\mathrm{T}}\boldsymbol{R}_k^{-1}(\boldsymbol{P}_{y,k}^{i-1})\right]^{-1} \tag{4.68}$$

$$\begin{aligned}\widetilde{\boldsymbol{P}_{y,k}^{i-1}}\quad&=-(N-1)\boldsymbol{P}_{y,k}^{i-1}\left[\sum_{k=0}^{S}(\boldsymbol{P}_{y,k}^{i-1})^{\mathrm{T}}(\boldsymbol{P}_{y,k}^{i-1})\right]^{-1}\\&\quad\times\left[(N-1)\boldsymbol{I}+\sum_{k=0}^{S}(\boldsymbol{P}_{y,k}^{i-1})^{\mathrm{T}}\boldsymbol{R}_k^{-1}(\boldsymbol{P}_{y,k}^{i-1})\right]^{-1}\end{aligned} \tag{4.69}$$

则式 (4.67) 扩展局地化的迭代格式为

$$\delta\beta_{\rho}^{i-1}=\sum_{k=0}^{S}(\widehat{\boldsymbol{P}_{y,k}^{i-1}}<e>\rho_{\mathrm{o}})^{\mathrm{T}}\boldsymbol{R}_k^{-1}\boldsymbol{y}_{\mathrm{o},k}^{\prime,i-1}+\sum_{k=0}^{S}(\widetilde{\boldsymbol{P}_{y,k}^{i-1}}<e>\rho_{\mathrm{m}})^{\mathrm{T}}\boldsymbol{y}_{\mathrm{a},k}^{\prime,i-1} \tag{4.70}$$

式 (4.70) 所对应的拟程序——Algorithm 29 和 Algorithm 30。

Algorithm 29: program NLS$_5$mainLoc

---

1 Prepare $\boldsymbol{x}_{\mathrm{b}},\boldsymbol{P}_x,\boldsymbol{y}_{\mathrm{o},k},\boldsymbol{R}_k$
2 Prepare $\rho_{\mathrm{m}},\rho_{\mathrm{o}}$ according to eqs.(4.15-4.37)
3 **foreach** $j=1,N$ **do**
4 　Run the forecast model $M_{t_0\to t_k}$ and call H_k repeatedly
5 　$\boldsymbol{y}_{k,j}=L_k(\boldsymbol{x}_{\mathrm{b}}+\boldsymbol{x}_j')$
6 **end**
7 $\boldsymbol{x}_{\mathrm{a}}^0=\boldsymbol{x}_{\mathrm{b}}$
8 $\boldsymbol{y}_{\mathrm{b},k}=L_k(\boldsymbol{x}_{\mathrm{b}})$
9 **foreach** $i=1,i_{\max}$ **do**
　　// $i_{\max}$ is the maximum iteration number
10 　**foreach** $j=1,N$ **do**
11 　　$\boldsymbol{x}_j^{\prime,i-1}=\boldsymbol{x}_j'+\boldsymbol{x}_{\mathrm{b}}-\boldsymbol{x}_{\mathrm{a}}^{i-1}\to\boldsymbol{P}_x^{i-1}$
12 　**end**

13 $\boldsymbol{x}_{\mathrm{a}}^{\prime,i-1} = \boldsymbol{x}_{\mathrm{a}}^{i-1} - \boldsymbol{x}_{\mathrm{b}}$

14 Run $M_{t_0 \to t_k}$ and call H_k to obtain $L_k(\boldsymbol{x}_{\mathrm{a}}^{i-1})$

15 **foreach** $j = 1, N$ **do**

16 $\boldsymbol{y}_{k,j}^{\prime,i-1} = \boldsymbol{y}_{k,j} - L_k(\boldsymbol{x}_{\mathrm{a}}^{i-1}) \to \boldsymbol{P}_y^{i-1}$

17 **end**

18 $\boldsymbol{y}_{\mathrm{o},k}^{\prime,i-1} = \boldsymbol{y}_{\mathrm{o},k} - L_k(\boldsymbol{x}_{\mathrm{a}}^{i-1})$

19 $\boldsymbol{y}_{\mathrm{a},k}^{\prime,i-1} = L_k(\boldsymbol{x}_{\mathrm{a}}^{i-1}) - \boldsymbol{y}_{\mathrm{b},k}$

20 call NLS$_5$-4DVarLoc($\boldsymbol{P}_y^{i-1}, \boldsymbol{y}_{\mathrm{o},k}^{\prime,i-1}, \boldsymbol{y}_{\mathrm{a},k}^{\prime,i-1}, \boldsymbol{R}_k, \rho_{\mathrm{o}}, \delta\beta_\rho^{i-1}$)

// Input: $\boldsymbol{P}_y^{i-1}, \boldsymbol{y}_{\mathrm{o},k}^{\prime,i-1}, \boldsymbol{y}_{\mathrm{a},k}^{\prime,i-1}, \boldsymbol{R}_k, \rho_{\mathrm{o}}$ | output: $\delta\beta_\rho^{i-1}$

21 $\boldsymbol{x}_{\mathrm{a}}^{i-1} = \boldsymbol{x}_{\mathrm{a}}^{i-1} + \left(\boldsymbol{P}_x^{i-1} < e > \rho_{\mathrm{m}}\right) \delta\beta_\rho^{i-1}$

22 **end**

Algorithm 30: subroutine NLS$_5$-4DVarLoc

Input: $\boldsymbol{P}_y^{i-1}, \boldsymbol{y}_{\mathrm{o},k}^{\prime,i-1}, \boldsymbol{y}_{\mathrm{a},k}^{\prime,i-1}, \boldsymbol{R}_k, \rho_{\mathrm{o}}$

Output: $\delta\beta_\rho^{i-1}$

1

$$\widehat{\boldsymbol{P}_{y,k}^{i-1}} = \boldsymbol{P}_{y,k}^{i-1} \left[(N-1)\boldsymbol{I} + \sum_{k=0}^{S} (\boldsymbol{P}_{y,k}^{i-1})^{\mathrm{T}} \boldsymbol{R}_k^{-1} (\boldsymbol{P}_{y,k}^{i-1})\right]^{-1}$$

$$\begin{aligned}\widetilde{\boldsymbol{P}_{y,k}^{i-1}} &= -(N-1)\boldsymbol{P}_{y,k}^{i-1} \left[\sum_{k=0}^{S} (\boldsymbol{P}_{y,k}^{i-1})^{\mathrm{T}} (\boldsymbol{P}_{y,k}^{i-1})\right]^{-1} \\ &\quad \times \left[(N-1)\boldsymbol{I} + \sum_{k=0}^{S} (\boldsymbol{P}_{y,k}^{i-1})^{\mathrm{T}} \boldsymbol{R}_k^{-1} (\boldsymbol{P}_{y,k}^{i-1})\right]^{-1}\end{aligned}$$

$$\delta\beta_\rho^{i-1} = \sum_{k=0}^{S} (\widehat{\boldsymbol{P}_{y,k}^{i-1}} < e > \rho_{\mathrm{o}})^{\mathrm{T}} \boldsymbol{R}_k^{-1} \boldsymbol{y}_{\mathrm{o},k}^{\prime,i-1} + \sum_{k=0}^{S} (\widetilde{\boldsymbol{P}_{y,k}^{i-1}} < e > \rho_{\mathrm{m}})^{\mathrm{T}} \boldsymbol{y}_{\mathrm{a},k}^{\prime,i-1}$$

又因为简化的版本 NLS$_5$-4DVar 只是反复地调用 NLS$_4$-4DVar，所以我们直接给出这一版本的扩展局地化迭代格式的拟程序——Algorithm 31。

Algorithm 31: program NLS$_5$mainLoc

1 Prepare $\boldsymbol{x}_{\mathrm{b}}, \boldsymbol{P}_x, \boldsymbol{y}_{\mathrm{o},k}, \boldsymbol{R}_k$

2 Prepare $\rho_{\mathrm{m}}, \rho_{\mathrm{o}}$ according to eqs.(4.15-4.37)

3 **foreach** $j = 1, N$ **do**

4 Run the forecast model $M_{t_0 \to t_k}$ and call H_k repeatedly

5 $\boldsymbol{y}_{k,j} = L_k(\boldsymbol{x}_{\mathrm{b}} + \boldsymbol{x}_j')$

6 $\quad\boldsymbol{x}_j = \boldsymbol{x}_\mathrm{b} + \boldsymbol{x}'_j$
7 **end**
8 **foreach** $i = 1, i_{\max}$ **do**
`//` $i_{\max}$ `is the maximum iteration number`
9 $\quad\boldsymbol{x}_\mathrm{b} = \boldsymbol{x}_\mathrm{a}$
10 $\quad$**foreach** $j = 1, N$ **do**
11 $\quad\quad\boldsymbol{x}'_j = \boldsymbol{x}_j - \boldsymbol{x}_\mathrm{b} \rightarrow \boldsymbol{P}_x$
12 $\quad$**end**
13 $\quad$Run $M_{t_0 \rightarrow t_k}$ and call H_k to obtain $L_k(\boldsymbol{x}_\mathrm{b})$
14 $\quad$**foreach** $j = 1, N$ **do**
15 $\quad\quad\boldsymbol{y}'_{k,j} = \boldsymbol{y}_{k,j} - L_k(\boldsymbol{x}_\mathrm{b}) \rightarrow \boldsymbol{P}_y$
16 $\quad$**end**
17 $\quad\boldsymbol{y}'_{\mathrm{o},k} = \boldsymbol{y}_{\mathrm{o},k} - L_k(\boldsymbol{x}_\mathrm{b})$
18 $\quad$call $\mathrm{NLS_4\text{-}4DVarLoc}(\boldsymbol{P}_{y,k}, \boldsymbol{y}'_{\mathrm{o},k}, \rho_\mathrm{o}, \boldsymbol{R}_k, \beta_\rho)$
`// Input:` $\boldsymbol{P}_{y,k}, \boldsymbol{y}'_{\mathrm{o},k}, \rho_\mathrm{o}, \boldsymbol{R}_k$ | `output:` β_ρ
19 $\quad\boldsymbol{x}_\mathrm{a} = \boldsymbol{x}_\mathrm{b} + (\boldsymbol{P}_x < e > \rho_\mathrm{m})\,\beta_\rho$
20 **end**

需要说明的是，4.2~4.3节所发展的高效局地化方案可以很容易地应用到其他集合数据同化方法 (如 EnKF) 的局地化。实际上，如果将局地化版本的 $\mathrm{NLS_4}$-4DVar[式 (4.62)] 在时间维上进一步退化，便可以得到如下扩展局地化版本的 LETKF 公式。

$$\beta_\rho = \left(\widetilde{\boldsymbol{P}_y} < e > \rho_\mathrm{o}\right)^\mathrm{T} \boldsymbol{R}_k^{-1} \boldsymbol{y}'_\mathrm{o} \tag{4.71}$$

及

$$\boldsymbol{x}'_\mathrm{a} = (\boldsymbol{P}_x < e > \rho_\mathrm{m})\,\beta_\rho \tag{4.72}$$

4.5 NLS-4DVar 局地化方案的数值验证

本节设计了一系列的观测系统模拟试验 (observing system simulation experiments, OSSEs) 来验证以上所发展的 NLS-4DVar(以 $\mathrm{NLS_3}$-4DVar 为代表) 的高效局地化方案，标记式 (4.54) 和式 (4.55) 的 NLS-4DVar 的扩展局地化方案为“New”方案、式 (4.53) 的拟 EnKF 局地化方案为“Ori”方案。OSSEs 能够提供模拟构造的“真实场”与“观测数据”，并且同化“观测数据”后产生的分析场可与“真实场”进行客观对比，因而是评估同化方法的有效手段 (Wang et al.,2010; Tian and Feng,2015)。

从 2010 年 6 月 8 日 00 时到 9 日 00 时，我国南方发生了一次明显的强降水过程，降水强度大且范围集中，雨带沿东北–西南走向呈狭长的带状分布，24h 的累积降水可达 100mm，该案例被用于本节的数值试验。用于 OSSEs 的预报模式是 WRF-ARW(v3.8.1)，研究区域为 (15.5°N～43.5°N;88.5°E～131.5°E)。水平方向的格点数为 120×100，水平分辨率为 30km，模式在垂直方向上分为 30 层，模式层顶取为 50hPa。模式选择的主要参数化方案有：RRTM 长波辐射方案 (Mlawer et al.,1997)、Dudhia 短波辐射方案 (Dudhia,1989)、YSU 边界层方案 (Hong et al.,2006)、Lin 等的微物理方案 (Lin et al.,1983;Chen and Sun,2002)、Noah LSM 陆面方案 (Chen and Dudhia,2001)；模式的初始场和边界条件均采用 1°×1° 的 NCEP/FNL 再分析资料 (http://rda.ucar.edu/datasets/ds083.2/)。

本试验设计了包含两个同化窗口 (记为“W1”和“W2”) 的循环同化：每个同化窗口长为 6h，分析时刻在每个窗口的起始时刻，观测时次在每个窗口分析时刻之后的第 3 和第 6 小时；W1 窗口为 2010 年 6 月 8 日 00～06 时，W1 的分析时刻为 2010 年 6 月 8 日 00 时；W2 窗口为 2010 年 6 月 8 日 06～12 时，W2 的分析时刻为 2010 年 6 月 8 日 06 时；选取的同化变量包括径向风 u、纬向风 v、气温 T、气压 P 和水汽混合比 q；本节试验首先同化传统的气温观测 (仅在 $\eta = 0.563$ 层，η 的定义见4.3节) 对“New”与“Ori”两种局地化方案 (分别记为 New1、Ori1) 进行验证；另外，为了进一步论证“New”型扩展局地化方案在观测数据激增情形下的突出优势，我们还进行了累积降水和气温观测同时同化的对比试验 (分别记为“New2”与“Ori2”)。

本节 OSSEs 的“真实场”与“观测数据”的构造方式与 Tian 和 Feng(2015) 类似：提前于 W1 窗口分析时刻 (2010 年 6 月 8 日 06 时)12h 开始积分预报模式，得到 2010 年 6 月 8 日 00 时的预报场，称为“真实的初始场”，再从“真实的初始场”开始积分预报模式 30h 得到“真实的预报场”；本节构造的模拟“观测数据”分布于 2078 个观测站点 (图4.11)，主要通过将观测算子 (这里是插值算子) 作用于“真实场”，并施加以高斯白噪声随机扰动得到；采用的气温和累积降水的观测误差标准差分别为 0.1K 和 0.1mm。OSSEs 的背景场为提前于 W1 窗口分析时刻 24h 积分模式所得到 (W1 分析时刻) 的预报场，从背景场开始积分预报模式 30h 作为“Ctrl”模拟。通过对上述观测资料的同化，来改善模式初始场、提高模式的降水预报精度。

一般而言，集合样本数越大，局地化半径越大 (Zhen and Zhang,2014)；许多研究表明，20～50 个集合样本已足够 (Houtekamer and Mitchell,2001; Anderson,2001; Snyder and Zhang,2003; Zhang et al.,2009)。本试验采用四维滑动采样方式 (Tian and Feng,2015) 在 W1 窗口分析时刻生成 50 个集合样本扰动 ($\boldsymbol{P}_x$)；另外，通过敏感性试验，选取水平局地化半径为 1050km、扩展局地化方案在 x、y、z 三个方向

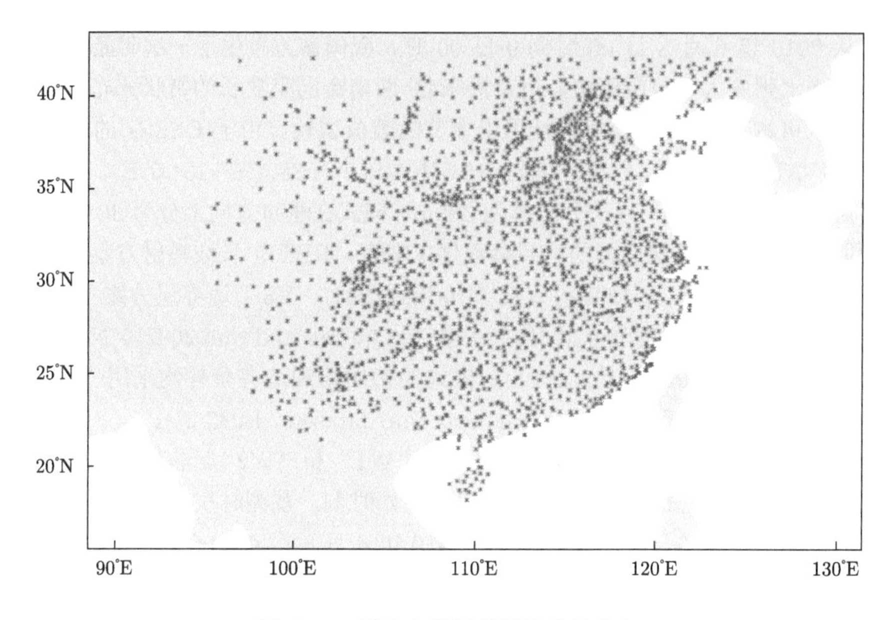

图 4.11 试验中所用观测站点的分布

上的截断模态数分别为 $r_x = 7$、$r_y = 6$ 和 $r_z = 4$。W2 的背景场由 W1 的分析场经过模式自由积分 6h 得来；集合样本扰动矩阵的更新采用保离散格式。

图4.12首先对比了“Ctrl”以及只同化 $\eta = 0.563$ 层气温观测的“Ori1”和“New1”试验的累积降水 30h 的预报场与“真实场”的均方根误差 (root mean square error, RMSE)，该均方根误差越小，说明对应的“预报场”越接近“真实场”，累积降水的预报精度越高。不难看出，“Ori1”和“New1”相较于“Ctrl”有着更小的均方根误差值，这表明配以“Ori1”和“New1”两种局地化方案的 $\mathrm{NLS_3}$-4DVar 都可有效地同化观测资料，进而提高其对应的 30h 累积降水预报精度。同时，“Ori1”和“New1”预报结果均方根误差的一致性也证明了这两种局地化方案的等价性；进一步地，图4.12也表明了4.2节提出的局地化相关函数分解重构方案的有效性。

为了充分验证“New”型局地化方案的有效性，图4.13还给出了 W1 窗口首端 (即分析时刻) 处“Ctrl”、“Ori1”和“New1”的 u 风场、v 风场、气温 T 和水汽混合比 q 在模式垂直方向上的均方根误差分布。相对于“Ctrl”试验，“Ori1”和“New1”所同化四个变量的均方根误差均明显减小，进一步说明“Ori1”和“New1”两种局地化方案均可吸纳气温观测的有效信息，从而改善预报模式的初始场。“Ori1”和“New1”所同化的四个变量在垂直方向上几乎完全一致的均方根误差分布再次论证两种局地化方案的等价性；另外，虽然只同化 $\eta = 0.563$ 层的气温观测，但局地化后的集合背景误差协方差矩阵 $\boldsymbol{B}_{e,\rho}$ 仍然可以将观测信息传递到模式的低层与

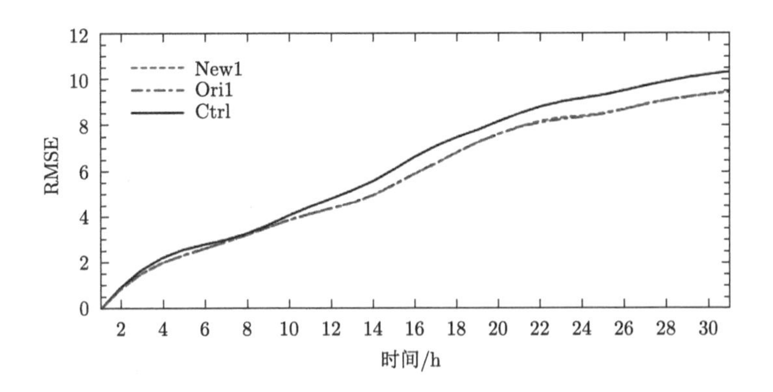

图 4.12　初始场分别来自于 Ctrl、Ori1 与 New1 分析结果的累积降水 30h 的预报场与真实场的均方根误差 (RMSE) 分布 (仅同化气温观测)

高层，从而影响预报模式垂直方向上的全部分层；而对于没有观测站点分布的区域，$\boldsymbol{B}_{e,\rho}$ 同样将“观测资料”的有效信息传递过去，由此改善整个模式积分区域的初始变量场；同时又因为 4DVar 的背景误差协方差矩阵 $\boldsymbol{B}$ 中包含模式各个状态变量之间的相互约束，因此，以上 NLS-4DVar 的资料同化可以同时改善我们所选取的所有同化变量 u、v、T 以及 q。

我们还对比了试验“Ori1”和“New1”的所用 CPU 时间，所有的数值试验都在 Dell, Inc., PowerEdge R610 服务器上进行，该服务器有 16 个 CPU 和 24G 的内存，全部试验都是单核串行且仅考虑同化过程的 CPU 时间 (不包含模式预报时间)。对于仅同化气温观测的情况，“Ori1”所用的时间是 1262.03s，而扩展局地化方案“New1”仅需要 61.86s，扩展局地方案“New1”相比于“Ori1”局地化方案在保持精度的前提下可大大节约计算时间。

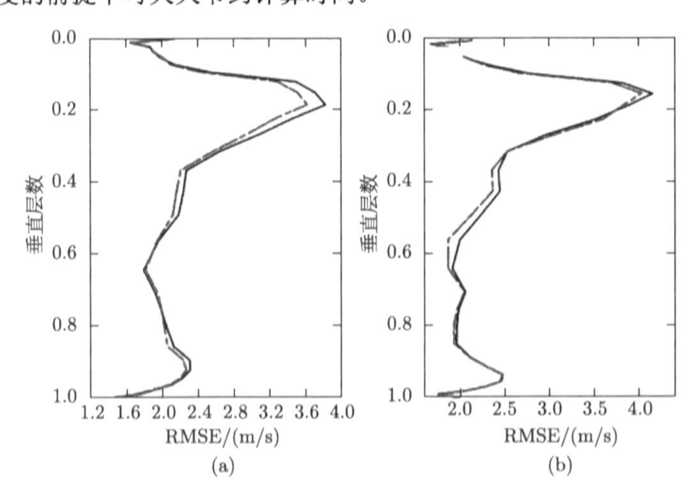

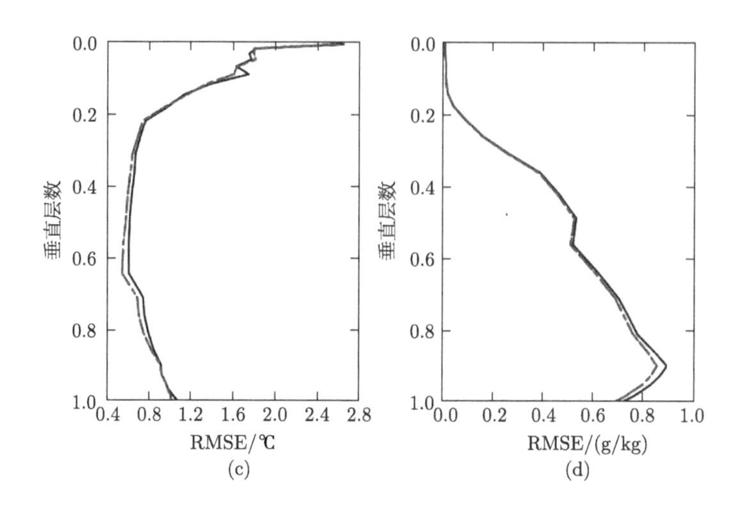

图 4.13 各试验在分析时刻 u 风场 (a)、v 风场 (b)、气温 T(c) 和水汽混合比 q(d) 的均方根误差垂直分布

黑线表示 Ctrl；蓝线表示 Ori1；红线表示 New1

进一步地，为检验“Ori”和“New”两种局地化方案在观测数据增多情形下同化性能的差异 (仅指计算效率)，本节还特别设计了同时同化 $\eta = 0.563$ 层气温和累积降水观测的试验。试验结果表明，两种观测资料的同时同化可以进一步改善初始场以及累积降水的 30h 预报 (图4.14)。更为重要的是，随着观测数据的增加，“Ori2”和“New2”两种试验同化过程的 CPU 时间差异更显著，“Ori2”试验的 CPU 时间呈近乎线性增长，需要的 CPU 时间增加为 2548.66s，而扩展局地化方案“New2”所需 CPU 时间增加缓慢，仅为 86.52s。这说明这种高效扩展局地化“New”方案的实用性更强，尤其在当今观测资料海量增加的情况下，其优势越发突出。

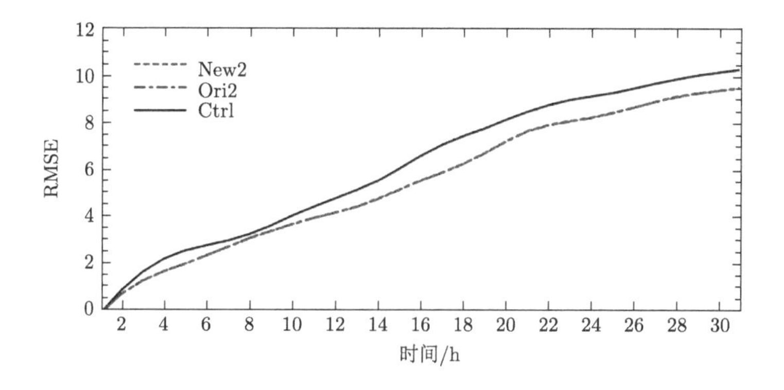

图 4.14 初始场分别来自于 Ctrl、Ori2 与 New2 分析结果的累积降水 30h 的预报场与真实场的均方根误差 (RMSE) 分布 (同化气温和累积降水观测)

另外，本节也进行了不同截断模态数对“New”型局地化方案 CPU 时间及同化精度影响的敏感性试验 (仅同化气温观测)。表4.1给出了累积解释方差与其对应的 x、y 与 z 方向的截断模态数与 CPU 时间，当累积方差为 50% 时，所需 CPU 时间为 30.33s，图4.15表明，其对应的累积降水 30h 的预报场与“真实场”的均方根误差结果较大；当累积方差达到 90% 时，$r_x = 6$、$r_y = 5$ 和 $r_z = 3$，此时的 CPU 时间为 45.96s，此时重构得到的相关函数值在 [0,0.8](未给出)，有一定的同化精度损耗 (图4.15)；当累积方差为 95% 时，分解重构与直接构造的相关函数吻合得非常好 (未给出)，图4.15也说明其对应的同化精度完全令人满意。因此，在本节的 OSSEs 试验中，扩展局地化“New”方案 [式 (4.54) 和式 (4.55)] 在 x、y 和 z 方向的截断模态数分别取为 $r_x = 7$、$r_y = 6$ 和 $r_z = 4$(累积方差为 95%)，其同化过程所耗费的 CPU 时间为 61.86s，远远少于式 (4.53) 的拟 EnKF“Ori”局地化方案所使用的 CPU 时间，但其同化精度几乎没有受到任何的影响。

表 4.1　累积解释方差与其对应的 x、y 与 z 方向的截断模态数与计算时间

累积解释方差	50%	90%	95%	99%	99.9%	99.95%
r_x	3	6	7	9	18	21
r_y	2	5	6	7	15	16
r_z	1	3	4	5	8	8
CPU 时间/s	30.33	45.96	61.86	87.17	406.25	509.38

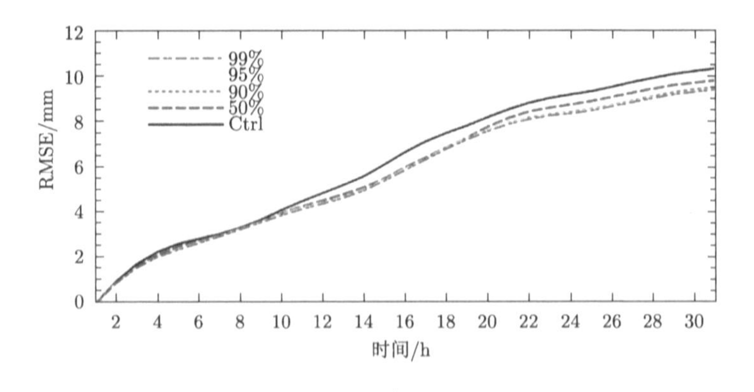

图 4.15　初始场来自 Ctrl 以及不同截段模态数对应的分析场的累积降水 30h 的预报场与真实场的均方根误差 (RMSE) 分布

最后，为了评估本章所提出的局地化相关矩阵分解策略及扩展局地化“New”方案在循环同化应用中的有效性，我们进一步比较了由 W1 与 W2 分析场开始的累积降水的预报场 (W1 窗口是 0~30h 的预报；W2 窗口是 6~30h 的预报) 与“真实场”的均方根误差。由图4.16 可以看出，经过 W2 窗口的循环同化，预报降水的精度得以进一步提高。

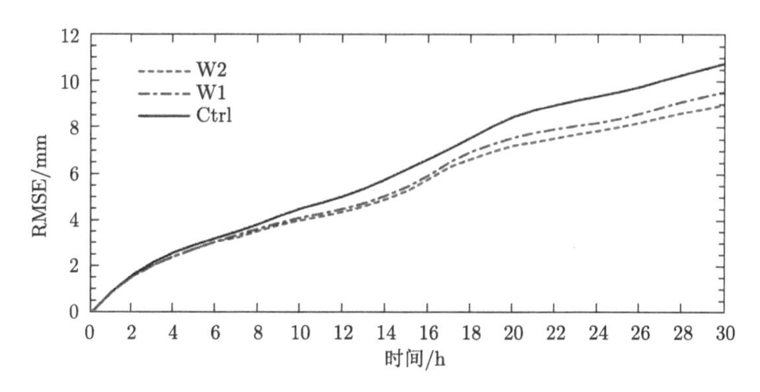

图 4.16 初始场来自 Ctrl 以及不同同化窗口生成的分析场的累积降水 30h 的预报场与真实场的均方根误差分布

W1 为同化一个同化窗口内的观测；W2 为同化两个同化窗口内的观测

本章提出了一种高效的局地化相关矩阵的分解策略，并基于该高效分解策略发展了适合于集合数据同化方法的快速局地化方案。我们设计了一系列的数值模拟试验来对两者的有效性进行了全面、系统的评估：区域和全球的试验结果都表明，局地化相关矩阵的高效解策略仅需要少量的截断模态数及极小的计算代价就可以实现高维局地化相关矩阵的便捷分解，而分解精度几乎没有任何损失。本章所发展的快速局地化方案与 NLS-4DVar 原始的局地化方案 (Tian and Feng,2015) 完全等价，配以两种不同局地化方案的 NLS-4DVar 均可有效同化观测信息，进而改善数值模式的初始场及预报结果；另外，随着观测资料的增多，原始拟 EnKF 局地化方案的计算代价会随观测的增加呈现近乎线性增长，而本章所提出的扩展局地化方案，在确保同化精度的前提下，计算代价基本不变。在当今这一观测资料海量涌现的时代，本章所发展的高效局地化相关矩阵分解策略及快速局地化方案理应有着非常美好的应用前景。

4.6 局地化版本 NLS-4DVar 系列方法在真实模式中的数值验证

本节主要设计一组观测模拟试验来对局地化版本 $\text{NLS}_i\text{-4DVar}(i = 3, \cdots, 5)$ 系列方法在实际大气模式中同化性能进行验证。该数值试验的预报模式为 ARW-WRF(v3.8.1)，研究区域选为 (15.5°N~43.5°N;88.5°E~131.5°E)，水平分辨率网格数为 120×100，网格距为 30km，在垂直方向上，η 从 0 到 1，有 30 个分层。模式选择的主要参数化方案有：RRTM 长波辐射方案、Dudhia 短波辐射方案、YSU 边界层方案、WSM6 的微物理方案、Noah LSM 陆面方案；考虑到模式的高水平分辨率，没有使用积云参数化方案。模式的初始场和边界条件均使用 $1°\times1°$ 的 NCEP/FNL 再分析资料。真实场与背景场分别由提前于分析时刻 12h 和 24h、以 NCEP/FNL 资料为初始场的积分模式 (到分析时刻) 所得；同化时间窗口为 6h，同化观测的时刻为分析时刻后的 0、3h、6h，同化的观测资料为累积降水和传统气温观测 (只在 $\eta=0.563$ 模式层)；集合样本的生成方式是四维滑动采样 (Tian and Feng,2015)，集合样本个数为 50，水平局地化半径为 750km，截断模态数为 $r_x=7$、$r_y=6$ 和 $r_z=6$ (Zhang and Tian,2018a)；$\mathrm{NLS_3}$-4DVar 和 $\mathrm{NLS_5}$-4DVar 方法的最大迭代次数为 $i_{\max}=3$。由此可以对三种 NLS_i-4DVar$(i=3,\cdots,5)$ 方法在真实的非线性数值预报模式中进行检验；鉴于另外两种 NLS_i-4DVar$(i=1,\cdots,2)$ 同化方法对于伴随模式的依赖性，它们在 WRF-ARW 模式中的应用非常困难，这里就并没有做特别的关注。

为了评估 NLS_i-4DVar$(i=3,\cdots,5)$ 的同化能力，我们首先比较了 30h 累积降水预报的均方根误差，初始场分别来自于 NLS_i-4DVar $(i=3,\cdots,5)$ 同化的分析场和以及模式背景场 (“Ctrl”)。图4.17表明这三种 NLS_i-4DVar 方法的同化试验与“Ctrl”相比，都有着非常小的均方根误差，这表明三种 NLS_i-4DVar 方法都可以改善超过 30h 的降水预报。图4.17还表明，$\mathrm{NLS_3}$-4DVar 和 $\mathrm{NLS_5}$-4DVar 的同化精度都要优于 $\mathrm{NLS_4}$-4DVar，这也说明两种 NLS_i-4DVar$(i=3,5)$ 方法中迭代策略的重要性；同时，具有高精度的迭代策略的 $\mathrm{NLS_5}$-4DVar 方法要优于 $\mathrm{NLS_3}$-4DVar。

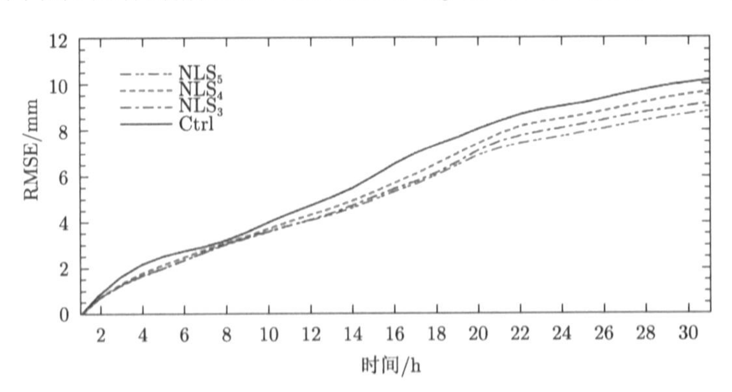

图 4.17　初始场分别来自于“Ctrl”和 NLS_i-4DVar$(i=3,\cdots,5)$ 分析结果累积降水 30h 预报的均方根误差

为了比较两种 NLS_i-4DVar$(i=3,5)$ 方法的同化能力，我们比较了同化窗口首端和末端的 NLS_i-4DVar$(i=3,4,5)$ 和“Ctrl”的基本模式变量在垂直方向上的均方根

误差。结果表明，NLS_5-4DVar 方法可以得到更为准确的大气状态 (图4.18和图4.19)，对大多数的模式层和模式变量而言，NLS_5-4DVar 有着更小的均方根误差。换句话说，NLS_5-4DVar 高精度迭代策略使得该同化方案有着更好的同化性能。

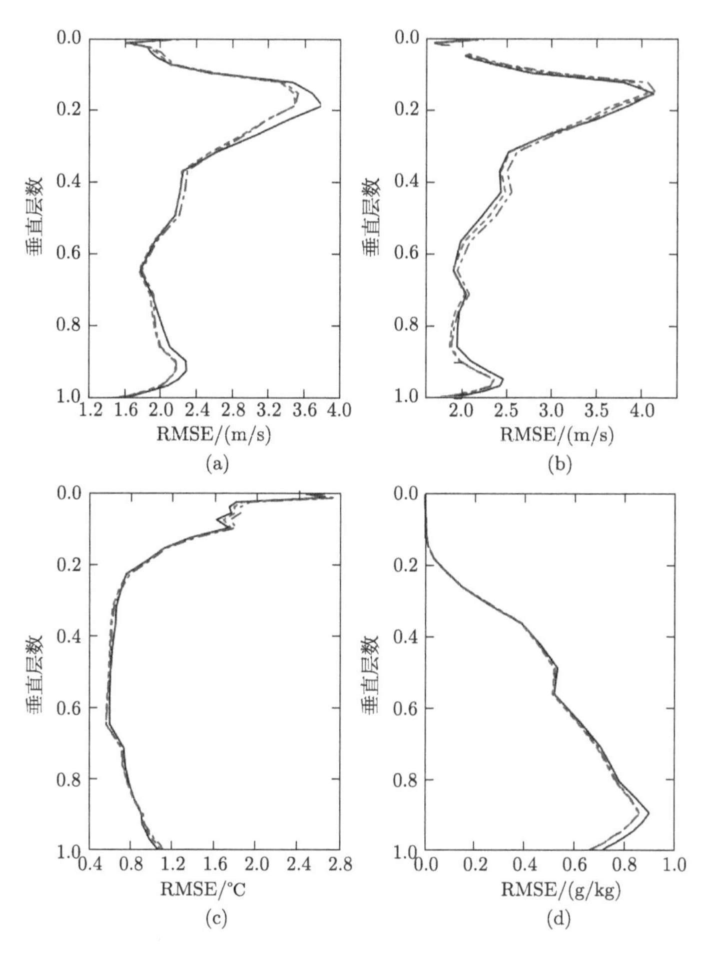

图 4.18 同化时间窗口首端

u 风场 (a)、v 风场 (b)、气温 T(c) 和水汽混合比 q(d) 的均方根误差垂直分布

黑线表示 Ctrl；蓝线表示 NLS_3-4DVar；红线表示 NLS_5-4DVar

另外，为了评估本章所发展的高效局地化方案在 NLS-4DVar 方法中的应用，我们还将配以高效局地化方案的 NLS_i-4DVar$(i = 3, \cdots, 5)$ 与采用传统的共轭梯度迭代局地化方案 [式 (4.41)] 的 NLS_3-4DVar 方法 (记为 NLS_3-4DVar-CG) 进行了对比。实际上，NLS_3-4DVar 与 NLS_3-4DVar-CG 的同化结果是一致的，这里仅侧重于计算效率的对比。上面的数值评估试验都在 DELL M620 服务器上串行计算，该服务器有 2 个 CPU 和 4G 的内存。表4.2给出的是 NLS_i-4DVar$(i = 3, 4, 5)$

和 NLS_3-4DVar-CG 方法进行一次同化试验所需要的 CPU 时间。从表4.2中可以看出，NLS_5-4DVar 所采用的高精度迭代方案并没有增加额外的计算代价。通过对比 NLS_3-4DVar 方法的两种方式 (本章所发展的高效方案与采用共轭梯度) 的局地化方案，本章所发展的无须迭代的高效局地化方案使得 NLS-4DVar 的计算效率大大提高。

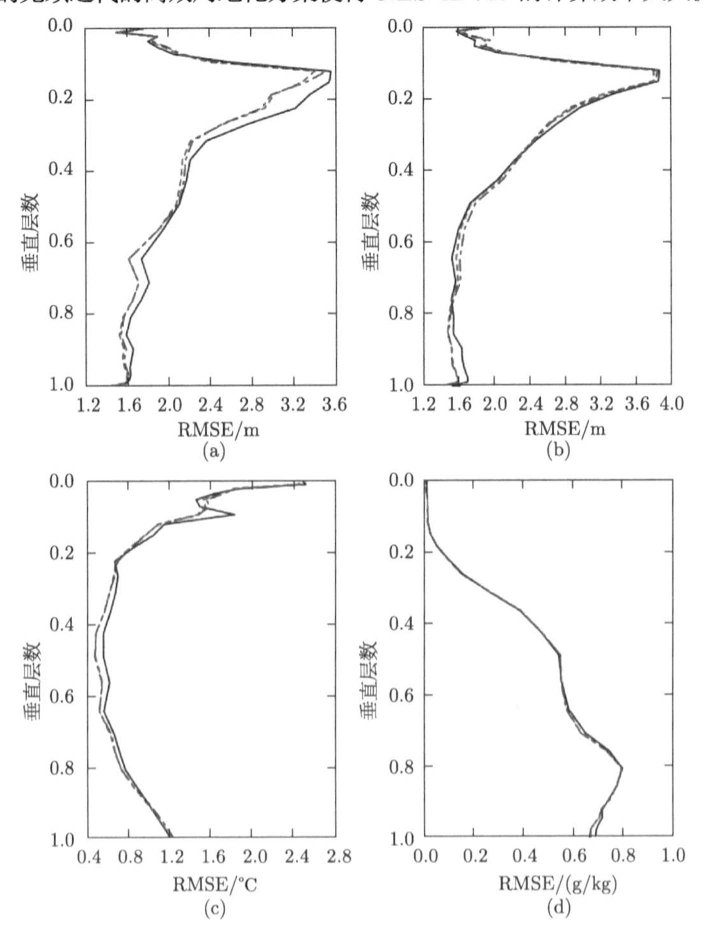

图 4.19　同化时间窗口末端

u 风场 (a)、v 风场 (b)、气温 T(c) 和水汽混合比 q(d) 的均方根误差垂直分布；黑线表示 Ctrl；蓝线表示 NLS_3-4DVar；红线表示 NLS_5-4DVar

表 4.2　四种同化方法 [NLS_i-4DVar($i = 3, 4, 5$) 与 NLS_3-4DVar-CG] 一次同化试验所需要的 CPU 时间

(单位：s)

方法	NLS_3-4DVar	NLS_3-4DVar-CG	NLS_4-4DVar	NLS_5-4DVar
CPU 时间	258.72	222102.3	86.24	258.82

第 5 章 NLS-4DVar：多重网格算法

大气的运动具有时空的多尺度特性，因而大气数据同化中的背景误差协方差矩阵 $\boldsymbol{B}$ 理应包含多尺度的误差信息，本章将加速迭代的多重网格 (多尺度) 策略与 NLS-4DVar 方法相结合，推出了多重网格的 NLS-4DVar 方法 (MG-NLS4DVar)(Zhang and Tian, 2018b)，从长波到短波对误差信息进行充分修订，在维持甚至提高 NLS-4DVar 同化精度的同时进一步降低了计算代价。

5.1 变分资料同化的多重网格策略

前面已经介绍过，资料同化的分析解基本上可以理解为以背景误差协方差矩阵的逆为权重的背景场与分析场的距离，加上以观测误差协方差矩阵的逆为权重的观测场与分析场的距离的线性组合。资料同化分析结果的精度会在很大程度上依赖于背景误差协方差矩阵 ($\boldsymbol{B}$) 的准确性：它不仅包含状态变量之初猜场 (也就是背景场 $\boldsymbol{x}_{\rm b}$) 的误差信息，同时还对观测信息在空间内的传递具有重要的作用。众所周知，大气的运动具有时空的多尺度特性，因而在大气资料同化中，我们需要考虑各个变量之间的多尺度相关信息 (Buehner,2012; Miyoshi and Kondo, 2013)，自然地，背景误差协方差矩阵 $\boldsymbol{B}$ 理应包含不同尺度的误差信息。然而，传统的资料同化方法只能修订到 $\boldsymbol{B}$ 中某种尺度的误差 (Xie et al.,2005)：在资料同化的最优化迭代过程中，总是先修订较大尺度的误差，直至修订完，然后再去修订较小尺度的误差，而许多小尺度的误差信息难以得到充分的修订 (Xie et al.,2005; Li et al.,2008; Li et al.,2011)。多重网格方法是一种加快求解线性方程和非线性最优化问题迭代收敛速度的高效方法，这种方法在不同网格尺度上迭代求解最优化问题 (Briggs et al.,2000)：将整个最优化迭代过程分为外迭代和内迭代两个子过程，外迭代在不同的网格尺度之间进行循环；而内迭代则在某一特定的网格尺度上进行一般的最优化迭代。这种多重网格 (尺度) 策略与数据同化相结合，可以从长波到短波对误差信息进行充分修订，显著提高数据同化的收敛速度——多尺度资料同化框架应运而生 (Li et al.,2008; Xie et al.,2011)。

目前，主流的资料同化方法大体上可分为变分 (如 3DVar、4DVar)(Courtier et al.,1994; Rabier et al.,2000) 与集合滤波方法两大类 (如 EnKF)(Evensen,2009)。通常而言，将多重网格 (多尺度) 技术应用于集合方法的计算代价很大，尤其是在模式分辨率比较高的情况下 (Muscarella et al.,2014)，这是因为一般的多重网格 (多尺度) 集合方法需要在所有不同的网格尺度上反复调用预报模式与观测算子进行集合模拟。因此，许多研究都是在变分同化 (主要是 3DVar) 框架下引入了多重网格 (尺度) 技术：Xie 等 (2005) 构建了一套时空多尺度分析系统 (STMAS)，通过顺序地求解一系列的 3DVar 代价函数，来获得多重网格尺度上的分析结果；这种多重网格 3DVar 同化框架还被应用于中国的海温预报 (Li et al.,2008) 和二维雷达径向风的同化 (Li et al.,2010)。以上工作表明，多重网格技术的引入，使得这种连续变分求解的 3DVar 方法变得非常高效。另外还有一些研究将 3DVar 的代价函数笼统地分解为大小两种尺度进行求解 (Li et al.,2011, 2013；Muscarella et al.,2014)。上述的研究都是基于 3DVar 方法，而我们知道在 4DVar 的代价函数求解过程中，通常需要预报模式 (一般是强非线性) 的切线性模式与伴随模式，计算代价与编程难度极大，这对多重网格 (多尺度) 技术与 4DVar 的融合是一个极大的挑战。值得庆幸地是，近些年来，国内外许多研究开始推出混合资料同化方法，即将 EnKF 与 4DVar 方法耦合，使之优势互补，扬长避短 (如 En4DVar、4DEnVar 等)。尤其是 4DEnVar [现有的如 SVD-4DVar (Qiu et al.,2007)、POD-4DVar (Tian et al.,2008)、DRP-4DVar (Wang et al.,2010)、NLS-4DVar (Tian and Feng,2015; Tian et al.,2018)] 的出现，开始采用集合模拟的方式去近似预报模式的切线性和伴随模式，这就为多重网格 (多尺度) 技术与 4DVar 相融合提供了可能。作为一种典型的 4DEnVar 方法，NLS-4DVar 采用显式迭代，同化精度高、计算代价小。另外，配合前面所介绍 NLS-4DVar 的集合样本生成与更新的方法，NLS-4DVar 方法还能够提供一个随流型变化的背景误差协方差矩阵 $\boldsymbol{B}$。

下面简短介绍一下多重网格 (多尺度) 变分资料同化框架 (multi-grid/scale variational data assimilation scheme)，其基本原理是通过求解一系列从粗网格 (大尺度) 到细网格 (小尺度) 的代价函数，得到相应网格 (尺度) 上的分析增量。对任意给定第 i 网格，多重网格 (多尺度) 变分资料同化框架要求解如下形式的代价函数：

$$\begin{aligned}\boldsymbol{J}^{(i)}[\delta\boldsymbol{x}^{(i)}] =&\frac{1}{2}[\delta\boldsymbol{x}^{(i)}]^{\mathrm{T}}[\boldsymbol{B}^{(i)}]^{-1}[\delta\boldsymbol{x}^{(i)}]\\&+\frac{1}{2}\sum_{k=0}^{S}\left[\boldsymbol{H}_k^{(i)}\delta\boldsymbol{x}^{(i)}(t_k)-\boldsymbol{d}_k^{(i)}\right]^{\mathrm{T}}[\boldsymbol{R}_k^{(i)}]^{-1}\left[\boldsymbol{H}_k^{(i)}\delta\boldsymbol{x}^{(i)}(t_k)-\boldsymbol{d}_k^{(i)}\right]\end{aligned} \tag{5.1}$$

式中，$i(i=1,\cdots,n)$ 代表第 i 个网格层，n 为最细的网格层；k 为观测时次；$S+1$ 为同化窗口中总的观测时次；上标 T 和 -1 分别代表矩阵的转置与求逆；$\delta\boldsymbol{x}^{(i)}=\boldsymbol{x}^{(i)}(t_0)-\boldsymbol{x}_{\mathrm{b}(i)}$ 为分析增量，$\boldsymbol{x}_{\mathrm{b}(i)}$ 为背景场；$\boldsymbol{B}^{(i)}$ 和 $\boldsymbol{R}_k^{(i)}$ 分别为背景误差协方差和观测误差协方差矩阵，在第一网格层上 $\boldsymbol{d}_k^{(1)}=\boldsymbol{y}_{\mathrm{o},k}-H_k^{(1)}[\boldsymbol{x}_{\mathrm{b}(1)}(t_k)]$，

$\boldsymbol{y}_{\mathrm{o},k}$ 为观测向量。在其他网格层上：

$$\boldsymbol{d}_k^{(i)}=\boldsymbol{d}_k^{(i-1)}-\boldsymbol{H}_k^{(i-1)}[\boldsymbol{x}^{(i-1)}(t_k)] \tag{5.2}$$

式中，$\delta\boldsymbol{x}^{(i)}(t_k)=\mathbf{M}_{t_0\to t_k}^{(i)}\delta\boldsymbol{x}^{(i)}$，$\mathbf{M}_{t_0\to t_k}^{(i)}$ 为非线性预报模式 $M_{t_0\to t_k}^{(i)}$ 的切线性模式，$M_{t_0\to t_k}^{(i)}$ 表示从 t_0 时刻积分到 t_k 时刻的预报模式；$\boldsymbol{H}_k^{(i)}$ 为观测算子 $H_k^{(i)}$ 的切线性模式；$\boldsymbol{x}_{\mathrm{b}(i)}(t_k)=M_{t_0\to t_k}^{(i)}[\boldsymbol{x}_{\mathrm{b}(i)}]$。当 $S=0$ 时，$M_{t_0\to t_k}^{(i)}$ 为单位预报算子，式 (5.1) 为 3DVar 的代价函数。当时 $S>0$，式 (5.1) 为 4DVar 的代价函数。

通常代价函数式 (5.1) 的最优解可以采用适当的非线性优化算法 (如 L-BFGS 方法)(Liu and Nocedal,1989) 通过反复计算其函数值 [式 (5.1)] 及如下梯度值：

$$\begin{aligned}\nabla J^{(i)}[\delta\boldsymbol{x}^{(i)}]\ =&[\boldsymbol{B}^{(i)}]^{-1}[\delta\boldsymbol{x}^{(i)}]\\&+\sum_{k=0}^{S}[\boldsymbol{M}_{t_0\to t_k}^{(i)}]^{\mathrm{T}}[\boldsymbol{H}_k^{(i)}]^{\mathrm{T}}[\boldsymbol{R}_k^{(i)}]^{-1}\left[\boldsymbol{H}_k^{(i)}\delta\boldsymbol{x}^{(i)}(t_k)-\boldsymbol{d}_k^{(i)}\right]\end{aligned} \tag{5.3}$$

迭代求得，其中 $[\boldsymbol{M}_{t_0\to t_k}^{(i)}]^{\mathrm{T}}$ 与 $[\boldsymbol{H}_k^{(i)}]^{\mathrm{T}}$ 分别为非线性预报模式 $M_{t_0\to t_k}^{(i)}$ 和观测算子 $H_k^{(i)}$ 的伴随模式。

根据式 (5.1) 和式 (5.3)，利用非线性优化算法便可依次极小化上述第 i 层网格上的代价函数，得到不同网格 (尺度) 上的分析增量 $\delta\boldsymbol{x}^{(i)}$[更为详细的介绍请见 Xie 等 (2011) 和 Li 等 (2013)]，则多重网格 (尺度)3/4DVar 的分析场为

$$\boldsymbol{x}_{\mathrm{a}}=\boldsymbol{x}_{\mathrm{b}}+\sum_{i=1}^{n}\delta\boldsymbol{x}^{(i)} \tag{5.4}$$

由式 (5.3) 可知，极小化不同网格尺度上的 4DVar 代价函数 $J^{(i)}$ 需要反复调用预报模式、观测算子以及它们的伴随模式，这对于 4DVar 的求解是一个极大的挑战。为了避免伴随模式的使用，我们采用 NLS-4DVar 方法求解 4DVar 问题 [式 (5.1)]，由此构建了如下多重网格 NLS-4DVar 的同化框架。

5.2 多重网格 NLS-4DVar 算法

根据多重网格变分资料同化的原理，多重网格 NLS-4DVar 的同化框架就是在第 i 个网格尺度上 (即第 i 次外迭代) 采用高斯–牛顿迭代 (即内迭代) 的 NLS-4DVar 求解该网格层上的分析增量 $\delta\boldsymbol{x}^{(i)}$，最终得到多重网格 NLS-4DVar 的分析场。如上所述，一般而言，如果在所有的网格尺度上采用集合数据同化方法 NLS-4DVar 求解，则需要昂贵的计算代价，这是因为需要反复调用预报模式及观测算子进行集合模拟。为减少计算代价，本节提出了一种高效的多重网格 NLS-4DVar 同化框架：正如一般的多重网格变分同化框架，我们的多重网格 NLS-4DVar 同化

框架也利用网格点的个数来表征空间尺度，且从粗网格到细网格的网格点个数成倍增加 (Xie et al.,2011; Li et al.,2013)。然而，不同的是，我们仅在最细网格层上进行集合模拟，其他网格层的集合样本皆由最细网格的集合样本插值而来，无须在粗网格上再进行集合模拟。具体而言，高效的 MG-NLS4DVar 同化框架由以下几步构成。

第一步：根据实际的同化问题，确定总的网格层数 n(外迭代数)。

第二步：准备最细网格层的数据，比如集合样本的模拟 $M_{t_0\to t_k}^{(n)}(\boldsymbol{x}_j)$ 等。

第三步：采用 NLS-4DVar 方法求解第 i 网格层上的分析增量 $\delta\boldsymbol{x}^{(i)}$。

$$\begin{aligned}\Delta\beta_\rho^{l,(i)} =&\sum_{k=0}^{S}\left(\widehat{\boldsymbol{P}_{y,k}}^{(i)} <e> \rho_{\mathrm{o}}^{(i)}\right)^{\mathrm{T}} L_k'^{(i)}(\delta\boldsymbol{x}^{l-1,(i)})\\ &+\sum_{k=0}^{S}\left(\widetilde{\boldsymbol{P}_{y,k}}^{(i)} <e> \rho_{\mathrm{o}}^{(i)}\right)^{\mathrm{T}} \boldsymbol{R}_k^{-1,(i)}\left[\boldsymbol{d}_k^{(i)}-L_k'^{(i)}(\delta\boldsymbol{x}^{l-1,(i)})\right]\end{aligned} \tag{5.5}$$

$$\beta_\rho^{l,(i)}=\beta_\rho^{l-1,(i)}+\Delta\beta_\rho^{l,(i)} \tag{5.6}$$

$$\delta\boldsymbol{x}^{(i)}=\left(\boldsymbol{P}_x^{(i)} <e> \rho_{\mathrm{m}}^{(i)}\right)\beta_\rho^{l,(i)} \tag{5.7}$$

其中，$l=1,\cdots,l_{\max}^{(i)}$($l_{\max}^{(i)}$ 为第 i 层网格上最大的内循环迭代次数)，

$$\begin{aligned}L_k'^{(i)}(\delta\boldsymbol{x}^{l-1,(i)}) =&H_k^{(i)}\left(\mathcal{F}_{(n\to i)}\left(M_{t_0\to t_k}\left(\boldsymbol{x}_{\mathrm{b}(n)}+\mathcal{F}_{(i\to n)}(\delta\boldsymbol{x}^{l-1,(i)})\right)\right)\right)\\ &-H_k^{(i)}\left(\mathcal{F}_{(n\to i)}\left(M_{t_0\to t_k}(\boldsymbol{x}_{\mathrm{b}(n)})\right)\right)\end{aligned} \tag{5.8}$$

其中，$\mathcal{F}_{(i\to j)}(\cdot)$ 表示从第 i 层到第 j 层的插值算子。需要说明的是，式 (5.8) 中将每层网格上的预报模式 $M_{t_0\to t_k}^{(i)}(\cdot)$ 简单地统一取为 $M_{t_0\to t_k}(\cdot)$。另外，$\rho_{\mathrm{m}}^{(i)}$、$\rho_{\mathrm{o}}^{(i)}$ 和 $\boldsymbol{P}_x^{(i)}$ 都由最细网格层上的 $\rho_{\mathrm{m}}^{(n)}$、$\rho_{\mathrm{o}}^{(n)}$ 和 $\boldsymbol{P}_x^{(n)}$ 插值而来，$\boldsymbol{P}_y^{(i)}$ 为第 i 网格层上的模拟观测扰动集合 [其定义见式 (2.76)]，由 $H_k^{(i)}$ 作用于

$$\mathcal{F}_{(n\to i)}\left(M_{t_0\to t_k}\left(\boldsymbol{x}_j'^{,(n)}+\boldsymbol{x}_{\mathrm{b}(n)}\right)\right),(j=1,\cdots,N)$$

和

$$\mathcal{F}_{(n\to i)}\left(M_{t_0\to t_k}(\boldsymbol{x}_{\mathrm{b}(n)})\right)$$

得到，而 $\widehat{\boldsymbol{P}_{y,k}}^{(i)}$、$\widetilde{\boldsymbol{P}_{y,k}}^{(i)}$ 则是利用 $\boldsymbol{P}_{y,k}^{(i)}$ 根据式 (4.49) 和式 (4.50) 得到。

当 $i=1$ 时：

$$\boldsymbol{d}_k^{(1)}=\boldsymbol{y}_{\mathrm{o},k}-H_k^{(1)}\left(\mathcal{F}_{(n\to 1)}\left(M_{t_0\to t_k}(\boldsymbol{x}_{\mathrm{b}(n)})\right)\right)$$

当 $2 \leqslant i \leqslant n$ 时：

$$\boldsymbol{d}_k^{(i)} = \boldsymbol{d}_k^{(i-1)} - L_k'^{(i-1)}(\delta \boldsymbol{x}^{(i-1)})$$

第四步：如果 $i < n$，继续前往第三步即可。最终的 MG-NLS4DVar 的分析场是所有网格层上的分析增量与背景场之和。

$$\boldsymbol{x}_a = \boldsymbol{x}_{\mathrm{b}(n)} + \sum_{i=1}^{n} F_{(i \to n)}\left(\delta \boldsymbol{x}^{(i)}\right) \tag{5.9}$$

实际应用中经常取 $l_{\max}^{(i)} = 1$，也就是上面的第三步采用 POD-4DVar 求解第 i 层的 4DVar 代价函数。仔细分析不难发现，取 $l_{\max}^{(i)} = 1$ 的 MG-NLS4DVar 非常类似于前面所发展的简化版本的 NLS$_5$-4DVar，两者唯一不同的是，前者在不同的网格尺度上进行迭代，而后者仅在单重 (最细) 网格上进行迭代。

本节提出的 MG-NLS4DVar 同化框架，首先从最粗的网格层 (即 $i = 1$) 开始分析。通过求解第 $i-1$ 网格层的代价函数 $J^{(i-1)}$，使得 $\boldsymbol{d}_k^{(i)}$ 得以表达，进而求解第 i 网格层的代价函数 $J^{(i)}$，该求解过程一直重复直至达到最细 (第 n 个) 网格层。MG-NLS4DVar 能够提供多尺度、随流型变化的背景误差协方差矩阵 $\boldsymbol{B}$。通过上述多重网格 (尺度) 方法，4DVar 最小化问题得以加速收敛。因此，通过上述四步，MG-NLS4DVar 可以从大尺度到小尺度顺序地对误差信息进行充分修订，所获得的分析增量中含有多尺度信息，从而改善分析场。下面给出完整的 MG-NLS4DVar 循环同化的拟程序——Algorithm 32 和 Algorithm 33。

Algorithm 32 : program MG-NLS4DVarmain

```
1  Prepare the initial P_x^(n) according to eqs.(3.1-3.10)
2  Prepare x_b(n) for the first assimilation window
3  foreach l = 1, n_max^AD do
       // n_max^AD is the total assimilation times
4      Prepare y_o,k, R_k for the lth assimilation window [t_0^l, t_S^l]
5      Prepare ρ_m^(n), ρ_o^(n) according to eqs.(4.15-4.37)
6      foreach j = 1, N do
7          Run the forecast model M_{t0→tk} repeatedly
8          x_{k,j}^(n) = M_{t0→tk}(x_b(n) + x'_j)
9      end
10     δx^(0) = 0
11     foreach i = 1, n do
           // n is the total grid levels
```

12 $\mathcal{F}_{n\to i}\left(\rho_{\mathrm{m}}^{(n)}\right)\to\rho_{\mathrm{m}}^{(i)},\mathcal{F}_{n\to i}\left(\rho_{\mathrm{o}}^{(n)}\right)\to\rho_{\mathrm{o}}^{(i)}$

13 $\mathcal{F}_{n\to i}\left(\boldsymbol{x}_j'^{(n)}\right)\to\boldsymbol{x}_j'^{(i)}\to\boldsymbol{P}_x^{(i)}$

14 Run the forecast model $M_{t_0\to t_k}$

15 $\boldsymbol{x}_{\mathrm{b}(i)}^*(t_k)=M_{t_0\to t_k}\left(\boldsymbol{x}_{\mathrm{b}(n)}+\mathcal{F}_{(i-1\to n)}(\delta\boldsymbol{x}^{(i-1)})\right)$

16 $H_k^{(i)}\left(\mathcal{F}_{(n\to i)}\left(\boldsymbol{x}_{k,j}^{(n)}\right)\right)-H_k^{(i)}\left(\mathcal{F}_{(n\to i)}\left(\boldsymbol{x}_{\mathrm{b}(i)}(t_k)\right)\right)\to\boldsymbol{P}_{y,k}^{(i)}$

17 if $i=1,\boldsymbol{d}_k^{(1)}=\boldsymbol{y}_{\mathrm{o},k}-H_k^{(1)}\left(\mathcal{F}_{(n\to 1)}\left(M_{t_0\to t_k}(\boldsymbol{x}_{\mathrm{b}(n)}^*)\right)\right)$

18 if $2\leqslant i\leqslant n$, $\boldsymbol{d}_k^{(i)}=\boldsymbol{d}_k^{(i-1)}-L_k'^{(i-1)}(\delta\boldsymbol{x}^{(i-1)})$

19 **call** NLS$_4$-4DVarLoc($\boldsymbol{P}_{y,k}^{(i)},\boldsymbol{d}_k^{(i)},\rho_{\mathrm{o}}^{(i)},\boldsymbol{R}_k,\beta_\rho$)

20 $\delta\boldsymbol{x}^{(i)}=(\boldsymbol{P}_x^{(i)}<e>\rho_{\mathrm{m}}^{(i)})\beta_\rho$

21 **end**

22 $\boldsymbol{x}_{\mathrm{a}}'=\sum\limits_{i=1}^{n}\mathcal{F}_{(i\to n)}\left(\delta\boldsymbol{x}^{(i)}\right)$

23 $\boldsymbol{x}_{\mathrm{b}(n)}=\boldsymbol{x}_{\mathrm{b}(n)}+\boldsymbol{x}_{\mathrm{a}}'$

24 $\boldsymbol{y}_{\mathrm{o},k}'=\boldsymbol{y}_{\mathrm{o},k}-H_k^{(n)}\left(M_{t_0\to t_k}(\boldsymbol{x}_{\mathrm{b}(n)})\right)$

25 Run the forecast model from $\boldsymbol{x}_{\mathrm{b}(n)}$ to obtain $\boldsymbol{x}_{t_S^l(n)}$

26 $\boldsymbol{x}_{\mathrm{b}(n)}=\boldsymbol{x}_{t_S^l(n)}$

27 $\boldsymbol{P}_x^{(n)}=\boldsymbol{P}_x^{(n)}\boldsymbol{V}_2\Phi^{\mathrm{T}}$

28 enddo

29 **end**

Algorithm 33: subroutine NLS$_4$-4DVarLoc

Input: $\boldsymbol{P}_{y,k},\boldsymbol{y}_{\mathrm{o},k}',\rho_{\mathrm{o}},\boldsymbol{R}_k$

Output: β_ρ

1

$$\widetilde{\boldsymbol{P}_{y,k}}=\boldsymbol{P}_{y,k}\left[(N-1)\boldsymbol{I}+\sum_{k=0}^{S}(\boldsymbol{P}_{y,k})^{\mathrm{T}}\boldsymbol{R}_k^{-1}(\boldsymbol{P}_{y,k})\right]^{-1}$$

$$\beta_\rho=\sum_{k=0}^{S}\left(\widetilde{\boldsymbol{P}_{y,k}}<e>\rho_{\mathrm{o}}\right)^{\mathrm{T}}\boldsymbol{R}_k^{-1}\boldsymbol{y}_{\mathrm{o},k}'$$

上面的拟程序中就是选取 $l_{\max}^{(i)}=1$，亦即在每层网格上采用 POD-4DVar 方法求解 4DVar 问题。在上面的操作中，将每层网格上的预报模式 $M_{t_0\to t_k}^{(i)}(\cdot)$ 简单地统一取为 $M_{t_0\to t_k}$，实际上也可以选择不同网格分辨率的预报模式 $M_{t_0\to t_k}^{(i)}(\cdot)$，则式 (5.8) 变为

$$\begin{aligned} L_k'^{(i)}(\delta \boldsymbol{x}^{l-1,(i)}) &= H_k^{(i)}\left(M_{t_0\to t_k}^{(i)}\left(F_{(n\to i)}(\boldsymbol{x}_{\mathrm{b}(n)}) + \delta \boldsymbol{x}^{l-1,(i)}\right)\right) \\ &\quad - H_k^{(i)}\left(M_{t_0\to t_k}^{(i)}\left(F_{(n\to i)}(\boldsymbol{x}_{\mathrm{b}(n)})\right)\right) \end{aligned} \tag{5.10}$$

另外，还可以在不同网格尺度上同化不同类型的观测来对观测资料的尺度进行区分。

5.3 多重网格 NLS-4DVar 的数值验证

本节设计了基于 WRF-ARW 模式的两组数值模拟试验，包括单点观测试验和综合评估试验，对本章所发展的 MG-NLS4DVar 同化框架进行评估。前者用于探讨不同网格层对分析增量的贡献，后者用于系统评估 MG-NLS4DVar 的潜在性能。

本节所选择的预报模式 WRF-ARW、参数化方案及研究区域都与本书4.5节相同，此处不再赘述。值得说明的是，本节选择了从粗到细三个 (即 $n=3$) 不同的网格尺度来考察 MG-NLS4DVar 的同化性能。最细网格层在水平方向的网格点个数为 120×100，网格距为 30km。从粗网格层到细网格层的网格数成倍增加，即从 30×25 到 60×50，再到 120×100。

本节首先设计了 MG-NLS4DVar 同化单点气温观测的试验，来探讨不同网格层对分析增量的贡献及其背景误差协方差的流型特征。

5.3.1 单点观测试验设计

单点试验设置如下：同化时间窗口为 6h(2010 年 6 月 8 日 00~06 时)，分析时刻为同化窗口的首端 (2010 年 6 月 8 日 00 时)。背景场为提前于分析时刻 24h，由 NCEP/FNL 再分析资料提供的初始场开始积分 WRF-ARW 模式至分析时刻得到。单点气温观测的位置选为 (30°N，110°E)，在 $\eta=0.563$ 层，单点观测值为 27.20K，观测误差为 0.1K，观测时刻也选在分析时刻。在观测点处的模拟观测值为 27.80K。本试验采用四维滑动采样，样本个数为 50，水平局地化半径为 1050km，用于集合扩展局地化的 x、y、z 三个方向上的截断模态数分别为 $r_x=7$、$r_y=6$ 和 $r_z=4$。

首先设计一系列的敏感性试验来验证单重 NLS-4DVar 方法所采用的高斯–牛顿迭代算法的收敛性。图5.1(a) 表明，在单点试验中，高斯–牛顿迭代可以在 $1\sim2$ 次迭代后达到收敛；图5.1(b) 还表明在以下的综合评估试验中，单重 NLS-4DVar 方法也仅需三次 (高斯–牛顿) 迭代即可收敛。因此，在单点观测试验及下面的综合评估试验中，我们选定单重 NLS-4DVar 的最大迭代次数为 $i_{\max}=3$。正如前面所介绍的，多重网格技术可以加快迭代收敛的速度 (Li et al.,2013)，必然有 $\sum\limits_{i=1}^{n} l_{\max}^{(i)} \leqslant i_{\max}$, ($l_{\max}^{(i)}$ 为第 i 网格层上的最大迭代次数)，而本节的数值试验中选取

三个 $(n=3)$ 不同的网格尺度，则任一网格层上的迭代次数应该满足 $l_{\max}^{(i)} \leqslant 1$。因此，在本节的试验 (单点试验与综合评估试验) 中，我们选择 $l_{\max}^{(i)}=1(i=1,2,3)$。实际上，我们也测试了 $l_{\max}^{(i)}=2(i=1,2,3)$ 的情形，同化结果与 $l_{\max}^{(i)}=1$ 的结果几乎没有差别。

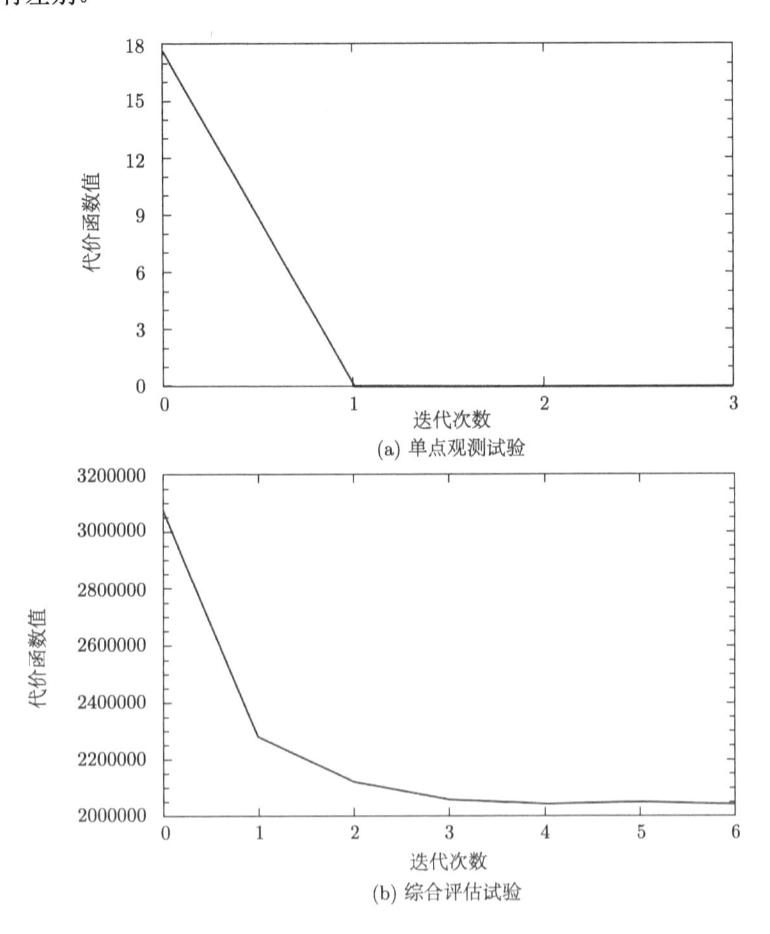

(a) 单点观测试验

(b) 综合评估试验

图 5.1　单重 NLS-4DVar 代价函数值随迭代次数的变化

5.3.2　单点观测试验结果

图5.2给出的是径向风 u 的分析增量图，等值线是在 $\eta=0.563$ 层的背景 u 风场。分析增量的绝对值随着离观测点的距离增大而逐渐减小，并且超出一定区域后值为 0，这充分说明了局地化方案的有效性。同时，分析增量也呈现了非均匀和各项异性的特征，这主要源于集合估计的背景误差协方差矩阵 $\boldsymbol{B}$ 的作用。分析增量大致沿背景 u 风场形势而变，说明 MG-NLS4DVar 同化框架对观测信息的空间传

播与流依赖的误差结构一致，背景误差协方差的特征结构随流型变化，合理而准确(图5.2)。图5.2(a)~图5.2(c) 分别给出了第 $i(i=1,2,3)$ 网格层的分析增量，最终的分析增量是所有网格层的分析增量之和 [图 5.2(d)]：分析增量 $\delta\boldsymbol{x}^{(i)}$ 随着网格层数 i 的增加而逐渐减小，表明稀疏网格可以很好地抓住大尺度的信息，而小尺度的分析增量又可以对最终的分析场进一步改善，这清晰地论证了多重网格同化框架依波长对误差信息进行顺序修订的特点。表5.1列出的是 MG-NLS4DVar 方法得到的不同网格层的分析场与真实 u 风场在 i 层的均方根误差：同样地，MG-NLS4DVar 同化框架能够从大尺度到小尺度顺序地修订误差，使得分析场的均方根误差逐渐降低；换言之，MG-NLS4DVar 同化框架可以高效率地顺序吸收不同尺度的观测信息来改善最终的同化分析场。

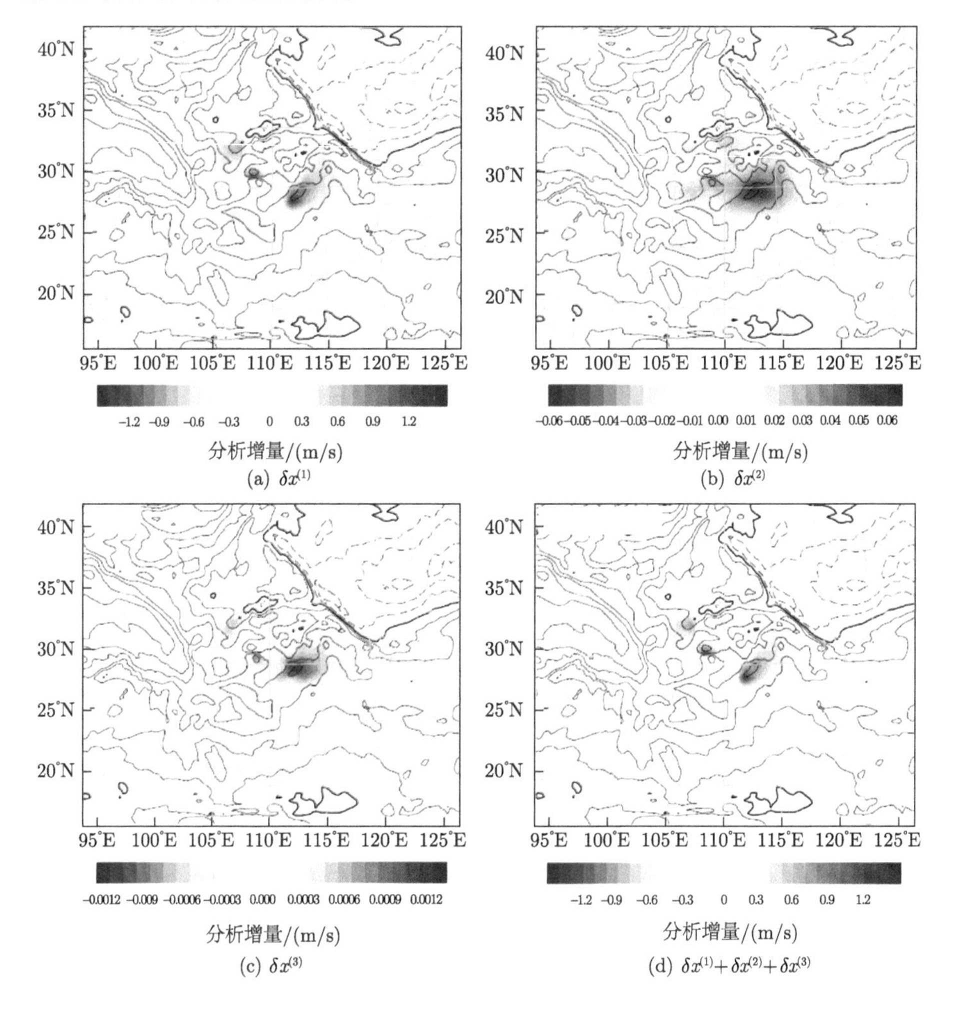

(a) $\delta x^{(1)}$ (b) $\delta x^{(2)}$ (c) $\delta x^{(3)}$ (d) $\delta x^{(1)}+\delta x^{(2)}+\delta x^{(3)}$

图 5.2 气温单点试验中径向风 u 的分析增量图 (等值线是 $\eta=0.563$ 层的背景 u 风场)

表 5.1　$\eta = 0.563$ 层上 u 风场的背景场及不同网格层的分析场与真实场的均方根误差

背景或分析场	均方根误差/(m/s)
$\boldsymbol{x}_b$	1.915
$\boldsymbol{x}_b + \delta\boldsymbol{x}^{(1)}$	1.874
$\boldsymbol{x}_b + \delta\boldsymbol{x}^{(1)} + \delta\boldsymbol{x}^{(2)}$	1.871
$\boldsymbol{x}_b + \delta\boldsymbol{x}^{(1)} + \delta\boldsymbol{x}^{(2)} + \delta\boldsymbol{x}^{(3)}$	1.870

下面继续通过一组综合评估试验对本章所发展的 MG-NLS4DVar 同化框架的潜在性能进行系统评估。

5.3.3　综合评估试验设计

该综合评估试验的试验设计与4.6节中的试验设计相同，故不再赘述。本综合评估试验对累计降水和气温观测 (仅在 $\eta = 0.563$ 层) 同时进行同化，在第一个窗口 W1 内，首先通过对比 MG-NLS4DVar 与 NLS-4DVar 的同化结果，检验 MG-NLS4DVar 对初始场改进和提高预报精度的能力；进一步地，探究了不同的总网格层数 n 对 MG-NLS4DVar 同化精度的影响；另外，我们还测试了不同局地化半径对 MG-NLS4DVar 同化精度的影响；最终，通过两个窗口的循环同化试验对 MG-NLS4DVar 在循环同化中的适用性进行验证。

5.3.4　综合评估试验结果

资料同化的终极目标就是要提高数值模式的预报精度。因此，我们首先对比了初始场分别为“Ctrl” (没有进行同化的控制试验)、“NLS” [以下用 NLS 代表 NLS-4DVar 迭代三次 ($i_{\max} = 3$) 的同化结果] 以及“MG-NLS” [以下用 MG-NLS 代表有三个网格层 ($n = 3$) 的 MG-NLS4DVar 的同化结果] 的 30h 累积降水的预报场与“真实场” (True) 的均方根误差，用以评估 MG-NLS4DVar 同化框架的有效性。从图5.3可以看出，NLS 和 MG-NLS 跟 Ctrl 相比，都产生了较小的均方根误差，表明这两种同化格式皆可充分吸收观测信息，改善超过 30h 的降水预报；MG-NLS 和 NLS 累积降水的均方根误差在分析时刻后的 10h 内差别较小，之后的时段迅速增大，MG-NLS 的优势愈加明显，说明 MG-NLS 确实能够充分修订不同尺度的误差，以获得更好的分析及预报结果。

为了进一步评估 MG-NLS 的潜在性能，我们也比较了“真实”分别与 Ctrl、NLS、MG-NLS 的 18h 累积降水预报的差别。图5.4表明，“真实”与 NLS、MG-NLS 的差别 [图5.4(b) 和图5.4(c)] 均小于“真实”与 Ctrl 的差别 [图5.4(a)]，尤其在 (25°N~35°N 和 112°E~118°E) 区域内表现得特别明显，这说明 NLS 和 MG-NLS

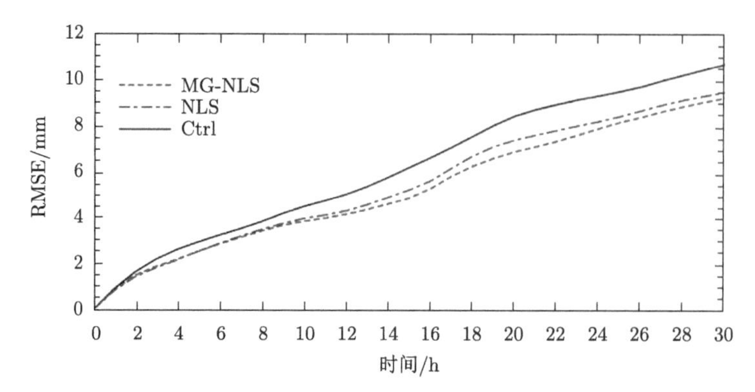

图 5.3 初始场分别来自于“Ctrl”、“NLS”及“MG-NLS”分析结果的 30h 累积降水预报场与“真实场”的均方根误差 (RMSE)

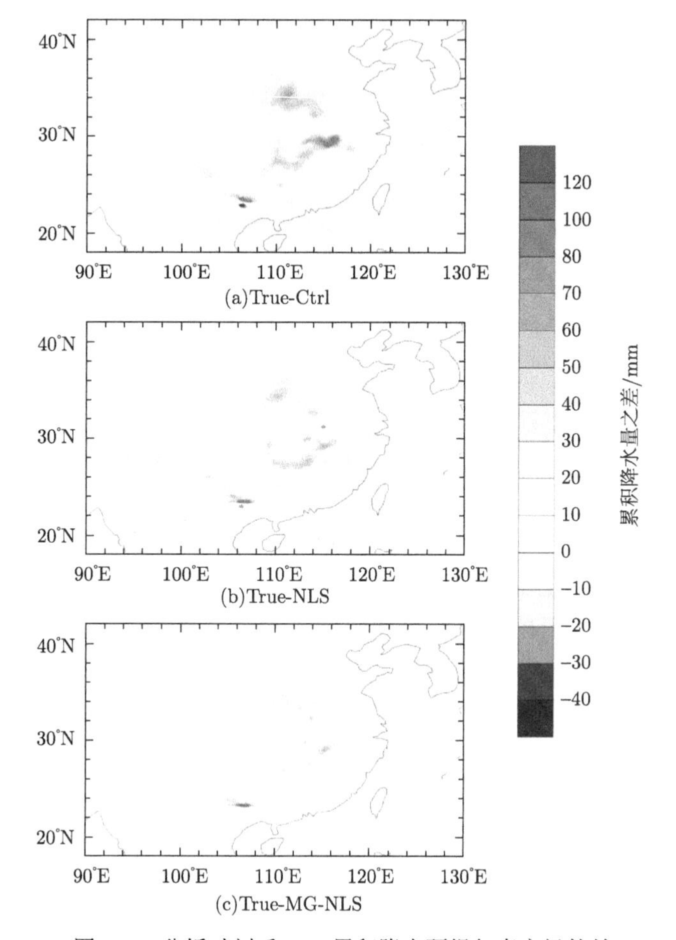

图 5.4 分析时刻后 18h 累积降水预报与真实场的差

均可以在很大程度上提高降水的预报精度，即使是在观测很少甚至没有观测的区域。对比图5.4(b) 和图5.4(c) 还可以发现，MG-NLS 较 NLS 对降水预报的改善更加明显，说明 MG-NLS 确实比单重的 NLS 有着更佳的同化性能。

图5.5给出的是分析时刻的 Ctrl、NLS、MG-NLS 的 u 风场、v 风场、气温 T 和水汽混合比 q 在模式垂直方向上的均方根误差分布。MG-NLS 和 NLS 的均方根误差在大多数的模式层及大部分的变量均小于 Ctrl，这再次说明这两种同化格式都能产生不错的同化结果 (图5.5)。另外，虽然只同化了 $\eta = 0.563$ 层的气温观测和累积降水，但较高和较低模式层的状态变量也都得以改善，这自然源于背景误差协方差矩阵 $\boldsymbol{B}$ 对观测信息在空间内的传播。从图5.5中可以看出，MG-NLS 要明

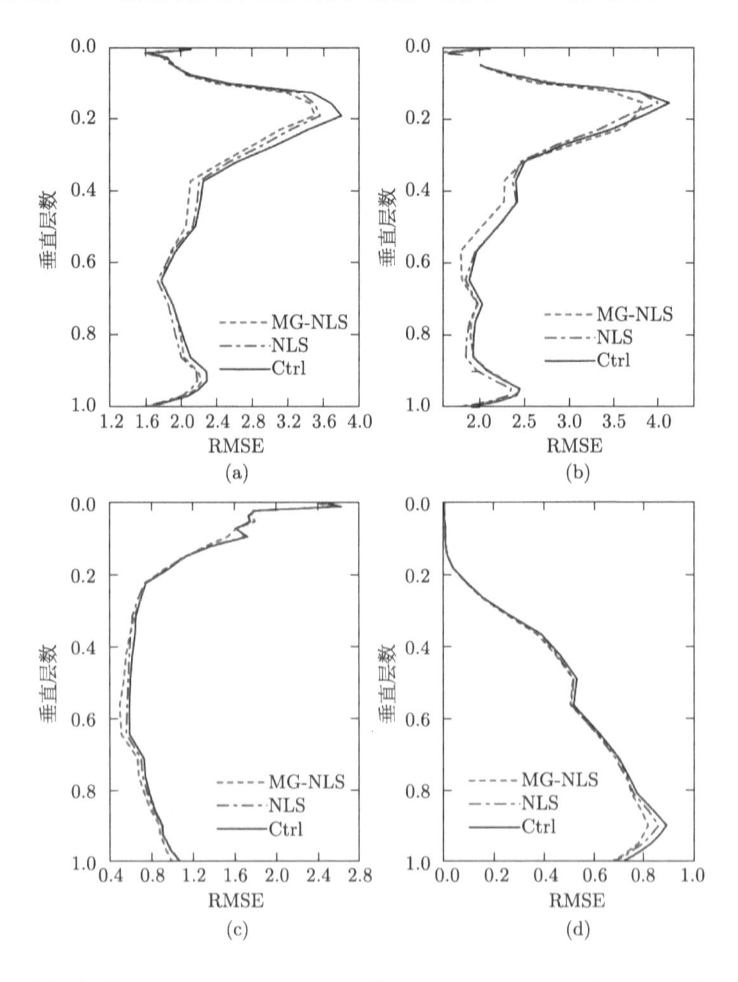

图 5.5　分析时刻的 Ctrl、NLS、MG-NLS 的 u 风场、v 风场、气温 T 和水汽混合比 q 在模式垂直方向上的均方根误差分布

显优于 NLS，尤其对于气温 T 和水汽混合比 q 这两个变量，这进一步表明了 MG-NLS 中多尺度 $\boldsymbol{B}$ 的表达确实要优于 NLS 中单一尺度的 $\boldsymbol{B}$。以上这些结果都表明，MG-NLS 同化框架明显优于 NLS 框架，这与图5.3和图5.4的结论是一致的。

下面继续通过 CPU 时间的对比来评估本章所发展的 MG-NLS4DVar 同化框架的效率。表 5.2给出的是 MG-NLS 和 NLS 完成一次同化试验所需的 CPU 时间。单重的 NLS 的迭代策略对于改善预报精度有重要作用，但迭代过程需要在最高分辨率上积分预报模式。NLS 耗费的 CPU 时间包括分析过程的 121.53s 及迭代过程中两次模式积分的时间 (约 360s，每次约为 180s)；对应地，MG-NLS 所需的 CPU 时间为 (109.5+50+180)s，这里面包含所有网格层上的同化分析时间及第 2、第 3 层网格上的模式积分各一次的时间 (分别约为 50s、180s)。由此看出，单纯在最高分辨率上执行 NLS–4DVar 需要较多的 CPU 时间去积分预报模式。毫无疑问，以上的模式积分与同化分析时间都要依赖于所使用的机器及模拟的天气事件，本试验中 WRF-ARW 模式积分采用 48 核进行并行计算。

表 5.2　两个同化方法完成一个同化试验所需的 CPU 时间

(单位：s)

方法	NLS	MG-NLS
CPU 时间	121.53+360	109.5+50+180

为了深入探究 MG-NLS4DVar 的潜在性能，我们还比较了不同网格层数对 MG-NLS4DVar (记为 MG-NLS$_i$，$i=2,3$ 代表选择的网格层数; NLS 迭代一次的结果，记为 NLS$_1$) 同化效果的影响：MG-NLS$_3$ 是前面提到的 MG-NLS，即网格层数为 3，水平方向的网格点数分别是 30×25、60×50 和 120×100，而 MG-NLS$_2$ 水平方向的网格点数分别是 60×50 和 120×100。从图5.6可以看出，NLS$_1$ 和 MG-NLS$_i(i=2,3)$ 与 Ctrl 相比，都有着更小的均方根误差，表明这些同化方案都能有效修订误差、改善初始场，进而提高降水预报。MG-NLS$_3$ 的同化结果要优于 MG-NLS$_2$ 和 NLS$_1$，说明 MG-NLS$_3$ 可以更充分地顺序修订从大尺度到小尺度的误差，以获取更佳的分析场。我们还比较了在不同网格层数的条件下的初始场的 u 风场、v 风场、气温 T 和水汽混合比 q 在模式垂直方向上的均方根误差分布，得到了同样的结论，即 MG-NLS$_i(i=2,3)$ 均可在很大程度上改善初始场且 MG-NLS$_3$ 的优势随着预报时间的增加更明显。

我们也比较了上述三种情况 (NLS$_1$、MG-NLS$_2$、MG-NLS$_3$) 的 CPU 时间：网格点数越多所需要的 CPU 时间自然越长 (表5.3)；NLS$_1$、MG-NLS$_2$、MG-NLS$_3$ 完成一次同化试验所需的 CPU 时间分别为 39.91s、255.17s 以及 339.50s。总体上讲，MG-NLS$_3$ 无需增加太多的 CPU 时间便可以带来相当可观的同化正效果。

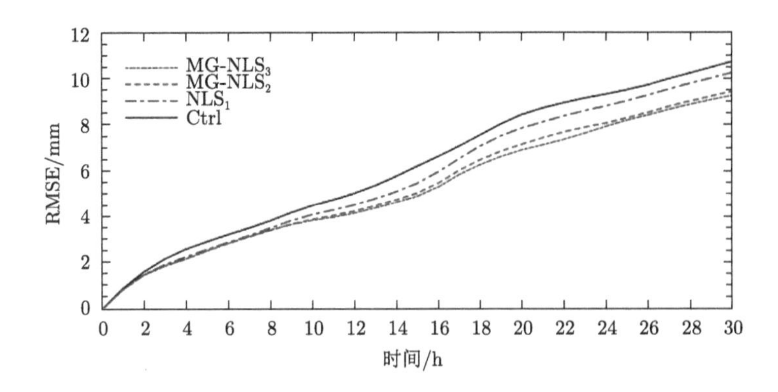

图 5.6　初始场分别来自于 MG-NLS$_i$(i=2,3) 与 NLS$_1$ 分析结果的 30h 累积降水预报场与“真实场”的均方根误差

表 5.3　不同网格层数 MG-NLS4DVar 完成一次同化试验所需的 CPU 时间

(单位：s)

网格点数	NLS$_1$	MG-NLS$_2$	MG-NLS$_3$
30 × 25	0	0	30.46
60 × 50	0	33.80	39.19+50
120 × 100	39.91	41.37+180	39.85+180
CPU 时间	39.91	255.17	339.50

为了测试 MG-NLS4DVar 同化框架对局地化半径的敏感性，我们比较了不同局地化半径的 MG-NLS4DVar 同化结果。图5.7对比了初始场分别来自于不同局地化半径 MG-NLS 分析结果的累积降水预报 30h 与真实场的均方根误差。当局地化半径为 750km 时，均方根误差最小，故令其为最优的局地化半径。

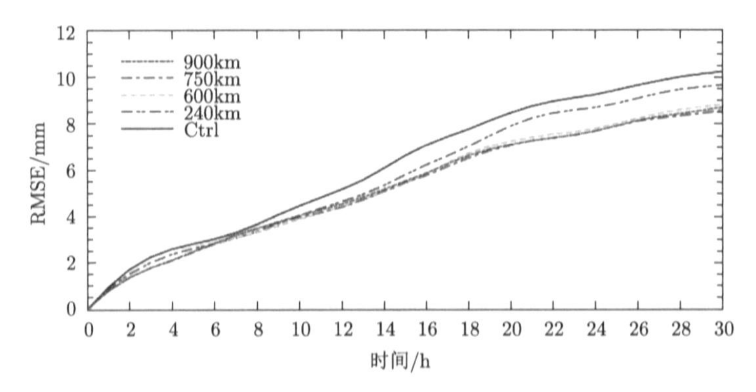

图 5.7　初始场分别来自于不同局地化半径 MG-NLS 分析结果的累积降水预报 30h 与真实场的均方根误差

最后，我们还采用两个同化时间窗口的循环同化来验证多重网格 NLS-4DVar 在循环同化中的适用性。我们比较了真实场与初始场分别来自于 Ctrl (0~30h)，第一个同化窗口的分析场 (0~30h)，第二个同化窗口的分析场 (6~30h) 的降水预报的均方根误差。图5.8表明，通过第二个同化窗口内观测资料的同化，累积降水的预报得到进一步的改善。

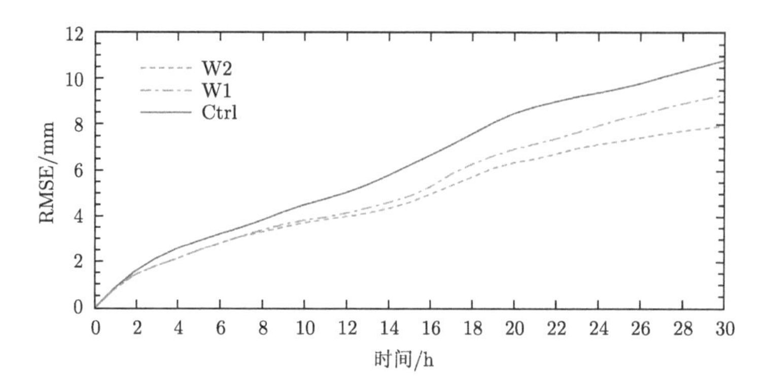

图 5.8 初始场分别来自 Ctrl、第一 (W1)、第二 (W2) 各同化窗口分析场的累积降水的 30h 预报的均方根误差

第 6 章　从 NLS-4DVar 到 NLS-i4DVar

不断演进的四维变分数据同化 (4DVar) 方法 (Le Dimet and Talagrand, 1986; Lewis and Derber, 1985) 在当前大数据时代背景下越发引人关注，亦是多家国际著名 (如欧洲中期天气预报中心、法国、英国、日本和中国) 数值预报业务中心初始化其数值天气预报模式的首选方法。

4DVar 本质上是通过在同化窗口内同化不同时刻 t_k 处的观测向量 $\boldsymbol{y}_{\mathrm{o},k} \in \Re^{m_{y,k}}$，确定每个时间步长处 $t_i(i=1,\cdots,N_{\triangle t}, N_{\triangle t}=\frac{t_S-t_0}{\triangle t}$，$\triangle t$ 是模式时间步长) 的最优状态变量 $\boldsymbol{x}_i$。换句话说，背景 (“第一猜测”) 状态变量 $\boldsymbol{x}_{\mathrm{b},i}$ 的分析增量是自由度为 $D_{\mathrm{OF}}=N_{\triangle t}\times N_v\times N_{\mathrm{m}}$ 的待优化变量，其中 N_v 是分析变量的个数，$N_{\mathrm{m}}=n_x\times n_y\times n_z$，$n_x$、$n_y$ 和 n_z 分别是 x、y 和 z 方向上的模式网格数量。通常情况下，$D_{\mathrm{OF}}\gg m_{\mathrm{o}}$(此处 $m_{\mathrm{o}}=\sum m_{y,k}$ 为观测变量总的维数)；此时，若预报模式 $\boldsymbol{x}_k=M_{t_0\to t_k}(\boldsymbol{x}_0)$ 对 4DVar 优化过程不施加任何约束，则该优化问题易欠定。

为了求解这个四维的最优化问题，必须对其施加必要的约束；通常的强约束 4DVar(s4DVar) 就是以数值预报模式 $\boldsymbol{x}_k=M_{t_0\to t_k}(\boldsymbol{x}_0)$ 作为强约束，在给定 t_0 时刻初始场 $\boldsymbol{x}_b$ 的条件下，求解 $\boldsymbol{x}'\in\Re^{n_{\mathrm{m}}}(=\boldsymbol{x}_0-\boldsymbol{x}_{\mathrm{b}})$ $(n_{\mathrm{m}}=N_{\mathrm{m}}\times N_v)$ 极小化以下的代价函数：

$$J(\boldsymbol{x}')=\frac{1}{2}(\boldsymbol{x}')^{\mathrm{T}}\boldsymbol{B}^{-1}(\boldsymbol{x}')+\frac{1}{2}\sum_{k=0}^{S}\left[H_k(\boldsymbol{x}_k)-y_{\mathrm{o},k}\right]^{\mathrm{T}}\boldsymbol{R}_k^{-1}\left[H_k(\boldsymbol{x}_k)-\boldsymbol{y}_{\mathrm{o},k}\right] \tag{6.1}$$

式中，上标 T 表示矩阵转置；$S+1$ 为同化窗口内的观测数据总的时间层数；H_k 为观测算子；矩阵 $\boldsymbol{B}\in\Re^{n_{\mathrm{m}}\times n_{\mathrm{m}}}$ 和 $\boldsymbol{R}_k\in\Re^{m_{y,k}\times m_{y,k}}$ 分别是背景和观测误差协方差矩阵。很明显，式 (6.1) 中的待优化变量只是 t_0 时刻的分析增量 $\boldsymbol{x}'$，其维度仅为 $N_v\times N_{\mathrm{m}}$，远低于原始优化问题的维度 $D_{\mathrm{OF}}=N_{\triangle t}\times N_v\times N_{\mathrm{m}}$。伴随方法 (Lewis and Derber, 1985；Le Dimet and Talagrand,1986；Talagrand and Courtier,1987) 与增量技术 (Courtier et al.,1994) 的开发使得 4DVar 变得可以求解，并随之应用于几大国际著名数值预报中心的业务系统。传统认识上，s4DVar 假定数值预报模式可精确、完美地描述自然系统的运动。换句话说，强约束 4DVar 不考虑模式误差，任何此类误差与初始误差相比都是微小的，可忽略不计。然而，s4DVar 中这种完美模式的假设并非必需 (Tian et al.,2021)。数学上，传统的 4DVar 作为一个有约束非线性最优化问题被提出来，根本无法也无须甄别预报模式是否完美反映自然系统。考虑到模式的离散格式、参数化过程、边界条件与舍入等误差，模式误差难以忽略。鉴于模式误差不可避免，而 4DVar 已在几大世界著名数值预报中心成功业务运行，因此强约束 4DVar 肯定具有一种隐藏机制，可同时纠正初始误差和模式误差。从这个角度来看，传统 4DVar 的分析增量本质上为放置在初始时间时刻的“积分”校正项，可不加区分地抵消整个同化窗口中的初始误差和模式误差 (Tian et al.,2021)。

随着时间的推移，人们开始意识到模式误差不容忽视，于是试图区分初始误差和模型误差，并在弱约束 4DVar 方法 (w4DVar)(Shaw and Daescu,2017; Trémolet, 2006) 中分别对其进行修正。这些方法旨在确定初始条件和模型误差的分析增量 $\boldsymbol{x}' \in \Re^{n_{\rm m}}$ 和 $\epsilon_k \in \Re^{n_{\rm m}}$，使得 $\boldsymbol{x}'$ 和 ϵ_k 共同极小化以下代价函数：

$$
\begin{aligned}
J(\boldsymbol{x}', \epsilon_1, \cdots, \epsilon_S) = & \frac{1}{2}(\boldsymbol{x}')^{\rm T}\boldsymbol{B}^{-1}(\boldsymbol{x}') \\
& + \frac{1}{2}\sum_{k=0}^{S}\left[H_k(\boldsymbol{x}_k) - \boldsymbol{y}_{{\rm o},k}\right]^{\rm T}\boldsymbol{R}_k^{-1}\left[H_k(\boldsymbol{x}_k) - \boldsymbol{y}_{{\rm o},k}\right] \\
& + \frac{1}{2}\sum_{k=1}^{S}(\epsilon_k)^{\rm T}\boldsymbol{Q}_k^{-1}(\epsilon_k)
\end{aligned} \tag{6.2}
$$

其中，$\boldsymbol{x}_0 = \boldsymbol{x}_{\rm b} + \boldsymbol{x}'$；$\boldsymbol{x}_k = M_{t_{k-1}\to t_k}(\boldsymbol{x}_{k-1}) + \epsilon_k$，$\epsilon_k$ 代表 t_k 时刻的模式误差；$\boldsymbol{Q}_k \in \Re^{n_{\rm m}\times n_{\rm m}}$ 为模式误差协方差矩阵。尽管 ϵ_k 与上文讨论的分析增量 $\boldsymbol{x}'$ 不同，但如果缺乏其他额外信息，具有更多自由度 ($D_{\rm OF} = (S+1)\times N_v \times N_{\rm m}$) 的弱约束 4DVar 问题 [式 (6.2)] 仍然欠定。为了解决这一问题并降低计算成本，人们采用各种简化方法来确定弱约束 4DVar 方法的模式误差 (Shaw and Daescu,2017; Griffith and Nichols,2000)。然而，新的问题也随之而来。例如，如何准确量化反映模式误差协方差的相关参数变得异常困难或计算昂贵 (Shaw and Daescu,2017)。当最优化问题的自由度过大时，这种简化必不可少，只有引入额外的信息对优化问题 [式 (6.2)] 进一步约束才能完成求解。

鉴于弱约束 4DVar 应对模式误差时所涌现的新问题，我们不禁要问，强约束 4DVar 之前未被揭示的这一隐藏机制 (对初始与模式误差整体校正) 能否被进一步扩展应用？答案是肯定的。整体校正 4DVar 方法 (简称 i4DVar)(Tian et al.,2021) 就是将该策略进一步扩展，在代价函数中引入平均惩罚 (或校正) 项，依相等的时间间隔 τ(即将整个同化窗口再等分为若干个子窗口) 内校正 (初始 + 模式) 误差。与通常强约束 4DVar 方法只在同化窗口初始时刻添加分析增量不同，i4DVar 的平均修订/分析增量在每个子窗口起始时刻的状态变量上依次添加。它的待优化变量仍为 $\boldsymbol{x}'$ 且自由度依然是 $N_v \times N_{\rm m}$，与强约束 4DVar 相比，自由度没有任何变化。也就是说，i4DVar 采用平均校正/分析增量 $\boldsymbol{x}'$ 在选定的时间步上整体抑制初始误差与模式误差的演进。当然，$\boldsymbol{x}'$ 在同化窗口内是恒定不变的，不随流型变化。

6.1 整体校正 i4DVar

如上所述，传统强约束 4DVar 本质上是对初始误差和模式误差不加区分，通过放置在初始时刻的分析增量对其进行整体校正。这种策略在很大程度上都是有效的，而当模式误差很大时，这种策略或许会遭遇挑战，因为模式误差发生在同化窗口中的任意时刻，而并非仅在初始时刻，这就促使我们把强约束 4DVar 将初始误差和模型误差进行整体修正的策略扩展到同化窗口中的其他时刻 (等时间间隔 τ)，并提出了下面整体校正 4DVar 的代价函数：

$$J(\boldsymbol{x}') = \frac{1}{2}(\boldsymbol{x}')^{\mathrm{T}}\boldsymbol{B}^{-1}(\boldsymbol{x}') + \frac{1}{2}\sum_{k=0}^{S}\left[H_k\left(\boldsymbol{x}_k^*(\boldsymbol{x}')\right) - y_{\mathrm{o},k}\right]^{\mathrm{T}}\boldsymbol{R}_k^{-1}\left[H_k\left(\boldsymbol{x}_k^*(\boldsymbol{x}')\right) - \boldsymbol{y}_{\mathrm{o},k}\right] \tag{6.3}$$

其中，$\boldsymbol{x}' \in \Re^{n_{\mathrm{m}}}$ 为待优化变量，而 $\boldsymbol{x}_k^*(\boldsymbol{x}')$ 满足：

$$\boldsymbol{x}_k^*(\boldsymbol{x}') = \begin{cases} \boldsymbol{x}_k^* + \boldsymbol{x}' & k = t_0, t_0+\tau, \cdots, t_0 + \left(\frac{t_s - t_0}{\tau} - 1\right)\tau \\ M_{t_{k-1}\to t_k}(\boldsymbol{x}_{k-1}^*) & \text{其他时刻} \end{cases} \tag{6.4}$$

这里，$\boldsymbol{x}_{t_0}^* = \boldsymbol{x}_{\mathrm{b}}$，而整个同化窗口 $[t_0, t_s]$ 被划分为 $\frac{t_s-t_0}{\tau}$ 个子窗口，τ 是每个子同化窗口的长度，平均“积分”校正项 $\boldsymbol{x}'$ 依模式积分依次添加到 $t_0, t_0+\tau, \cdots, (\frac{t_s-t_0}{\tau}-1)\tau$ 时刻的状态变量上。注意到，假定式 (6.3) 和式 (6.4) 中的平均“积分”校正项是高斯分布的，其协方差矩阵 $\boldsymbol{B} \in \Re^{n_{\mathrm{m}}\times n_{\mathrm{m}}}$ 覆盖整个同化窗口。直观地说，其结构应与 s4DVar 的背景误差协方差矩阵非常相似，但标准偏差不同 (较小)。i4DVar 方法相当于将同化窗口分成几个子窗口，但所有子窗口共享一个共同的平均“积分”校正项 (因相较于强约束 4DVar 问题，其自由度并未增加)。此外，平均“积分”校正项只在整个同化窗口中以相同的时间间隔在选定时间步上添加，基本保持了预报模式的强约束性，保留了传统 4DVar 的竞争优势。另外，与强约束 4DVar 相比，i4DVar 优化实现的方式变化不大，只在优化过程中调用预报模式进行积分的方式上略有不同 (Tian et al.,2021)。具体来说，4DVar 只在初始时间添加校正项，而 i4DVar 则在选定的几个时间步添加校正项。实际上，一般的 s4DVar 其实可以看作是 i4DVar 的一个特例，只需设置：

$$\boldsymbol{x}_k^*(\boldsymbol{x}') = \begin{cases} \boldsymbol{x}_k^* + \boldsymbol{x}' & k = t_0 \\ M_{t_{k-1}\to t_k}(\boldsymbol{x}_{k-1}^*) & \text{其他时刻} \end{cases} \tag{6.5}$$

因此，用于求解强约束 4DVar 的无伴随依赖 NLS-4DVar 算法亦可平行应用到 i4DVar 的求解上，形成所谓的 NLS-i4DVar 算法。现统一给出 NLS-4DVar/i4DVar 的循环同化的拟程序 (以 $\mathrm{NLS_3}$-4DVar 为例)——Algorithm 34。

Algorithm 34: program NLS$_3$main

1 Prepare the initial $\boldsymbol{P}_x$

2 Prepare ρ_{m}

3 Prepare $\boldsymbol{x}_{\mathrm{b}}$ for the first assimilation window

4 **foreach** $l = 1, n_{\max}^{\mathrm{AD}}$ **do**

  `//` $n_{\max}^{\mathrm{AD}}$ `is the total assimilation times`

5 Prepare $\boldsymbol{y}_{\mathrm{o},k}, \boldsymbol{R}_k$ for the lth assimilation window $[t_0^l, t_S^l]$

6 Prepare ρ_{o}

7 $\beta_\rho^0 = 0$

8 Run the forecast model $M_{t_0 \to t_k}$ and call H_k to obtain $L_k(\boldsymbol{x}_{\mathrm{b}})$ and $\boldsymbol{y}'_{\mathrm{o},k}$

9 **foreach** $j = 1, N$ **do**

10   Run the forecast model (6.4/6.5) for i4DVar/4DVar with $\boldsymbol{x}_{\mathrm{b}}, \boldsymbol{x}'_j$ and call H_k repeatedly

11   $\boldsymbol{y}'_{k,j} = L_k(\boldsymbol{x}_k^*) - L_k(\boldsymbol{x}_{\mathrm{b}}) \to \boldsymbol{P}_{y,k}$

12 **end**

13 **foreach** $i = 1, i_{\max}$ **do**

   `//` $i_{\max}$ `is the maximum iteration number`

14   $\boldsymbol{x}' = (\boldsymbol{P}_x < e > \rho_{\mathrm{m}})\beta_\rho^{i-1}$

15   Run (6.4/6.5) for i4DVar/4DVar with $\boldsymbol{x}'$, and call H_k to obtain $L_k(\boldsymbol{x}_{\mathrm{a}}^{i-1})$ and $L'_k(\boldsymbol{x}')$

16   $\boldsymbol{y}_{\mathrm{a}}'^{,i-1} = L'_k(\boldsymbol{x}')$

17   **call** NLS$_3$-4DVarLoc$(\boldsymbol{P}_{y,k}, \boldsymbol{y}'_{\mathrm{o},k}, \boldsymbol{R}_k, \rho_{\mathrm{o}}, \boldsymbol{y}_{\mathrm{a}}'^{,i-1}, \beta_\rho^{i-1}, \Delta_\rho\beta_\rho^i)$

   `// Input:` $\boldsymbol{P}_{y,k}, \boldsymbol{y}'_{\mathrm{o},k}, \rho_{\mathrm{o}}, \boldsymbol{R}_k, \boldsymbol{y}_{\mathrm{a}}'^{,i-1}, \beta_\rho^{i-1}$ `| output:` $\Delta\beta_\rho^i$

18   $\beta_\rho^i = \beta_\rho^{i-1} + \Delta\beta_\rho^i$

19   $\beta_\rho^{i-1} = \beta_\rho^i$

20 **end**

21 $\boldsymbol{x}' = (\boldsymbol{P}_x < e > \rho_{\mathrm{m}})\,\beta_\rho^{i_{\max}}$

22 Run (6.4/6.5) for i4DVar/4DVar with $\boldsymbol{x}_{\mathrm{b}}, \boldsymbol{x}'$, respectively, from $\boldsymbol{x}_{\mathrm{b}}$ to obtain $\boldsymbol{x}_{t_S^l}$

23 $\boldsymbol{x}_{\mathrm{b}} = \boldsymbol{x}_{t_S^l}$

24 $\boldsymbol{P}_x = \boldsymbol{P}_x \boldsymbol{V}_2 \Phi^{\mathrm{T}}$

25 **end**

注：对于 i4DVar

$$\boldsymbol{x}_k^*(\boldsymbol{x}') = \begin{cases} \boldsymbol{x}_{k,j}^* + \boldsymbol{x}_j' & k = t_0, t_0+\tau, \cdots, t_0 + \left(\frac{t_s - t_0}{\tau} - 1\right)\tau \\ M_{t_{k-1}\to t_k}(\boldsymbol{x}_{k-1,j}^*) & \text{其他时刻} \end{cases} \tag{6.6}$$

而对于 4DVar，有

$$\boldsymbol{x}_k^*(\boldsymbol{x}') = \begin{cases} \boldsymbol{x}_{k,j}^* + \boldsymbol{x}_j' & k = t_0 \\ M_{t_{k-1}\to t_k}(\boldsymbol{x}_{k-1,j}^*) & \text{其他时刻} \end{cases} \tag{6.7}$$

6.2　从 i4DVar 到 i4DVar*

一旦校正项 (即 $\boldsymbol{x}_k'$) 随着子窗口的变化而 (依流型) 变化，其自由度就变成了 $D_{\text{OF}} = N_\tau \times N_v \times N_{\text{m}}[N_\tau = (t_S - t_0)/\tau]$。于是，我们好像绕了一个大圈又回到了原点。如上所述，为了使得弱约束 4DVar 可求解，需要进行简化 (类似于参数化方案的简化) 以降低 w4DVar 优化问题的自由度。那么我们能否既保留 i4DVar 对初始误差与模式误差进行整体修正，又实现 $\boldsymbol{x}_k'$ 的随流型变化，找到一种恰当平衡自由度与模式约束的新方法呢？我们开发了一种增强型整体校正 4DVar(i4DVar*) 方法，通过平衡自由度和模式约束、校正误差，以改进 4DVar 的分析和预测 (s4DVar、w4DVar、i4DVar 和 i4DVar* 方法之间的比较见表 6.1)。我们发现，现有的 4DVar 方法以不同的方式对自由度和模式约束进行平衡。为了攻克 w4DVar 自由度过大的难题，我们首次利用集合模拟对 i4DVar* 这一优化问题进行定义与求解。

表 6.1　s4DVar、w4DVar、i4DVar 与 i4DVar* 的对比

	自由度	模式约束	是否处理模式误差
s4DVar	$N_v \times N_{\text{m}}$	强约束	否 (本质上处理)
w4DVar	$(S+1) \times N_v \times N_{\text{m}}$	弱约束	是
i4DVar	$N_v \times N_{\text{m}}$	弱约束	是
i4DVar*	$N_\tau \times N_v \times N_{\text{m}}$	弱约束	是

受 i4DVar 方法 (Tian et al.,2021) 启发，增强型整体校正 4DVar(i4DVar*) 求解四维整体校正项 $\boldsymbol{x}' = \left[(\boldsymbol{x}_{t_0}')^{\text{T}}, \cdots, (\boldsymbol{x}_{t_{N_\tau}-1}')^{\text{T}}\right]^{\text{T}}$ 使之极小化以下的代价函数：

$$\begin{aligned} J(\boldsymbol{x}') = \frac{1}{2}(\boldsymbol{x}')^{\text{T}}\boldsymbol{Q}_{\text{b}}^{-1}(\boldsymbol{x}') + \frac{1}{2}\sum_{i=1}^{N_\tau}\Bigg\{ \sum_{k=t_{i-1}}^{t_i} \left[L_k'(\boldsymbol{x}_{t_{i-1}}') - \boldsymbol{y}_{\text{o},i-1}^{k\prime}\right]^{\text{T}} \\ \boldsymbol{R}_{i-1,k}^{-1}\left[L_k'(\boldsymbol{x}_{t_{i-1}}') - \boldsymbol{y}_{\text{o},i-1}^{k\prime}\right]\Bigg\} \end{aligned} \tag{6.8}$$

其中 $t_i = i \times \tau (i = 1, \cdots, N_\tau)$

$$L'_{k,i-1}(\boldsymbol{x}'_{t_{i-1}}) = L_{k,i-1}(\boldsymbol{x}_{\mathrm{b},i-1} + \boldsymbol{x}'_{t_{i-1}}) - L_{k,i-1}(\boldsymbol{x}_{\mathrm{b},i-1}) \tag{6.9}$$

$$\boldsymbol{y}^{k\prime}_{\mathrm{o},i-1} = \boldsymbol{y}^{k}_{\mathrm{o},i-1} - L_{k,i-1}(\boldsymbol{x}_{\mathrm{b},i-1}) \tag{6.10}$$

$$L_{k,i-1} = H_k M_{t_{i-1} \to t_k} \tag{6.11}$$

以及

$$\boldsymbol{x}_{k,i-1} = M_{t_{i-1} \to t_k}(\boldsymbol{x}_{\mathrm{b},i} + \boldsymbol{x}'_{t_{i-1}}), t_k \in [t_{i-1}, t_i] \tag{6.12}$$

其中，子窗口 $[t_{i-1}, t_i]$ 初始时刻的背景状态变量 $\boldsymbol{x}_{\mathrm{b},i-1}$ 定义为

$$\boldsymbol{x}_{\mathrm{b},i-1} = M_{t_{i-1} \to t_k}(\boldsymbol{x}_{\mathrm{b},0}) \tag{6.13}$$

$\boldsymbol{Q}_\mathrm{b} \in \Re^{(n_\mathrm{m} \times N_\tau) \times (n_\mathrm{m} \times N_\tau)}$，是整体误差协方差矩阵 (Tian et al.,2022)。

如采用基于伴随的方法 (Le Dimet and Talagrand,1986; Lewis and Derber,1985; Talagrand and Courtier,1987)，自由度太大，式 (6.8)~式 (6.13) 依然难以求解。为了克服这一困难，引入如下的集合模拟。

首先，准备同化窗口 $[t_0, t_S]$ 初始时刻的模式状态扰动集合 (MPs) $\boldsymbol{P}_{x,0} = \left(\boldsymbol{x}'_{0,1}, \cdots, \boldsymbol{x}'_{0,N}\right)$(Tian et al., 2018)。

其次，使用预报模式 $M_{t_0 \to t_k}(\cdot)$ 进行如下集合模拟：

$$\boldsymbol{x}_{i-1,j} = M_{t_0 \to t_{i-1}}(\boldsymbol{x}_{\mathrm{b},0} + \boldsymbol{x}'_{0,j}) \tag{6.14}$$

式中，$j = 1, \cdots, N$(N 是集合样本个数)。

再次，在每个定义子窗口 $[t_{i-1}, t_i]$ 初始时刻处的状态变量扰动集合 $\boldsymbol{P}_{x,i-1}$ 如下：

$$\boldsymbol{x}'_{i-1,j} = M_{t_0 \to t_{i-1}}(\boldsymbol{x}_{\mathrm{b},0} + \boldsymbol{x}'_{0,j}) - \boldsymbol{x}_{\mathrm{b},i-1} \tag{6.15}$$

$$\boldsymbol{P}_{x,i-1} = \left(\boldsymbol{x}'_{i-1,1}, \cdots, \boldsymbol{x}'_{i-1,N}\right) \tag{6.16}$$

以及

$$\boldsymbol{P}_x = \left(\boldsymbol{P}^{\mathrm{T}}_{x,0}, \boldsymbol{P}^{\mathrm{T}}_{x,1}, \cdots, \boldsymbol{P}^{\mathrm{T}}_{x,N_\tau-1}\right)^{\mathrm{T}} \tag{6.17}$$

最后，假设 $\boldsymbol{P}_x$ 撑起的线性空间 $\Omega(\boldsymbol{P}_x)$ 为 $\boldsymbol{x}'$ 的解空间。于是，四维整体校正向量 $\boldsymbol{x}'$ 可表征为 $\boldsymbol{P}_x$ 线性组合的形式。

$$\boldsymbol{x}' = \boldsymbol{P}_x \beta \tag{6.18}$$

整体背景误差协方差矩阵 $\boldsymbol{Q}_\mathrm{b}$ 亦可如下近似 (Tian et al.,2021)：

$$\boldsymbol{Q}_\mathrm{b} = \frac{(\boldsymbol{P}_x)(\boldsymbol{P}_x)^\mathrm{T}}{N-1} \tag{6.19}$$

注意：一方面，式 (6.9)~式 (6.11) 对具有多个自由度 ($N_\tau \times N_v \times N_\mathrm{m}$) 的 4DVar 优化问题施加了模式约束；另一方面，式 (6.12)~式 (6.17) 又产生了一个线性解空间。因此，式 (6.9)~式 (6.17) 使 i4DVar* 问题可解。

将式 (6.16)~式 (6.19) 代入式 (6.8)~式 (6.13)，由此式 (6.8) 转化为下面以 β 为控制变量的代价函数。

$$\begin{aligned} J(\boldsymbol{x}') =& (N-1)\beta\beta^\mathrm{T} \\ &+ \frac{1}{2}\sum_{i=1}^{N_\tau}\left\{\sum_{k=t_{i-1}}^{t_i}\left[L'_k(\boldsymbol{P}_x\beta) - \boldsymbol{y}^{k\prime}_{\mathrm{o},i-1}\right]^\mathrm{T}\boldsymbol{R}^{-1}_{i-1,k}\left[L'_k(\boldsymbol{P}_x\beta) - \boldsymbol{y}^{k\prime}_{\mathrm{o},i-1}\right]\right\} \\ \approx& (N-1)\beta\beta^\mathrm{T} \\ &+ \frac{1}{2}\sum_{i=1}^{N_\tau}\left\{\sum_{k=t_{i-1}}^{t_i}\left[\boldsymbol{P}^k_{y,i-1}\beta - \boldsymbol{y}^{k\prime}_{\mathrm{o},i-1}\right]^\mathrm{T}\boldsymbol{R}^{-1}_{i-1,k}\left[\boldsymbol{P}^k_{y,i-1}\beta - \boldsymbol{y}^{k\prime}_{\mathrm{o},i-1}\right]\right\} \end{aligned} \tag{6.20}$$

其中

$$\boldsymbol{P}^k_{y,i-1} = \left(\boldsymbol{y}^{k\prime}_{i-1,1}, \cdots, \boldsymbol{y}^{k\prime}_{i-1,N}\right) \tag{6.21}$$

$$\boldsymbol{y}^{k\prime}_{i-1,1} = L'_{k,i-1}(\boldsymbol{x}'_{i-1,j}) \tag{6.22}$$

同样地，经过一系列类似于 NLS-4DVar (Tian et al.,2018) 的数学变换后，代价函数式 (6.8) 也可以转化为非线性最小二乘法的形式，并通过高斯–牛顿迭代格式求解 (Tian et al.,2018)：

$$\begin{aligned} \beta^l =& \beta^{l-1} - \left[(N-1)\boldsymbol{I} + (\boldsymbol{P}_y)^\mathrm{T}\boldsymbol{R}^{-1}(\boldsymbol{P}_y)\right]^{-1} \\ &\times\left\{(\boldsymbol{P}_y)^\mathrm{T}\boldsymbol{R}^{-1}\left[L'(\boldsymbol{P}_x\beta^{l-1}) - \boldsymbol{y}'_\mathrm{o}\right] + (N-1)\beta^{l-1}\right\} \end{aligned} \tag{6.23}$$

其中，$l = 1, \cdots, l_\mathrm{max}$($l_\mathrm{max}$ 是最大的迭代次数)。

$$\boldsymbol{P}_y = \left(\left(\boldsymbol{P}^{t_0}_{y,0}\right)^\mathrm{T}, \cdots, \left(\boldsymbol{P}^{t_1}_{y,0}\right)^\mathrm{T}, \cdots, \left(\boldsymbol{P}^{t_{N_\tau-1}}_{y,N_\tau-1}\right)^\mathrm{T}, \cdots, \left(\boldsymbol{P}^{t_{N_\tau}}_{y,N_{\tau-1}}\right)^\mathrm{T}\right)^\mathrm{T} \tag{6.24}$$

$$\boldsymbol{y}'_\mathrm{o} = \left(\left(\boldsymbol{y}^{t'_0}_{\mathrm{o},0}\right)^\mathrm{T}, \cdots, \left(\boldsymbol{y}^{t'_1}_{\mathrm{o},0}\right)^\mathrm{T}, \cdots, \left(\boldsymbol{y}^{t'_{N_\tau-1}}_{\mathrm{o},N_\tau-1}\right)^\mathrm{T}, \cdots, \left(\boldsymbol{y}^{t'_{N_\tau}}_{\mathrm{o},N_{\tau-1}}\right)^\mathrm{T}\right)^\mathrm{T} \tag{6.25}$$

$$
\boldsymbol{R}=\begin{pmatrix}
\boldsymbol{R}_{0,t_0} & 0 & 0 & 0 & 0 & \cdots & 0 \\
0 & \ddots & 0 & 0 & 0 & \ddots & 0 \\
0 & 0 & \boldsymbol{R}_{0,t_1} & 0 & \ddots & \ddots & 0 \\
0 & 0 & 0 & \ddots & 0 & \ddots & 0 \\
0 & 0 & 0 & 0 & \boldsymbol{R}_{N_\tau,t_{N_\tau-1}} & \ddots & 0 \\
\vdots & \ddots & \ddots & \ddots & \ddots & \ddots & 0 \\
0 & \cdots & 0 & 0 & 0 & 0 & \boldsymbol{R}_{N_\tau,t_{N_\tau}}
\end{pmatrix} \tag{6.26}
$$

以及

$$
L'(\boldsymbol{x}')=\begin{pmatrix}
L'_{k,0}(\boldsymbol{x}'_{t_0}) \\
L'_{k,1}(\boldsymbol{x}'_{t_1}) \\
\vdots \\
L'_{k,N_\tau-1}(\boldsymbol{x}'_{t_{N_\tau-1}})
\end{pmatrix} \tag{6.27}
$$

为了过滤因有限集合数 N 而产生的虚假相关，我们按照 Tian 等 (2018) 以及第4章的方法对式 (6.23) 进行了局地化处理，得到：

$$
\begin{aligned}
\beta_\rho^l \; &=\beta_\rho^{l-1}+\left(\rho_y<e>\boldsymbol{P}_y^*\right)^{\mathrm{T}} \\
&\quad+\left(\rho_y<e>\boldsymbol{P}_y^{\#}\right)^{\mathrm{T}}\boldsymbol{R}^{-1}\left[\boldsymbol{y}'_{\mathrm{o}}-L'(\boldsymbol{x}'^{,l-1})\right]
\end{aligned} \tag{6.28}
$$

$$
\boldsymbol{x}'^{,l}=\left(\rho_x<e>\boldsymbol{P}_x\right)\beta_\rho^l=\left(\rho_x\circ\boldsymbol{P}_{x,1}^*,\cdots,\rho_x\circ\boldsymbol{P}_{x,N}^*\right) \tag{6.29}
$$

其中

$$
\boldsymbol{P}_y^*=-(N-1)\boldsymbol{P}_y\left[(\boldsymbol{P}y)^{\mathrm{T}}(\boldsymbol{P}y)\right]^{-1}\left[(N-1)\boldsymbol{I}_{N\times N}+(\boldsymbol{P}y)^{\mathrm{T}}\boldsymbol{R}^{-1}(\boldsymbol{P}y)\right]^{-1} \tag{6.30}
$$

$$
\boldsymbol{P}_y^{\#}=(\boldsymbol{P}_y)\left[(N-1)\boldsymbol{I}_{N\times N}+(\boldsymbol{P}y)^{\mathrm{T}}\boldsymbol{R}^{-1}(\boldsymbol{P}y)\right]^{-1} \tag{6.31}
$$

$\rho_x\in\Re^{n_{\mathrm{m}}\times r}$，$\rho_x\rho_x^{\mathrm{T}}=C\in\Re^{n_{\mathrm{m}}\times n_{\mathrm{m}}}$(局地化的相关细节可参见第4章)。

每次迭代中，每个子窗口 $[t_{i-1},t_i]$ 内的分段预报模式 [式 (6.12)] (而不是完整的预报模式) 用以更新所有子窗口内的模拟结果 (通过 $\boldsymbol{x}_{\mathrm{b},i-1}+\boldsymbol{x}'^{,l}_{t_{i-1}}$)。而采用这种分段预报模式形式非常易于并行。此外，与通常仅用于 4DVar 问题求解的集合方法不同 (Tian et al.,2018)，集合模拟首次被应用于 i4DVar* 这一优化问题的定义与求解。

i4DVar* 的集合模拟 [式 (6.14)] 与 NLS-4DVar(Tian et al.,2018) 完全相同。因此，可以在 NLS-i4DVar* 中使用“大数据”的样本组合方式，将总集合分为两

部分 (Tian and Zhang,2019a; 第 3 章)：一个预先准备好的 (历史) 大数据集合 (大小为 $N_{\rm h}$) 和一个“在线”小集合 (大小为 $N_{\rm o}$)。如第 3 章所述，这种大数据驱动的采样方案可以帮助提高 i4DVar* 中基于集合的背景误差协方差和复合切线性模式的精度，并显著降低计算成本。

现以大数据驱动的 $\mathrm{NLS_3}$-4DVar 为例，给出完整的 NLS-i4DVar 循环同化的拟程序——Algorithm 35。

Algorithm 35: program $\mathrm{NLS_3}$main

1 Prepare $\rho_{\rm m}$
2 Prepare $\boldsymbol{P}_{x\,\rm h}^{4D}$
3 Prepare the initial $\boldsymbol{P}_{x,\rm o}$
4 Prepare $\boldsymbol{x}_{\rm b}$ for the first assimilation window
5 **foreach** $l=1,n_{\max}^{AD}$ **do**
　　`//` $n_{\max}^{AD}$ `is the total assimilation times`
6 　Prepare $\boldsymbol{y}_{{\rm o},k},\boldsymbol{R}_k$ for the lth assimilation window $[t_0^l,t_S^l]$
7 　$\beta_\rho^0=0$
8 　Run the forecast model $M_{t_0\to t_k}$ and call H_k to obtain $L_k(\boldsymbol{x}_{\rm b})$ and $\boldsymbol{y}_{{\rm o},k}'$
9 　**foreach** $j=1,N_{\rm o}$ **do**
10 　　! Run the forecast model $M_{t_0\to t_k}$ and call H_k repeatedly
11 　　$\boldsymbol{y}_{k,j}'=L_k(\boldsymbol{x}_{\rm b}+\boldsymbol{x}_j')-L_k(\boldsymbol{x}_{\rm b})\to\boldsymbol{P}_{y,\rm o}^k$
12 　**end**
13 　**foreach** $j=1,N_{\rm h}$ **do**
14 　　Call H_k repeatedly
15 　　$\boldsymbol{y}_{k,j}'=H_k(\boldsymbol{x}_{{\rm h},j}^{t_k})-L_k(\boldsymbol{x}_{\rm b})\to\boldsymbol{P}_{y,\rm h}^k$
16 　**end**
17 　$\boldsymbol{P}_{y,\rm h}=\left((\boldsymbol{P}_{y,\rm h}^0)^{\rm T},\cdots,(\boldsymbol{P}_{y,\rm h}^S)^{\rm T}\right)^{\rm T}$
18 　$\boldsymbol{P}_{y,\rm o}=\left((\boldsymbol{P}_{y,\rm o}^0)^{\rm T},\cdots,(\boldsymbol{P}_{y,\rm o}^S)^{\rm T}\right)^{\rm T}$
19 　$\boldsymbol{P}_x=(\boldsymbol{P}_{x,\rm h},\boldsymbol{P}_{x,\rm o}),\boldsymbol{P}_y=(\boldsymbol{P}_{y,\rm h},\boldsymbol{P}_{y,\rm o})$
20 　Prepare $\rho_{\rm o}$
21 　**foreach** $i=1,i_{\max}$ **do**
　　　`//` $i_{\max}$ `is the maximum iteration number`
22 　　$\boldsymbol{x}_{t_{i-1}}'=\boldsymbol{P}_{x,i-1,\rho}\beta_\rho^{i-1}$
23 　　$\boldsymbol{x}_{k,i-1}=M_{t_{i-1}\to t_k}(\boldsymbol{x}_{b,i}+\boldsymbol{x}_{t_{i-1}}'),t_k\in[t_{i-1},t_i]$
24 　　call H_k to obtain $L_k(\boldsymbol{x}_{\rm a}^{i-1})$ and $L_k'(\boldsymbol{P}_{x,\rho}\beta_\rho^{i-1})$

```
25            y'_a^{,i-1} = L'_k(P_{x,ρ} β_ρ^{i-1})
26            call NLS_3-4DVarLoc(P_{y,k}, y'_{o,k}, R_k, ρ_o, y'_a^{,i-1}, β_ρ^{i-1}, Δ_ρ β_ρ^i)
              // Input: P_{y,k}, y'_{o,k}, ρ_o, R_k, y'_a^{,i-1}, β_ρ^{i-1} | output: Δβ_ρ^i
27            β_ρ^i = β_ρ^{i-1} + Δβ_ρ^i
28            β_ρ^{i-1} = β_ρ^i
29        end
30        x'_a = P_x β^i
31        x_b = x_b + x'_a
32        Run the forecast model (6.12) from x_b with x'_a to obtain x_{t_S^l}
33        x_b = x_{t_S^l}
34        P_x = P_x V_2 Φ^T
35        P_{x,o} = P_x(:, N_h + 1 : N_h + N_o)
36        x_{h,j}^{4D} = x_{h,j+N_o}^{4D}, j = 1, ··· , N_h − N_o
37        x_{h,j+N_h−N_o}^{4D} = x_{h,j}^{4D}, j = 1, ··· , N_o
38 end
```

6.3 数值验证试验

本节采用二维浅水波方程作为预报模式开展评估试验 [详见第3章数值试验部分以及 Tian 等 (2018)]。模拟区域为 45×45 的正方形 (均匀网格长度为 $d = 300\text{km}$)，模式状态变量由所有模式格点上的 u、v 风速与高度 h 组成，时间步长选择 360 s(6min)。“真实场”与“背景场”利用该预报模式，采用不同的参数 (也就是 $h_0 = 250, 0\text{m}$) 从同一初始场开始连续积分 60h 获得，两者所采用的 h_0 参数大不同，造成“真实场”与“背景场”差异明显，体现在空间均方根误差上，分别为 23.4m(h)、1.53m/s(u) 和 2.58m/s(v)。

窗口的长度为 12h，每隔 3h(即在每个同化窗口的 3h、6h、9h 和 12h 处) 进行一次“观测”。每个模式网格内均有一个随机分布的观测点，即总共有 44×44 个观测点。“观测值”通过在观测点处的“真实”值 (通过简单的双线性插值法得到，即观测算子为双线性插值算子) 上添加随机白噪声产生。

我们将传统强约束 4DVar、整体校正 i4DVar 及 i4DVar* 均应用于该试验加以评估、对比，三者都采用基于集合模拟的非线性最小二乘算法，即实际对比、评估的是 NLS-4DVar、NLS-i4DVar 与 NLS-i4DVar* 这三种算法。值得注意的是，NLS-i4DVar* 采用大数据驱动的样本组合方式，总的样本由一个较小的“在线”集合 ($N_o = 20$) 和一个历史“大数据”集合 ($N_h = 40$) 组合而成。这三种方法

(4DVar、i4DVar 与 i4DVar*) 均在采取 $h_0 = 250\text{m}$ 参数设置的二维浅水波方程框架下表现完美，产生的均方根误差都很小 [图6.1(a) 和图6.1(b)]：如此参数设置下，预报模式是完美的，不存在任何模式误差，其预报误差的唯一来源只有初始误差。本章所提出的 i4DVar* 方法明显优于另外两种方法，其均方根误差最小；当 i4DVar 和 4DVar 集合样本个数相等的时候 ($N = 60$)，两者表现几乎相当，优缺点几乎一致，表现在它们的误差曲线也几乎吻合：但认真检查它们的误差曲线会发现，i4DVar 在高度“h”/风速“wind”指标上分别稍微优/逊于 4DVar。值得注意的是，i4DVar* 采用了大数据驱动的样本组合方案 (Tian and Zhang,2019a)，所使用的“在线”集合规模较小 ($N_{\text{o}} = 20$)[图6.1(a) 和图6.1(b)]。这说明，与使用较大的“在线”集合规模 ($N_{\text{o}} = 60$，代表使用了较大的计算资源) 的 i4DVar 和 4DVar 相比，i4DVar* 使用相对较小的“在线”集合 (代表着使用较小的计算资源) 反而取得了更优的性能 [图6.1(a) 和图6.1(b)]。

4DVar 分析增量 $\boldsymbol{x}'$ 的空间分布 [图 6.2(a)] 几乎完美地复现了“真实”初始扰动 $\boldsymbol{x}'_t(0h) = \boldsymbol{x}_t(t_0) - \boldsymbol{x}_{\text{b}}$(下标 t 表示真实状态) 的空间结构 [图6.2(d)]，这显然与强约束 4DVar 中所公认的“完美模式”假设的理论相符合。i4DVar 所产生的平均校正项 $\boldsymbol{x}'$ 的空间模态分布 [图6.2(b)] 与真实扰动 $\boldsymbol{x}'_t(0h)$ 的空间模态也极其相似，但振幅要比 4DVar 小很多，这当然是因为 4DVar 的分析增量/校正项 $\boldsymbol{x}'$ 是一次性添加到 t_0 时刻状态变量 $\boldsymbol{x}_{\text{b}}$ 之上，而前者 (i4DVar) 则是在选定的几个 ($= N_\tau$) 时间步上随着模式的向前积分顺序添加，这大体上解释了两者在振幅上的差异 ($\sim N_\tau = 12$)。

与 4DVar 的分析增量 $\boldsymbol{x}'$ 相比，i4DVar* 在 t_0 时刻的分析增量 (校正项)$\boldsymbol{x}'(0h)$ 的空间分布与该时刻真实扰动 $\boldsymbol{x}'_t(0h)$ 更为相似 [图6.2(a)、图6.2(c)、图6.2(d)]。原因很简单，i4DVar* 产生的 $\boldsymbol{x}'_{t_{i-1}}(\boldsymbol{x}'_{t_0})$ 在每个子窗口 $[t_{i-1}, t_i]([t_0, t_0+\tau])$ 内的作用相当，与 4DVar 在整个同化窗 $[t_0, t_S]$ 内产生的 $\boldsymbol{x}'$ 作用也相似，但很显然，$[t_0, t_0+\tau]$ 的长度仅为 $\tau(= 10$ 个时间步)，远小于 $N_\tau * \tau(= t_S - t_0)$，因而它与真实扰动理应更相似。

在最通常不完美的模式 ($h_0 = 0\text{m}$) 设置下，4DVar 的劣势尤为明显。首先，其样本个数为 60 的表现要明显逊色于其个数为 120 的情况；而就算是它的集合规模增加到 120 时，4DVar 的性能依然要比 i4DVar 差很多 [图6.2(c)、图6.2(d)]。这当然在很大程度上是因为 4DVar 的分析增量只放置于 (初始) 分析时刻，而模式误差却不只发生在该时刻，亦出现于同化窗口内的任意时刻，一旦模式误差较大时，其性能势必变得很差。与此相反，i4DVar 在子窗口初始时刻依次校正的策略确实能够抑制模式误差的发展，这也解释了它为什么 (与 4DVar 相比) 能以较小的集合数表现更佳 [图6.2(c)、图6.2(d)]。此外，i4DVar 和 4DVar 的分析增量与真实扰动 $\boldsymbol{x}_t(0h)$[图6.2(d)、图6.2(e)、图6.2(f)] 有着很大的不同：很显然依据我们的分析，

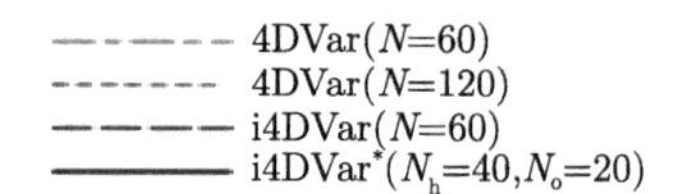

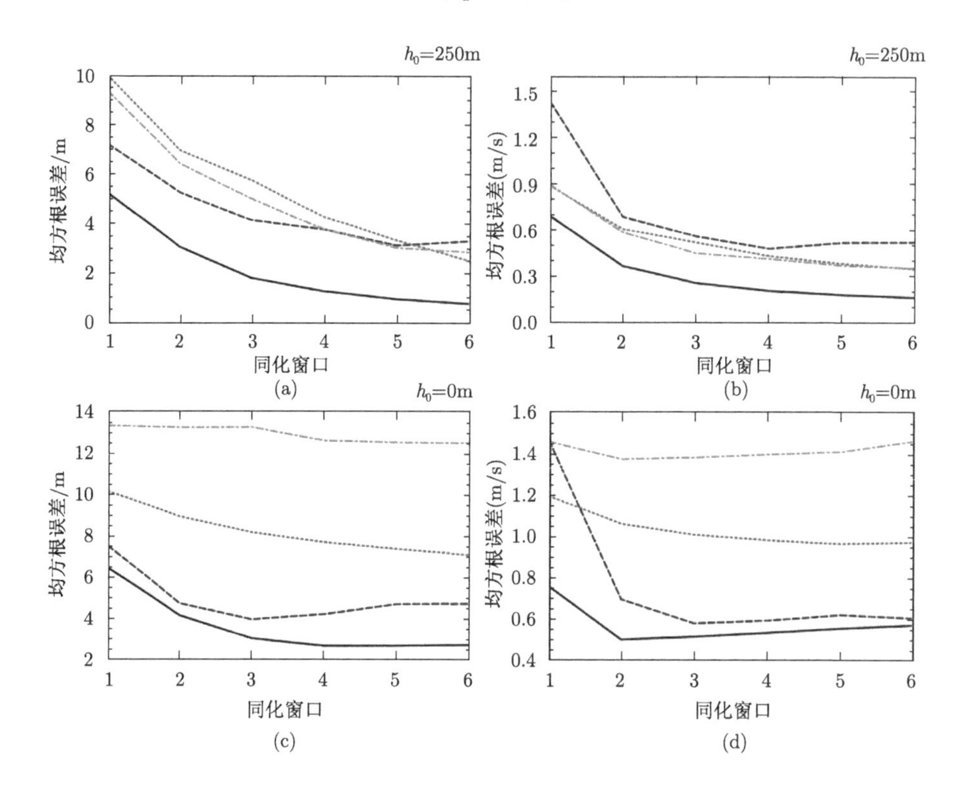

图 6.1 4DVar($N = 60, 120$；N 是集合个数)、i4DVar($N = 60$) 和 i4DVar*($N_{\mathrm{h}} = 40, N_{\mathrm{o}} = 20$) 的高度 (左列) 和风速 (右列) 时空平均的均方根误差的时间序列

(a)、(b) 为完美模式 ($h_0 = 250$m)，(c)、(d) 为不完美模式 ($h_0 = 0$m)

i4DVar 和 4DVar 的分析增量就是用以修正或抵消同化过程所有相关误差 (而非只是初始误差)；与 $h_0 = 250$m 的情况类似，i4DVar 分析增量在数值上的振幅也要小得多 [图6.2(f)]。与 i4DVar 相比，i4DVar* 方法在高度和风速两个变量上的均方根误差都要小得多 [图6.1(c)、图6.1(d)]。重要的是，i4DVar* 在 t_0 时产生的校正项 $\boldsymbol{x}_{0h}'$ 与 $\boldsymbol{x}_t(0h)'$[图6.2(d)、图6.2(g)] 非常相似。这是因为当 $[t_0, t_0+\tau]$ 的长度 τ 较短时，该子窗口的初始误差会占据主导，而 i4DVar* 产生的 $\boldsymbol{x}_{0h}'$ 就是不加区分地整体修正 $[t_0, t_0+\tau]$ 上的初始和模式误差 (此时以初始误差为主导)，这便促使 i4DVar* 的 $\boldsymbol{x}_{0\mathrm{h}}'$ 与 $\boldsymbol{x}_t(0h)'$ 非常相似 [图6.2(d)、图6.2(g)]；这一规律也适用于其他子窗口 $[t_{i-1}, t_i]$[图6.2(i)~图6.2(l)]。简言之，i4DVar* 方法将整个同化窗口划分为

N_τ 个小的子窗口，每个 i4DVar* 校正项 $\boldsymbol{x}'_{t_{i-1}}$ 都在相对较短的时间 τ 内同时处理时间间隔 τ 内的初始和模式误差，极大地增加了 $\boldsymbol{x}'_{i-1}$ 的流型变化性。

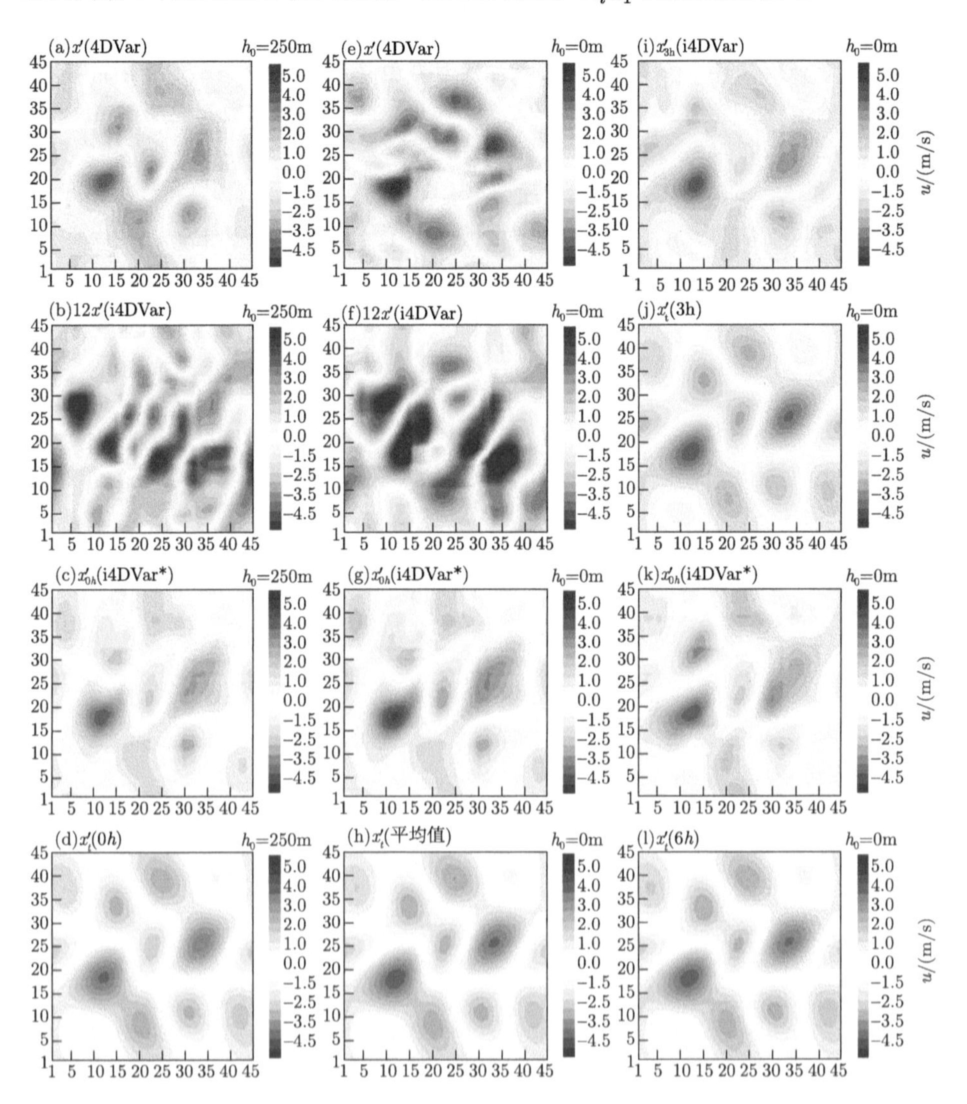

图 6.2　在完美模式 [(a)~(d)]($h_0 = 250$m)、不完美模式 [(e)~(h)]($h_0 = 0$m) 情况下，t_0 时刻来自 4DVar、i4DVar 和 i4DVar* 的校正项/增量 (水平速度分量 u) 和初始“真实”/平均扰动的空间分布；以及第一个同化窗口 [(i)~(l)]，分别来自 i4DVar* 和不完善模式 ($h_0 = 0$m) 情况下 3h 和 6h 的“真实”扰动

i4DVar* 还可以采用大数据驱动的样本组合方式 (第3章)，来处理现实模式需要大量“在线”样本集合所伴随的严重计算代价问题，以较低的计算成本提供卓越

的性能。另外，将分段预测模式 [式 (6.12)] 纳入 4DVar* 也易于并行编码、降低计算成本。例如，Tian 和 Zhang(2019a) 以及第3章所阐述，大数据驱动的采样方案类似于混合 4DVar 方法 (Clayton et al.,2013) 的策略，其中大数据历史集合样本类似于气候态集合样本 (产生气候态误差协方差矩阵 $\boldsymbol{B}_c$)；而“在线”集合则能够扑捉住状态变量的瞬时扰动/流型变化。或许正是因为当前大数据驱动的 4DVar* 方法 ($N_\mathrm{o}=20$ 和 $N_\mathrm{h}=40$) 能够包含类似于气候态的信息，与完全“在线”采样 ($N_\mathrm{o}=60$ 和 $N_\mathrm{h}=0$) 相比，其性能反而略有提升 (结果未展示)。当然，随着预报模式状态变量维数的变化，未来变化尚不明确，需要更深入的研究。

第 7 章　NLS-4DVar 的应用: 目标观测

通过数据同化，将大量观测数据纳入数值天气预报对于准确模拟、预报高影响天气事件越发重要 (Joly et al.,1997, 1999；Langland et al.,1999a, 1999b;Aberson, 2003；Wu et al.,2007；Aberson et al.,2011；Chou et al.,2011)。然而，获取足够密集、完全覆盖高影响天气事件广阔 (空间) 区域的观测资料成本过高 (Mu,2013)。为了解决这一难题，人们提出了有针对性 (或适应性的) 的观测策略，获取仅分布于敏感区域、数量有限但对预报结果影响重大的观测数据。这种对预报精度具有重大贡献的观测策略一般被称为“目标观测”。回顾一下，为了更好地预测未来某个验证时刻 t_v 的天气事件，目标观测的想法是于另外目标时刻 $t_{\mathrm{a}}(t_{\mathrm{a}} < t_v)$ 在特定的敏感区进行额外观测。这些附加观测数据进而“喂给”数据同化系统，以提供更可靠的初始状态，大幅降低验证时刻 t_v 的预报误差 (Majumdar,2016)。要实现这一想法，确定敏感区域是进行针对性观测的第一步，也是最重要的一步。

现有的确定观测敏感区域的目标观测方法可分为两类：第一类方法旨在捕捉对预测精度影响最大、最敏感的初始误差。根据这些方法，最敏感初始误差高度集中的区域被确定为敏感区域。这类方法包括准逆线性法 (Pu et al.,1997)、线性奇异向量法 (LSV)(Palmer et al.,1998)、灵敏度向量法 (Langland and Rohaly,1996)、集合灵敏度法 (Ancell and Hakim,2007) 以及条件非线性最优扰动 (CNOP) 方法 (Mu et al.,2003)。其中，CNOP 克服了 LSV 线性假设的局限性，将其扩展到非线性情形，取得了令人鼓舞的目标观测结果 (Mu et al.,2009)。第二类方法旨在 (利用同化系统) 通过同化所有可能观测区域的观测数据，直接降低预报的不确定性 (如 Bishop and Toth,1999；Bishop et al.,2001；Daescu and Navon,2004; Hossen et al.,2012)。通过计算并评估所有可能观测区域的预报误差方差的减小程度，将对同化结果修正最大的区域视为敏感区域。在第二类方法中，基于卡尔曼滤波器的集合方法因其实施简单、计算低廉而被广泛采用。然而，这些方法都基于线性假设开发而来，这也极大地限制了它们对一般非线性数值天气预报模式的适用性。

概言之，第一类方法只关注初始误差，没有考虑这些误差与观测数据之间的关系以及所使用的数据同化方法的影响；而第二类方法则没有特别考虑初始误差。将这两类方法结合起来，取长补短，是一个很自然的想法。事实上，人们已经开始意识到开发此类方法的必要性 (Mu et al.,2003)。本章的主要目的是尝试满足这一需求，填补此类空白。具体来说，本章提出了一种 CNOP-4DVar 混合方法，用于识别目标观测中的敏感区域。在这种混合方法中，首先计算验证时刻 t_v 的背景状态变量 $\boldsymbol{x}_{\mathrm{b}} \in \Re^{n_m}$ 的 CNOP $\boldsymbol{x}'_\delta \in \Re^{n_m}$(其中 n_m 是向量 $\boldsymbol{x}'_\delta$ 的维数，上标“′”表示扰动)，并利用 $\boldsymbol{x}_{\mathrm{b}} + \boldsymbol{x}'_\delta$ 作为偏离最大的“真实”初始场来初始化预报模式，获得最偏离的“真实”模式积分结果以及相应的可能观测数据；然后，再基于 4DVar 的方法 (Rabier et al.,2000)，利用在第一步中获得的可能观测数据来确定敏感区域。

由于 4DVar 和 CNOP 皆为非线性优化，因此所提出的混合方法最突出的优势是它既能处理线性模式，也能处理非线性模式。此外，这种 CNOP-4DVar 方法显然可以将目标观测的全部三个阶段 (即初始、目标和验证) 的所有误差都有机地整合到同一系统。另外，我们开发的这种混合方法还具有模块化特性，易于扩展。例如，可以用集合变换卡尔曼滤波法 (ETKF)(Bishop et al.,2001) 取代该方法中的 4DVar 部分，从而形成一种新的 CNOP-ETKF 混合方法，用于识别目标观测中的敏感区域。从定义中可以看出，本章提出的 CNOP-4DVar 混合方法包括两个非线性优化子问题，即 CNOP 和 4DVar 问题。解决这些子问题的默认方法是基于伴随的方法。然而，众所周知地开发和维护伴随模式的计算成本非常高昂；此外，当预报模式高度非线性和/或模式物理参数化过程涉及不连续参数时，往往难以获得其伴随模式 (Xu,1996)，要求使用伴随模式严重限制了此类非线性优化方法的广泛应用 (Tian et al.,2008,2010a, 2011, 2016, 2018；Tian and Feng,2015, 2017)。为了减轻对伴随模式的依赖性，最近针对 CNOP 和 4DVar 问题开发了几种基于集合的方法。其中，针对 CNOP 问题的基于非线性最小二乘 (NLS) 的带有惩罚策略的集合方法 NLS-CNOP(Tian et al.,2016; Tian and Feng,2017) 和针对 4DVar 问题的 NLS-4DVar 方法 (Tian et al.,2008, 2011, 2018; Tian and Feng,2015 以及本书第2～6章)，因其精度高、实现简单、无伴随依赖等诸多优势而表现出良好的前景和极强的竞争力。在本章开发的 CNOP-4DVar 混合方法中，这两种方法将用于求解 CNOP 和 4DVar 子问题。

本章接下来的内容安排如下：7.1节重点介绍在目标观测中用于识别敏感区域的 CNOP-4DVar 混合方法。从数学上讲，这是一个双重约束的最优化问题。7.2节介绍基于集合的 NLS(无伴随依赖) 求解器/算法，用于求解 CNOP-4DVar 混合方案中的 CNOP 和 4DVar 子问题；它们共同形成了 CNOP-4DVar 混合方法，用于解决敏感区域识别问题。7.3节基于浅水波方程模型的 10000 次观测系统模拟试验 (OSSE)，对提出的 CNOP-4DVar 方法进行了全面的性能评估，并与 CNOP 和 CNOP-ETKF 方法进行了比较。

7.1　敏感区域识别的 CNOP-4DVar 混合方法

通常的目标 (或自适应) 观测策略是要在敏感区域获取数量有限的观测数据，而这些区域恰是最敏感的初始误差高度集中的地方。它的主要想法是在未来目标时刻 $t_{\rm a}(t_{\rm a} < t_v)$ 对敏感区域进行额外观测。在针对敏感区域识别问题提出 CNOP-4DVar 混合方法时，首先，应用这一思想，通过最大化以下代价函数来计算验证时刻 t_v 的背景状态变量 $\boldsymbol{x}_{\rm b}$ 的 CNOP $\boldsymbol{x}'_\delta$:

$$J(\boldsymbol{x}'_\delta) = \max_{||\boldsymbol{x}'|| \leqslant \delta} ||M_{t_0 \to t_v}(\boldsymbol{x}_{\rm b} + \boldsymbol{x}') - M_{t_0 \to t_v}(\boldsymbol{x}_{\rm b})|| \tag{7.1}$$

式中，$M_{t_0\to t_v}$ 为从 t_0 到 t_v 的非线性预报模式；$\boldsymbol{x}'$ 为叠加在 $\boldsymbol{x}_{\rm b}$ 上的初始扰动 (IP) 且满足 $||\boldsymbol{x}'|| \leqslant \delta$，$||\cdot||$ 为给定的范数，δ 为一个正常数 (Mu et al.,2003)。Qin 和 Mu(2011) 介绍了如何在实际数值模式中恰当地选择 δ 并对多元变量进行适当缩放。Mu 等 (2003) 证明，由于高影响天气的动力和物理机制，CNOP $\boldsymbol{x}'_\delta$ 的增长速度快于任何其他类型的扰动 (包括真实状态和背景状态之间的扰动)。

其次，定义 $\boldsymbol{x}_{\rm b} + \boldsymbol{x}'_\delta$ 为偏差最大的“真实”初始场，并以此启动预报模式 $\boldsymbol{x}_t = M_{t_0\to t_{\rm a}}(\boldsymbol{x}_{\rm b} + \boldsymbol{x}'_\delta)$ 进行积分，针对所有可能的观测区域 $\Omega_i(i = 1,\cdots,n_s)$(其中 n_s 是所有可能的观测区域 Ω_i 的总数)，在 (单个或者多个) 目标观测时刻 $t_{\rm a}$ 产生相应的观测向量 $\boldsymbol{y}^{\delta,i}_{{\rm obs},k} \in \Re^{m_{y,k}}$。

再次, 通过以下 4DVar 代价函数同化来自第 i 个可能观测区域 Ω_i 的观测向量 $\boldsymbol{y}^{\delta,i}_{{\rm obs},k}$,

$$\begin{aligned} E(\boldsymbol{x}') =& \frac{1}{2}(\boldsymbol{x}')^{\rm T}\boldsymbol{B}^{-1}(\boldsymbol{x}') \\ &+ \frac{1}{2}\sum_{k=0}^{S}\left[H_k M_{t_0\to t_k}(\boldsymbol{x}_{\rm b} + \boldsymbol{x}') - \boldsymbol{y}^{\delta,i}_{{\rm obs},k}\right]^{\rm T} \\ &\boldsymbol{R}_k^{-1}\left[H_k M_{t_0\to t_k}(\boldsymbol{x}_{\rm b} + \boldsymbol{x}') - \boldsymbol{y}^{\delta,i}_{{\rm obs},k}\right] \end{aligned} \tag{7.2}$$

从而得到其对应的分析增量 $\boldsymbol{x}^{\delta\prime}_{a,i}$(其中上标 δ 表示对应着 $\boldsymbol{x}'_\delta$)。这里 $\boldsymbol{x}'$ 表示 t_0 时刻背景场 $\boldsymbol{x}_{\rm b}$ 的扰动；上标“T”表示矩阵转置操作；t_k 表示目标时刻；$m_{y,k}$ 为观测向量 $\boldsymbol{y}^{\delta,i}_{{\rm obs},k}$ 的维数，b 为背景值；$S+1$ 为同化窗口中目标观测时间层的总数；H_k 为观测算子；矩阵 $\boldsymbol{B}$ 和 $\boldsymbol{R}_k$ 分别为背景和观测误差协方差矩阵。

最后，利用所有的分析增量 $\boldsymbol{x}^{\delta\prime}_{a,i}$ 计算分析增量指数 $\mu_i(\mu_i \triangleq \frac{||\boldsymbol{x}^{\delta\prime}_{a,i}||}{\max_{\Omega_i}||\boldsymbol{x}^{\delta\prime}_{a,i}||}$, $0 \leqslant \mu_i \leqslant 1)$，并对所有可能的观测区域进行排序，由此确定出目标观测敏感区域。

7.2 CNOP-4DVar 策略的集合非线性最小二乘算法

上述针对敏感区域识别问题提出的 CNOP-4DVar 方案包含两个优化子问题，必须对这两个问题进行数值求解才能实施该方案。如果采用基于伴随的方法，解决以上两个最优化问题的计算代价可能会非常昂贵。为了规避这一困难，特使用 Tian 和 Feng(2015,2017) 以及 Tian 等 (2016) 开发的集合非线性最小二乘方法来求解这些优化子问题。

具体来说，我们提出了以下四步算法来完成基于 CNOP-4DVar 方法的集合预报系统的敏感区域识别问题。

步骤 1：使用 NLS-CNOP 方法求解 CNOP 问题。首先用下列无约束最优化问题 (UOPs，通过小的正参数 ϵ 进行参数化) 对 (有约束的)CNOP 问题 [式 (7.1)] 进行近似，这一序列 UOPs 采用一种新颖的惩罚策略 (Tian and Feng,2017) 来实现：

$$J_\epsilon(\boldsymbol{x}'_*) = \min J_\epsilon(\boldsymbol{x}') \tag{7.3}$$

其中

$$\boldsymbol{y}' = M_{t_0\to t_v}(\boldsymbol{x}_\mathrm{b} + \boldsymbol{x}') - M_{t_0\to t_v}(\boldsymbol{x}_\mathrm{b}) \tag{7.4}$$

$$J_\epsilon = \frac{1}{2}\left(\frac{1}{||\boldsymbol{y}'||^2}\cdot\frac{1}{||\boldsymbol{y}'||^2} + f_\delta\right) \tag{7.5}$$

$$f_\delta := \epsilon^{-1}\left(||\boldsymbol{x}'||^2 - \delta^2\right)^+ := \begin{cases} 0, & 0 \leqslant ||\boldsymbol{x}'|| \leqslant \delta \\ \epsilon^{-1}||\boldsymbol{x}'||^2, & ||\boldsymbol{x}'|| > \delta \end{cases} \tag{7.6}$$

式中，$\boldsymbol{y}' \in \Re^{n_m}$，而 $\boldsymbol{x}'_* \in \Re^{n_m}$ 表示为 UOPs[式 (7.3)] 的解。可以证明，对于足够小的 ϵ，UOPs[式 (7.3)] 的解 $\boldsymbol{x}'_*$ 的解逼近 CNOP 问题 [式 (7.1)] 的解 $\boldsymbol{x}'$。我们注意到，即使 CNOP 问题 [式 (7.1)] 有多个解，这个过程也能保证只找到一个解 (Tian and Feng,2017)，且最终解由用迭代法求解这一非线性优化问题的起始值决定。

按照通常的集合求解方法 (例如，Tian et al.,2016)，首先在 t_v 时刻准备好 N 个线性独立的初始扰动集合 ($\boldsymbol{x}'_j, j = 1,\cdots,N$) 及其相应的预测增量 ($\boldsymbol{y}' = M_{t_0\to t_v}(\boldsymbol{x}_\mathrm{b} + \boldsymbol{x}'_j) - M_{t_0\to t_v}(\boldsymbol{x}_\mathrm{b}), j = 1,\cdots,N$)。再假设任意初始扰动 $\boldsymbol{x}'$ 可由初始扰动集合 ($\boldsymbol{x}'_j, j = 1,\cdots,N$) 的线性组合来表示，即

$$\boldsymbol{x}' = \boldsymbol{P}_x\boldsymbol{v} \tag{7.7}$$

式中，$\boldsymbol{P}_x = (\boldsymbol{x}'_1,\cdots,\boldsymbol{x}'_N)$，而 $\boldsymbol{v}[= (v_1,\cdots,v_N)^\mathrm{T}]$ 是线性组合的系数。

将式 (7.7) 代入式 (7.3)，并将其转换为以 $\boldsymbol{v}$ 为控制变量的代价函数。

$$J_\epsilon(\boldsymbol{v}) = \frac{1}{2}Q(\boldsymbol{v})^{\mathrm{T}}Q(\boldsymbol{v}) \tag{7.8}$$

其中

$$Q(\boldsymbol{v}) = \begin{pmatrix} \frac{1}{||\boldsymbol{y}'(\boldsymbol{P}_x\boldsymbol{v})||^2} \\ f_\delta^{1/2} \end{pmatrix} \tag{7.9}$$

以及

$$f_\delta^{1/2} := \begin{cases} 0, & 0 \leqslant ||\boldsymbol{P}_x\boldsymbol{v}|| \leqslant \delta \\ \frac{1}{\sqrt{\epsilon}}\boldsymbol{P}_x\boldsymbol{v}, & ||\boldsymbol{P}_x\boldsymbol{v}|| > \delta \end{cases} \tag{7.10}$$

由此，我们将 UOPs[式 (7.3)] 转化为上述非线性最小二乘的形式，并使用以下的高斯–牛顿迭代法求解 (要进行一些必要的操作以保证其稳健性)(Tian and Feng,2017)：

$$\begin{aligned} &\left[2\frac{1}{||\boldsymbol{y}'^{,l-1}||^2}\boldsymbol{P}_y^{\mathrm{T}}(\boldsymbol{y}'^{,l-1})(\boldsymbol{y}'^{,l-1})^{\mathrm{T}}\boldsymbol{P}_y + \upsilon\boldsymbol{I}\right]\Delta\boldsymbol{v}^l \\ &= \boldsymbol{P}_y^{\mathrm{T}}\boldsymbol{y}'^{,l-1}, 0 \leqslant ||\boldsymbol{P}_x\boldsymbol{v}^{l-1}|| \leqslant \delta \end{aligned} \tag{7.11}$$

以及

$$\begin{aligned} &\left[4\frac{\epsilon}{||\boldsymbol{y}'^{,l-1}||^8}\boldsymbol{P}_y^{\mathrm{T}}(\boldsymbol{y}'^{,l-1})(\boldsymbol{y}'^{,l-1})^{\mathrm{T}}\boldsymbol{P}_y + \boldsymbol{P}_x^{\mathrm{T}}\boldsymbol{P}_x + \upsilon\boldsymbol{I}\right]\Delta\boldsymbol{v}^l \\ &= 2\frac{\epsilon}{||\boldsymbol{y}'^{,l-1}||^6}\boldsymbol{P}_y^{\mathrm{T}}(\boldsymbol{y}'^{,l-1}) - \boldsymbol{P}_x^{\mathrm{T}}\boldsymbol{P}_x\boldsymbol{v}^{l-1}, ||\boldsymbol{P}_x\boldsymbol{v}^{l-1}|| > \delta \end{aligned} \tag{7.12}$$

式中，υ 为正的小数；$l = 1, \cdots, l_{\max}(l_{\max}$ 是最大迭代次数)；$\boldsymbol{P}_y = (\boldsymbol{y}'_1, \cdots, \boldsymbol{y}'_N)$；$\boldsymbol{I}$ 为 $N \times N$ 单位矩阵。

以上集合方法亦需要局部化过滤因采样不足而产生的虚假相关 (Houtekamer and Mitchell,2001)。局地化过程完成后 (相关细节参见第4章)，高斯–牛顿迭代 [式 (7.11) 和式 (7.12)] 可以重写为

$$\Delta\boldsymbol{v}_\rho^l = \left(\boldsymbol{P}_y^* < e > \rho_y\right)^{\mathrm{T}}\boldsymbol{y}'^{,l-1}, 0 \leqslant ||\boldsymbol{P}_{x,\rho}\boldsymbol{v}_\rho^{l-1}|| \leqslant \delta \tag{7.13}$$

以及

$$\begin{aligned} \Delta\boldsymbol{v}_\rho^l &= 2\frac{\epsilon}{||\boldsymbol{y}'^{l-1}||}\left(\boldsymbol{P}_y^{\#} < e > \rho_y\right)^{\mathrm{T}}\boldsymbol{y}'^{,l-1} - (\boldsymbol{P}_{x,\rho})^{\mathrm{T}}(\boldsymbol{P}_{x,\rho})\boldsymbol{v}^{l-1} \\ &= \boldsymbol{P}_{y,\rho}^{\mathrm{T}}\boldsymbol{y}'^{l-1}, ||\boldsymbol{P}_{x,\rho}\boldsymbol{v}_\rho^{l-1}|| > \delta \end{aligned} \tag{7.14}$$

其中

$$\boldsymbol{P}_y^* = \boldsymbol{P}_y\left[2\frac{1}{||\boldsymbol{y}'^{,l-1}||^2}\boldsymbol{P}_y^{\mathrm{T}}(y'^{,l-1})(\boldsymbol{y}'^{,l-1})^{\mathrm{T}}\boldsymbol{P}_y + \boldsymbol{v}\boldsymbol{I}\right]^{-1} \tag{7.15}$$

$$\boldsymbol{P}_y^{\#}=\boldsymbol{P}_y\left[4\frac{\varepsilon}{||\boldsymbol{y}'^{,l-1}||^8}\boldsymbol{P}_y^{\mathrm{T}}(y'^{,l-1})(\boldsymbol{y}'^{,l-1})^{\mathrm{T}}\boldsymbol{P}_y+\boldsymbol{P}_x^{\mathrm{T}}\boldsymbol{P}_x+v\boldsymbol{I}\right]^{-1} \tag{7.16}$$

$$\boldsymbol{P}_x^{*}=\boldsymbol{P}_x\left[4\frac{\varepsilon}{||\boldsymbol{y}'^{,l-1}||^8}\boldsymbol{P}_y^{T}(y'^{,l-1})(\boldsymbol{y}'^{,l-1})^{\mathrm{T}}\boldsymbol{P}_y+\boldsymbol{P}_x^{\mathrm{T}}\boldsymbol{P}_x+v\boldsymbol{I}\right]^{-1} \tag{7.17}$$

得到最优的 $\boldsymbol{v}_{\rho}^{l_{\max}}$，再依据 $\boldsymbol{x}'_{\delta}=\boldsymbol{P}_{x,\rho}\boldsymbol{v}_{\rho}^{l_{\max}}$ 求得 CNOP $\boldsymbol{x}'_{\delta}$。

步骤 2：积分预报模式 $\boldsymbol{x}_{t_\mathrm{a}}=M_{t_0\to t_\mathrm{a}}(\boldsymbol{x}_\mathrm{b}+\boldsymbol{x}'_{\delta})$ 得到目标时刻最大偏离的观测数据 $\boldsymbol{y}_{\mathrm{obs},k}^{\delta,i}$。

步骤 3：利用 NLS-4DVar 方法 (详见第2~第6章) 极小化代价函数式 (7.2) 得到其对应的分析增量 $\boldsymbol{x}_{a,i}^{\delta\prime}$。

步骤 4：利用 $\boldsymbol{x}_{a,i}^{\delta\prime}$ 计算可能观测区域 Ω_i 上分析增量指数 μ_i，并以 μ_i 的降序排列确定目标观测敏感区域。

7.3 数值验证试验

7.3.1 试验设计

本节依然采用基于如下浅水波方程模型 (Qiu et al.,2007) 的评估试验 (Tian and Feng,2019) 对新发展的 CNOP-4DVar 混合方法、CNOP 以及 CNOP-ETKF 三种目标观测方案进行评估：

$$\frac{\partial u}{\partial t}=-u\frac{\partial u}{\partial x}-v\frac{\partial u}{\partial y}+fv-g\frac{\partial u}{\partial x} \tag{7.18}$$

$$\frac{\partial v}{\partial t}=-u\frac{\partial u}{\partial x}-v\frac{\partial u}{\partial y}-u-g\frac{\partial u}{\partial x} \tag{7.19}$$

$$\frac{\partial h}{\partial t}=-u\frac{\partial(h-h_s)}{\partial x}-v\frac{\partial(h-h_s)}{\partial y}-(H+h-h_s)(\frac{\partial u}{\partial x}+\frac{\partial u}{\partial y}) \tag{7.20}$$

式中，$f=7.272\times10^{-5}\mathrm{s}^{-1}$，为科里奥利参数；$h_s=h_0\sin(4\pi x/L_x)[\sin(4\pi y/L_y)]^2$，为地形高度；$H=3000\mathrm{m}$，为基态深度；$h_0=250\mathrm{m}$ 和 $D=L_x=L_y=44d$，分别为模拟区域两边的长度 (其中 $d=\varDelta_x=\varDelta_y=300\mathrm{km}$ 是均匀网格长度)。模拟区域为正方形，每个坐标方向上有 45 个网格点，在 $x=0,L_x$ 和 $y=0,L_y$ 处施加周期性边界条件。选择Matsuno (1966)的空间上的二阶中心有限差分和时间上的两步后向差分方案进行离散，时间步长选择 360 s(6min)，用以确保计算的稳定性 (Qiu et al.,2007)。模型状态变量由格点上的 u、v 风速与高度 h 组成。

与 Tian 和 Xie(2012) 类似，从以下初始条件出发：

$$h=360[\sin(\frac{\pi y}{D})]^2+120\sin(\frac{2\pi x}{D})\sin(\frac{2\pi y}{D}) \tag{7.21}$$

$$u=-f^{-1}g\frac{\partial h}{\partial y},\ v=f^{-1}g\frac{\partial h}{\partial x}\ ,\ t=-60h \tag{7.22}$$

通过对不完美 ($h_0=0\text{m}$) 浅水波方程模型从 $t=-60\text{h}$ 开始持续积分 60h 来准备背景 (初始) 状态变量 $\boldsymbol{x}_\text{b}$。假设 h、u 和 v 变量场的空间平均均方根误差 (RMSE) 分别为 23.4m(h)、1.53m/s(u) 和 2.58m/s(v) (与采用完美参数设置 $h_0=250\text{m}$ 浅水波方程模型进行同样积分得到“真实”初始场相比)。验证时刻为 12h 处，目标观测时刻分别为 3h、6h 和 9h 处。此外，对于 CNOP 问题，定义 $\|\cdot\|=\sqrt{\sum\limits_{i,j=1}^{45}\left[(\frac{u_{i,j}}{u_\delta})^2+(\frac{v_{i,j}}{v_\delta})^2+(\frac{h_{i,j}}{h_\delta})^2\right]}$ 以及 $\delta=\sqrt{3}$。在这一阶段, 利用 NLS-CNOP 方法计算验证时刻 $t_v=12$ 小时处的背景状态 $\boldsymbol{x}_\text{b}$ 的 CNOP $\boldsymbol{x}'_\delta$，进而确定 CNOP 类型敏感区域；随后，在目标观测时刻 (即 $t_\text{a}=3\text{h},6\text{h},9\text{h}$)，通过 $\boldsymbol{x}_{t_\text{a}}=M_{t_0\to t_\text{a}}(\boldsymbol{x}_\text{b}+\boldsymbol{x}'_\delta)$ 来计算偏差最大的观测值 $\boldsymbol{y}^{\delta,i}_{\text{obs},k}$，其中 $M_{t_0\to t_\text{a}}$ 为 $h_0=250\text{m}$ 的浅水波方程。最后，分别采用 NLS-4DVar 与 ETKF 方法，利用在目标时刻获得的观测值 $\boldsymbol{y}^{\delta,i}_{\text{obs},k}$ 来确定所有可能观测区域 $\Omega_i(i=1,\cdots,n_s,n_s=45\times45)$ 中的敏感区域。

数值试验的第二部分涉及大量基于 NLS-4DVar 的 OSSE 试验，这些试验通过同化已确定敏感区域内的“人工”观测数据来完成。为此，首先从相同的初始场 [式 (7.21) 和式 (7.22)] 开始，以完美的参数设置 ($h_0=250\text{m}$)，对浅水波方程进行 60h 的积分，生成基本的“真实”状态变量 $\boldsymbol{x}_{\text{t},0}$; 随后，通过在基本“真实”状态变量 $\boldsymbol{x}_{\text{t},0}$ 上添加恒定范数限制的随机扰动 $\boldsymbol{x}'_{\text{t},s}(\|\boldsymbol{x}'_{\text{t},s}\|\leqslant\delta)$，生成 10000 组“真实”初始态 $\boldsymbol{x}_{\text{t},s}$(下标“$s$”表示第 s 个“真实”初始态，$s=1,2,\cdots,10000$)，即 $\boldsymbol{x}_{\text{t},s}=\boldsymbol{x}_{\text{t},0}+\boldsymbol{x}'_{\text{t},s}$。而模式在 3h、6h、9h 处“真实”场由“真实”初始 $\boldsymbol{x}_{\text{t},s}$ 经过 9h 积分产生。所有试验中的背景场 $\boldsymbol{x}_\text{b}$ 与前面保持一致。这三种方法 (CNOP、CNOP-4DVar 和 CNOP-ETKF) 在目标时刻 ($t_k=3\text{h},6\text{h},9\text{h}$) 所确定的敏感“人工”观测数据，分别是由对应时刻“真实”场添加随机噪声生成的。每个目标时刻 (3h、6h 和 9h) 观测数据 $m_{y,k}$ 的数量均为 225。此外，所有的数值试验均使用 NLS-4DVar 方法进行数据同化。三种集合方法 (NLS-CNOP、NLS-4DVar 和 ETKF) 的基本参数设置为集合大小 $N=90$ 和局地化半径 $d_{h,0}=d_{v,0}=10\times30\text{km}$ 等。

7.3.2 试验结果

图7.1对比了验证时刻 (12h) 处的 CNOP $\boldsymbol{u}'_\delta$ $[(\boldsymbol{u}'_\delta,\boldsymbol{v}'_\delta,\boldsymbol{h}'_\delta)=\boldsymbol{x}'_\delta]$ 的空间分布及其在目标观测时刻 ($t_k=3\text{h},6\text{h},9\text{h}$) 对应的模式扰动 $\boldsymbol{u}'_{t_k}$ $[(\boldsymbol{u}'_{t_k},\boldsymbol{v}'_{t_k},\boldsymbol{h}'_{t_k})=\boldsymbol{x}'_{t_k}$ 和 $\boldsymbol{x}'_{t_k}=M_{t_0\to t_k}(\boldsymbol{x}_\text{b}+x'_\delta)-M_{t_0\to t_k}(\boldsymbol{x}_\text{b})]$，发现误差聚集区域的中心位置随着模式积分不断发生变化。进一步地，我们还想检查一下 CNOP 所确定的 (初始时刻) 敏感区域与目标时刻处敏感区域是否完全吻合。结果发现，在所有的目标时刻，CNOP-

4DVar/ETKF 方法所确定的敏感区域都与 CNOP 方法有着显著的差异 (图7.1 和图7.2)。此外，在不同的目标时刻，CNOP-4DVar/ETKF 所确定的敏感区域也存在较大差异 [图 7.2(a)~图 7.2(e)]。而即使在相同的目标时刻，CNOP-4DVar 和 CNOP-ETKF 所确定的敏感区域也存在一定的差异，这自然是因为两种目标观测方案采用了不同的优化方法 (即 NLS-4DVar 与 ETKF) 对敏感区域进行识别的结果。

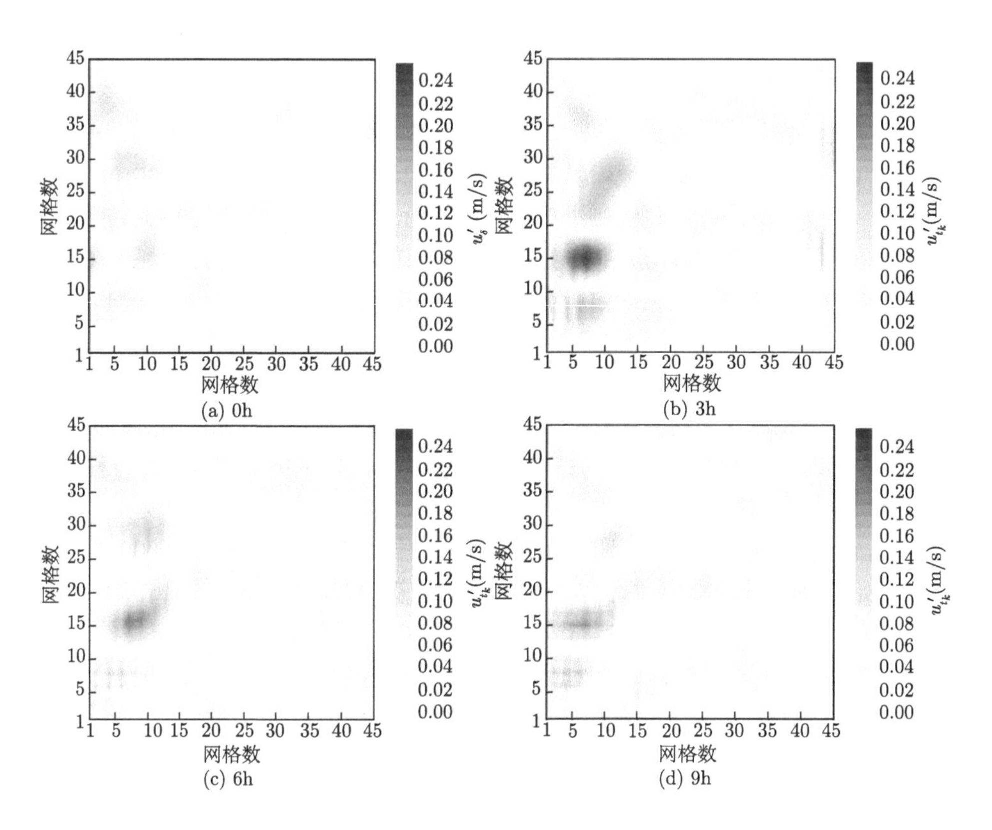

图 7.1 CNOP u'_δ(m/s)(a) 及其对应的 3h(b)、6h(c)、9h(d) 模式扰动 u'_{t_k}(m/s) 的空间分布

我们使用以下归一化均方根误差 (RMSE) 对三种方法的性能进行定量评估，其计算公式为

$$\boldsymbol{r}_{sn}=\sqrt{\sum_{i,j=1}^{45}\left[\left(\frac{u_{i,j}^{a(b)}-u_{i,j}^{t}}{u_\delta}\right)^2+\left(\frac{v_{i,j}^{a(b)}-v_{i,j}^{t}}{v_\delta}\right)^2+\left(\frac{h_{i,j}^{a(b)}-h_{i,j}^{t}}{h_\delta}\right)^2\right]}\tag{7.23}$$

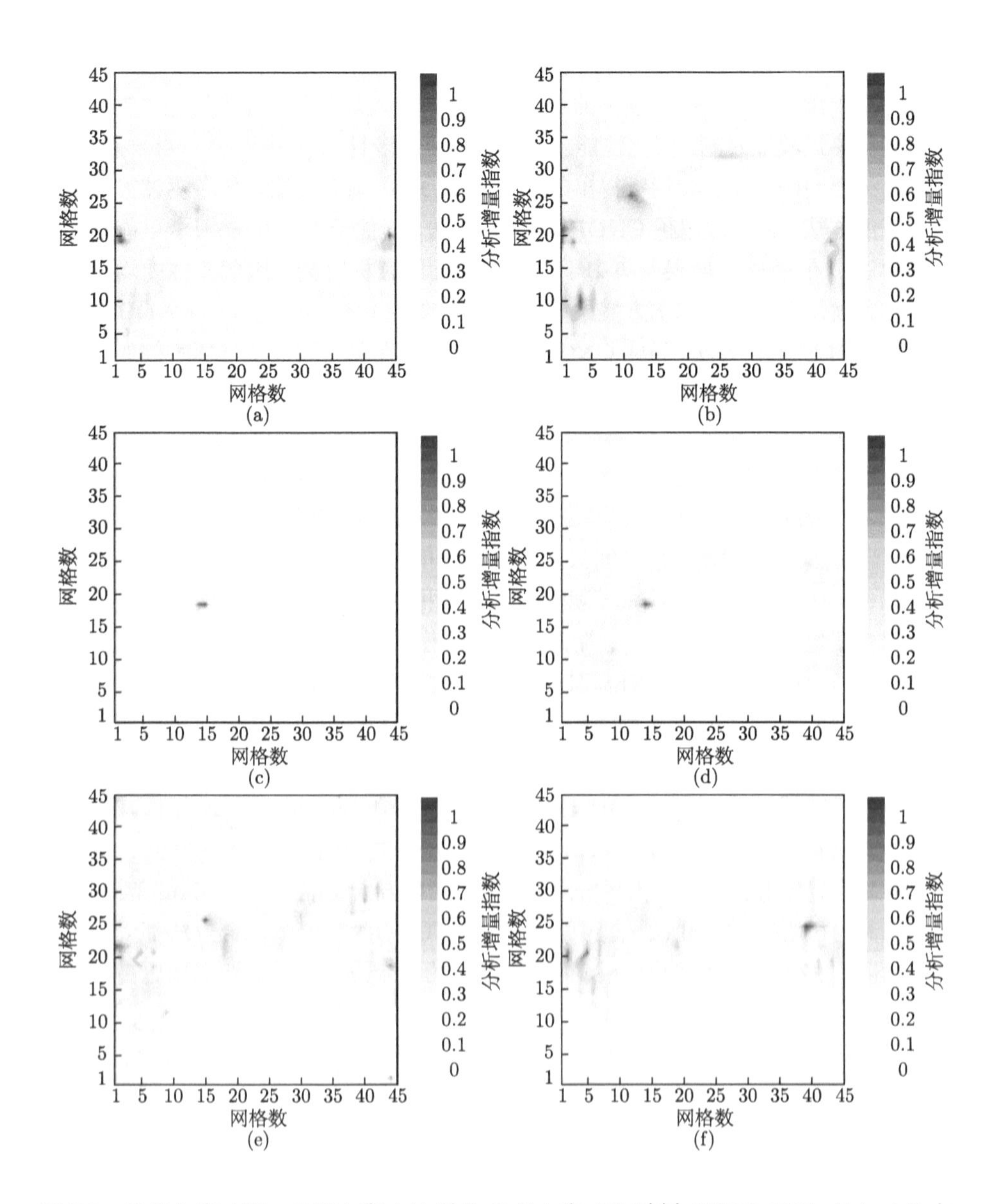

图 7.2　3h[(a) 和 (d)]、6h[(b) 和 (e)] 以及 9h[(c) 和 (f)] 时刻 CNOP-4DVar[(a)～(c)] 与 CNOP-ETKF[(d)～(f)] 型分析增量指数的空间分布

式中，上标“a”、“b”和“t”分别表示同化、背景和真实场。我们对比了利用 NLS-4DVar 分别同化三种方法 (CNOP、CNOP-4DVar 和 CNOP-ETKF) 所确定敏感区内观测数据得到的分析场的均方根误差。同化方式包括单独同化单一目标观测时间 (t_0=3h、6h 或 9h) 以及同时同化所有目标观测时刻 (t_k=3h、6h 和 9h) 的敏

感区内的观测数据。结果表明，在总共 10000 次试验中，这三种方法的总体均方根误差均小于源于背景模拟、预报的均方根误差，令人满意。总体来说，如果目标观测时刻更靠近验证时刻，同化性能就会更好；使用多目标时刻比使用单目标时刻产生的结果要精确得多。我们所提出的 CNOP-4DVar 混合方法是所有测试方法中性能最好的方法，它略微超越 CNOP-ETKF 方法，远优于 CNOP 方法。可能是由于 CNOP 方法的敏感区域误差集中于初始时刻而非目标时刻，因此其性能均不如其他两种方案。CNOP-4DVar 方案中的 4DVar 非线性优化特性远优于 CNOP-ETKF 方法采用的 ETKF 方法，导致 CNOP-4DVar 方法在单个和三个目标时刻的均方根误差均小于 CNOP-ETKF 方法 (图7.3)。在 CNOP-4DVar 方法的步骤 3 中，使用 NLS-4DVar 求解器的最大迭代次数 $l_{\max}$ 显然可能在很大程度上影响了计算精度和复杂性。为了确定迭代次数对 CNOP-4DVar 结果的影响，我们还评估了在 $l_{\max}$ =1,2,3 和 4 条件下目标时刻 $t_{\mathrm{a}}=9\mathrm{h}$ 的 CNOP-4DVar 确定的敏感区域。如图 7.4 所示，当 $l_{\max}>2$ 时，它们之间只观察到很小的差异。我们还比较了 $l_{\max}=2$ 和 3 时，CNOP-4DVar 确定的 $t_{\mathrm{a}}=9\mathrm{h}$ 观测值的均方根误差；图7.5显示，两种情况下它们的对比主要集中在对角线 $y=x$ 附近，这意味着它们总体上具有相似的性能，而且高斯–牛顿迭代法可以确保 NLS-4DVar 仅经过一到两次迭代就达到最小值，这也与我们之前的研究结论一致 (Tian and Feng,2015; Tian et al.,2018)。我们还通过在观测区域内选择 225 个稀疏网格点，将所提出的 CNOP-4DVar 方法与常用的稀疏观测策略进行了比较。在 CNOP-4DVar 观测策略中，我们按照 $||\boldsymbol{x}_{\mathrm{a}}^{\delta\prime}||$ 递减顺序排列的方式选择观测点 ($j=1,\cdots,m_{y,k}$)，且观测点之间间距 $\geqslant 3\times 300\mathrm{km}$。在稀疏观测策略中，观测点选在稀疏网格点上，每个坐标方向每隔 $3d=900\mathrm{km}$ 等距分布。不出所料，在所有 10000 次试验中，所提出的 CNOP-4DVar 混合方法都大大优于稀疏策略 (图7.6)。这些试验结果表明，所提出的混合方法确实能够实现更高的同化精度。

依据其目的是直接减少初始误差还是预测误差，现有的目标观测敏感区域识别方法一般可分为两类，这两类方法之间的联系很弱。本章所提出的 CNOP-4DVar 混合方法能够捕获最敏感的初始扰动，即在验证时引起最大扰动增长的初始扰动，并借助于 4DVar 进行同化，进而评估其同化效果以确定敏感区域，以消除 CNOP 所捕获的最敏感初始扰动。伴随法通常用于求解 CNOP 和 4DVar 非线性优化问题，但对于大规模非线性最优化问题来说，这种方法的计算成本太高。为了避免伴随法的局限性，我们采用了两种无伴随依赖的方法，即 NLS-CNOP 和 NLS-4DVar 方法，分别求解 CNOP 和 4DVar 优化子问题。通过比较 CNOP 和 CNOP-ETKF 方法在 10000 次基于浅水波方程的 OSSE 中所获得的结果，我们对所提出的 CNOP-4DVar 混合方法进行了全面的性能评估。结果表明，开发的 CNOP-4DVar 方法总体上优于 CNOP-ETKF 方法，且远优于 CNOP 方法。与

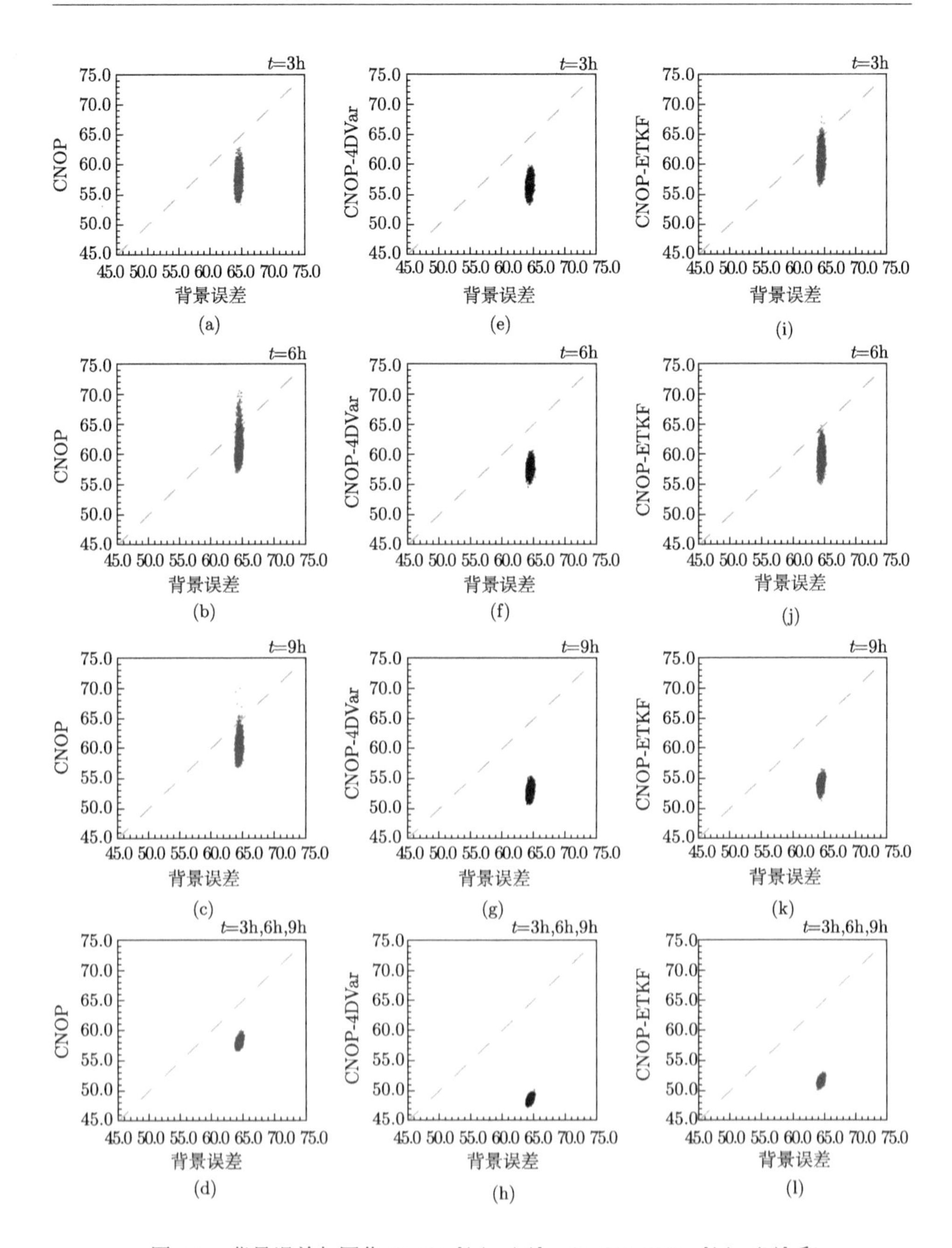

图 7.3　背景误差与同化 CNOP[(a)~(d)]、CNOP-4DVar[(e)~(h)] 和 CNOP-ETKF[(i)~(l)] 型目标观测资料 [在单个 (t_0=3h,6h,9h) 及三个目标观测时刻 (t_k = 3h, 6h, 9h)] 的 NLS-4DVar 同化分析误差的对比

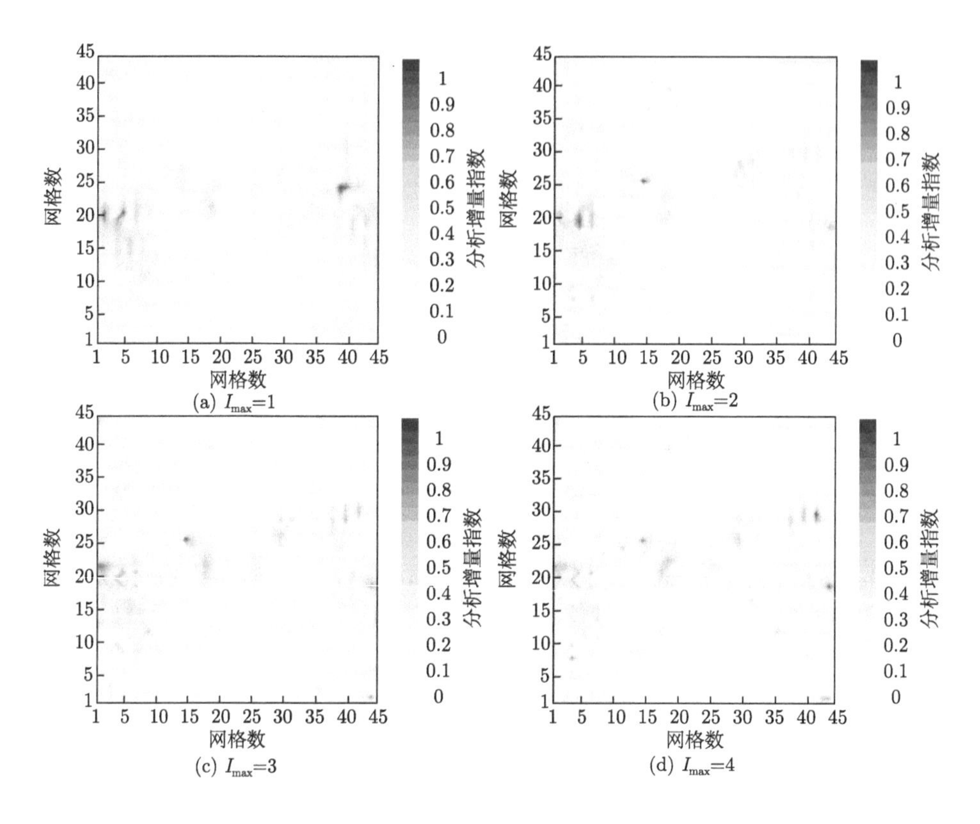

图 7.4 单时刻 ($t_0 = 9$h)CNOP-4DVar 目标观测型分析增量指数对于 $I_{\max}$ 的敏感性

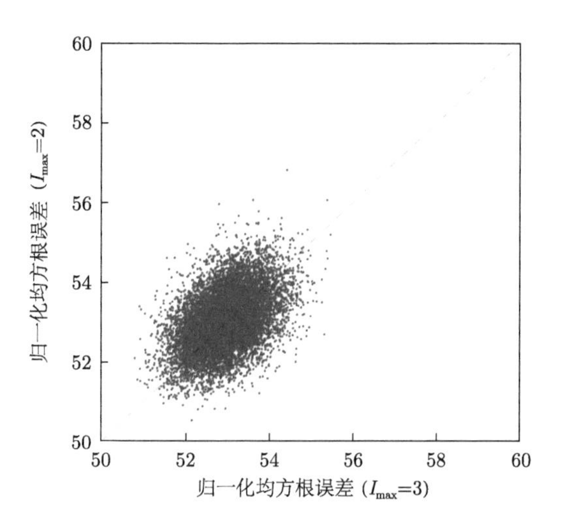

图 7.5 不同迭代次数 ($I_{\max} = 2, 3$) 下 NLS-4DVar 同化单时刻 ($t_0 = 9$h) CNOP-4DVar 型目标观测的分析误差对比

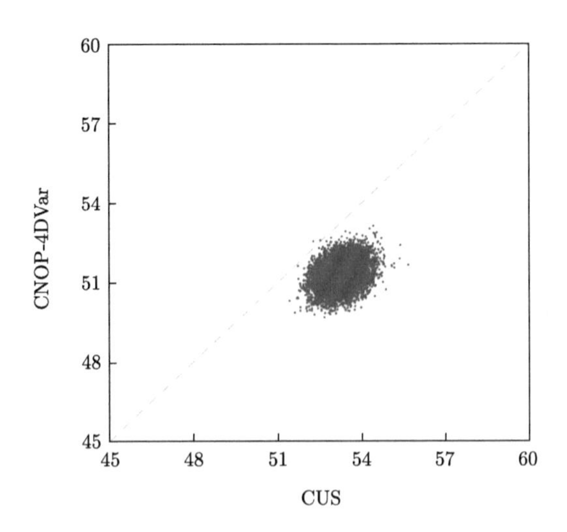

图 7.6 通常随机 (CUS) 与 CNOP-4DVar 目标观测方案下的 NLS-4DVar 分析误差对比

CNOP 方法相比，CNOP-4DVar 混合方法的另一个优势是能够在目标时刻精确定位敏感区域。我们的测试还表明，CNOP-4DVar 混合方法中使用的基于 4DVar 这种非线性优化方法优于 CNOP-ETKF 混合方法中使用的 ETKF 方法。CNOP-4DVar 混合方法的第 3 步要求在所有可能的观测区域使用 $l_{\max} \geqslant 2$ 的 NLS-4DVar 方法。不可否认，这个要求在计算上可能成本较高，尤其是在复杂现实的非线性天气和气候模式中。这个问题或可通过多网格迭代方案来克服和评估 (Zhang and Tian,2018b；第5章)，将在后面的工作中进行研究。

第 8 章　NLS-4DVar 的应用：SNAP 系统

8.1　数值天气预报数据同化

初始条件的准确性在很大程度上决定着数值天气预报的成败。数据同化系统利用最优化的理论与方法将越来越多的观测资料和数值模拟充分结合，提供精确的初始场，进一步改善数值天气预报 (Courtier et al.,1994；Evensen,1994；Rabier et al.,2000)。四维变分数据同化系统因具有三个突出的优点已被广泛应用于几大国际数值天气预报业务中心 (Lewis and Derber,1985; Courtier et al.,1994; Rabier et al.,2000; Gauthier et al.,2007)：①数值预报模式对同化问题提供强约束、确保物理分析的自洽一致性；②可同时吸纳多源、多时次观测数据；③采用 (简化) 预报模式的切线性模式在同化窗口内隐式进行背景误差协方差的发展演变，但在同化窗口首端仍采用静态的 $\boldsymbol{B}$ (Courtier et al.,1994; Lorenc,2003b)。在极小化 4DVar 代价函数的过程中，切线性和伴随模式通常不可或缺。然而，预报模式的伴随/切线性模式的编码、维护和更新极其困难，尤其是当预报模式为强非线性或者物理参数化过程包含不连续性时，情况尤为突出 (Xu,1996)。集合卡尔曼滤波 (EnKF) 数据同化系统 (Houtekamer and Mitchell,1998;Evensen,2009) 以其概念和实施简单，加之可以提供由集合估计、随流型变化的背景误差协方差 (Houtekamer and Mitchell,1998; Anderson,2001; Houtekamer and Mitchell,2001; Evensen,2009) 而越来越受到欢迎。值得注意的是，加拿大气象中心已在业务上应用了基于 EnKF 的集合预报系统 (Houtekamer et al.,2005)。然而，该系统顺序同化观测数据，缺乏像 4DVar 那种时间平稳性约束。由此，基于 4DVar 与 EnKF 的数据同化系统各有利弊，具有天然互补的可能。而实际上，很多工作 (Hamill and Snyder,2000; Lorenc,2003a) 也早已通过将 4DVar 与 EnKF 相结合、扬长避短，为推进数据同化的发展做出了巨大努力。相关文献大体分为两类：①混合四维变分同化方法 (Buehner et al.,2010a; Buehner et al.,2010b; Zhang and Zhang,2012; Clayton et al.,2013; Kuhl et al.,2013; Lorenc,2013) 的发展与应用，该类方法依然基于切线性模式与伴随模式的框架，但部分地引入集合估计随流型变化的背景误差协方差矩阵；②所谓 4DEnVar 方法 (Qiu et al.,2007; Tian et al.,2008,2011; Wang et al.,2010; Tian and Feng,2015) 的发展与应用，该类方法利用模式状态变量扰动与其对应的模拟观测扰动之间线性相关的假设近似切线性模式，避免了对切线性与伴随模式的依赖，大大简化了 4DVar 的实施。

集合非线性最小二乘四维变分同化 (NLS-4DVar)(Tian and Feng,2015; Tian et al.,2018)(第2～6章) 是一种优点突出的 4DEnVar 方法，它将 4DEnVar 的代价转化为非线性最小二乘问题，并采用高斯–牛顿迭代格式进行求解、处理预报模式与观测算子的强非线性。同样地，NLS-4DVar 也使用集合估计、随流型变化的背景误差协方差矩阵，并基于模型扰动与模拟观测扰动之间的线性假设摆脱了对切线性模式与伴随模式的依赖。值得一提的是，Zhang 和 Tian(2018a)(第4章) 开发了一种基于局地化相关矩阵高效分解的扩展局地化方案，极大地简化了局地化过程，大幅度提高了计算效率和同化精度，使得 NLS-4DVar 方法具备了业务应用的巨大潜力。此外，众所周知，多重网格技术是在不同尺度上解决线性和非线性问题、加速迭代的有效方法 (Briggs et al.,2000)，而将多重网格技术引入数据同化可以纠正不同网格尺度的误差 (Xie et al.,2011; Li et al.,2008; Zhang and Tian,2018b)。目前，多重网格 3DVar 得到了广泛应用，但多重网格方法在 EnKF 或 4DVar 方法上的应用却依然罕见。前者主要是因为多重网格 EnKF 需要不同分辨率下的集合模拟、计算成本较高；后者则主要是因为 4DVar 的求解对伴随模式与切线性模式过高的依赖性。因为多重网格 4DVar 自然也需要在不同的网格尺度上构建伴随模式与切线性模式，计算代价高且实施难度大。本书第 5 章以及 Zhang 和 Tian(2018b) 开发了一种有效的多重网格 NLS-4DVar 方法，该方法只需在最细网格上进行集合模拟，与标准 NLS-4DVar(Tian and Feng,2015, Tian et al.,2018)(第2～6章) 相比，其同化精度提高而计算成本反而降低。GSI (the gridpoint statistical interpolation，格点统计插值) 系统是美国国家环境预报中心 (National Centers for Environmental Prediction, NCEP) 将其基于谱空间的业务统计插值系统进一步发展、使插值过程在物理空间内直接进行，极易并行计算并有利于业务应用 (Wu et al.,2002; Kleist et al.,2009)。GSI 系统拥有出色、丰富的观测算子，可同时同化各种观测数据 (包括常规、雷达和卫星观测数据)(Benjamin et al.,2004; Skamarock and Klemp,2008; Zhu et al.,2013; Pan et al.,2014; Benjamin et al.,2016)。就观测算子而言，GSI 是全球最先进、最成熟的分析系统之一。目前，有 20 多种常规观测数据 (包括卫星反演) 和来自多颗卫星的卫星辐照度/亮度温度观测数据以及其他观测数据 (包括全球定位系统无线电掩星和雷达数据等) 可以利用该系统进行同化 (Hu et al.,2017)。

本章旨在介绍与评估多重网格 NLS-4DVar 数值天气预报数据同化系统 (system of multigrid nonlinear least-squares four-dimensional variational data assimilation for numerical weather prediction, SNAP) 的发展和应用。SNAP 系统主要采用多重网格 NLS-4DVar 及 GSI 数据处理与观测算子模块。由于采用了 GSI 数据处理与观测算子模块，SNAP 系统很自然地可以同化目前 GSI 业务系统所有可获取的观测数据。本章主要展示的是常规观测数据的同化，而对卫星与雷达数据同化感兴趣的读者可以参阅 Zhang 等 (2020b)、Zhang 和 Tian(2021)、Zhang 和 Tian(2022)。而在数值试验部分，我们主要通过设计个例试验和一周循环同化试验对 SNAP 系统进行了全面评估验证。

8.2 SNAP 系统

如前所述，SNAP 系统基于多重网格 NLS-4DVar 与 GSI 数据处理和观测算子模块构建，采用数值天气预报模式 WRF-ARW 作为预报算子，同化多源观测数据，提高数值预报精度。图8.1给出了 SNAP 系统的技术流程图。系统每 6h 运行一次同化操作，分析时间为同化窗口的起始时刻，WRF-ARW 用于分析与预报。SNAP 在三个网格尺度上操作，在某一特定网格尺度上，多个观测时刻 $t_k(k=0,\cdots,S)$ 的新息增量 $\boldsymbol{y}_k - H_k(\boldsymbol{x}_k)$ 经由将 WRF-ARW 模式模拟与观测数据输入到 GSI 数据处理与观测算子模块求得，最后再利用带有高效局地化方案的 NLS-4DVar 进行迭代求解，得到分析结果。值得注意的是，SNAP 同化分析直接在模式空间中进行，分析变量就是数值模式的状态变量。目前，分析变量主要包括水平风速 u/v、扰动势能温度 T、扰动气压 P 和水汽混合比 q，亦可根据具体的同化问题灵活地添加。

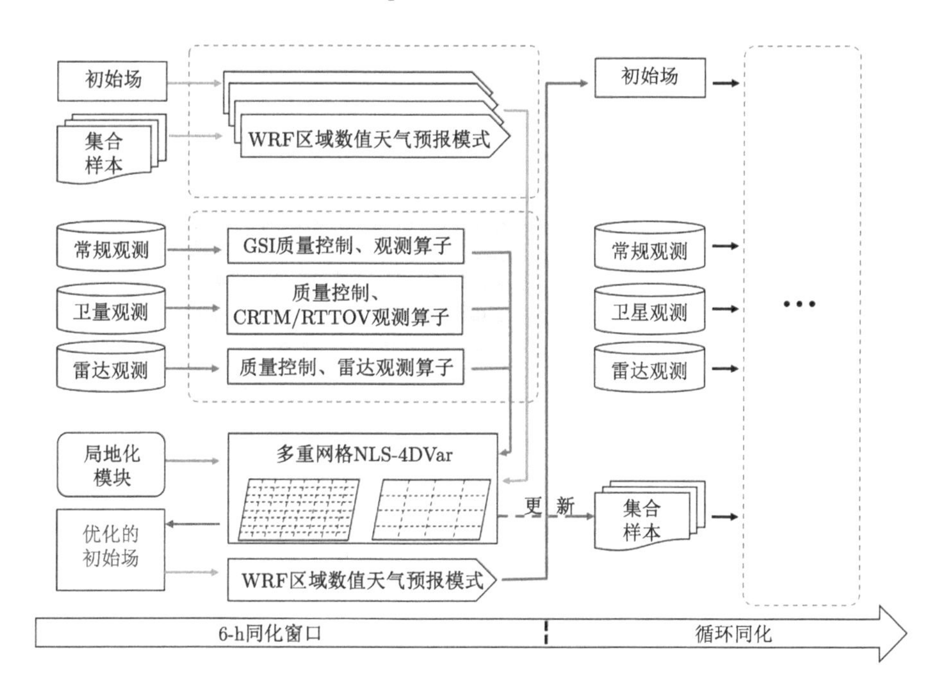

图 8.1 SNAP 系统技术流程图

8.2.1　多重网格 NLS-4DVar 及其局地化

SNAP 系统采用多重网格 NLS-4DVar 算法进行数据同化求得分析结果，更详细的介绍可以参考第 5 章以及 Zhang 和 Tian(2018b)。但为完整起见，这里也做一下简单的介绍：多网格 NLS-4DVar 的基本原理是从粗网格到细网格按顺序极小化第 i 层上的 4DVar 代价函数，以获得该网格尺度 (外迭代) 上的的分析增量 $\boldsymbol{x}_i'(i=1,\cdots,n$ 为网格尺度)；而在某个特定网格尺度上，采用 NLS-4DVar 方法进行迭代求解 (内迭代)。SNAP 系统采用三重网格，也就是 $n=3$。定义仅在最细网格上 (即 $n=1$) 进行同化分析，不采用多重网格的 SNAP 为 SNAP-S。需要注意的是，多重网格 NLS-4DVar 也可视为一种 NLS-4DVar 的多尺度迭代解决方案。在多重网格 NLS-4DVar 方案中，某一网格尺度上背景值由上一级网格的分析场更新而来 (一般通过插值)，这与传统 4DVar 所采用的通常迭代方案相同。在这种迭代方案中，第 i 个迭代步的初始值通过第 $i-1$ 个迭代步的分析场进行更新。

如第2~第6章所介绍的，NLS-4DVar 作为一种先进的 4DEnVar 方法，首先假定其最优的分析增量 $\boldsymbol{x}'=\boldsymbol{x}-\boldsymbol{x}_b(\boldsymbol{x}_b\in\Re^{n_m}$，$n_m$ 为状态变量的总维数) 可表征为初始样本扰动 $\boldsymbol{P}_x$ 线性组合的形式，也就是 $\boldsymbol{x}'=\boldsymbol{P}_x\beta$，$\boldsymbol{P}_x=(\boldsymbol{x}_1',\cdots,\boldsymbol{x}_N')$，$\beta=(\beta_1,\cdots,\beta_N)$，$\boldsymbol{x}_j'=\boldsymbol{x}_j-\boldsymbol{x}_b$，$\boldsymbol{x}_j(j=1,\cdots,N)$ 为第 j 个初始样本，背景误差协方差矩阵 $\boldsymbol{B}[=\boldsymbol{P}_x\boldsymbol{P}_x^{\mathrm{T}}/(N-1)]$ 由集合样本近似。将以上的假设代入 4DVar 的代价函数并采用高斯–牛顿方法 (Dennis and Schnabel,1996;Tian and Feng,2015) 进行迭代得到：

$$\begin{aligned}\beta^l=&\beta^{l-1}+\sum_{k=0}^{S}\left(\boldsymbol{P}_{y,k}^{*}\right)^{\mathrm{T}}L_k'\left(\boldsymbol{P}_x\beta^{l-1}\right)\\&+\sum_{k=0}^{S}\left(\boldsymbol{P}_{y,k}^{\#}\right)^{\mathrm{T}}\left[\boldsymbol{y}_{\mathrm{obs},k}'-L_k'\left(\boldsymbol{P}_x\beta^{l-1}\right)\right]\end{aligned}\tag{8.1}$$

其中

$$\left(\boldsymbol{P}_{y,k}^{*}\right)^{\mathrm{T}}=-(N-1)\left((N-1)\boldsymbol{I}+\sum_{k=0}^{S}\boldsymbol{P}_{y,k}^{\mathrm{T}}\boldsymbol{P}_{y,k}\right)^{-1}\left(\sum_{k=0}^{S}\boldsymbol{P}_{y,k}^{\mathrm{T}}\boldsymbol{P}_{y,k}\right)^{-1}\boldsymbol{P}_{y,k}^{\mathrm{T}}\tag{8.2}$$

$$\left(\boldsymbol{P}_{y,k}^{\#}\right)^{\mathrm{T}}=\left((N-1)\boldsymbol{I}+\sum_{k=0}^{S}\boldsymbol{P}_{y,k}^{\mathrm{T}}\boldsymbol{P}_{y,k}\right)^{-1}\boldsymbol{P}_{y,k}^{\mathrm{T}}\boldsymbol{R}_k^{-1}\tag{8.3}$$

式中，$\boldsymbol{P}_{y,k}=\left(\boldsymbol{y}_{1,k}',\cdots,\boldsymbol{y}_{N,k}'\right)$；$\boldsymbol{y}_{j,k}'=L_k'(\boldsymbol{x}_j')$；$\boldsymbol{R}_k$ 为观测误差协方差矩阵；$L_k'(\boldsymbol{x}')=L_k(\boldsymbol{x}_b+\boldsymbol{x}')-L_k(\boldsymbol{x}_b)$，$L_k=H_kM_{t_0\to t_k}(\cdot)$ 为非线性数值预报模式，此处为 WRF-ARW 模式，$\boldsymbol{y}_{\mathrm{obs},k}\in\Re^{m_{y,k}}$ 为 t_k 时刻的观测向量，$n_{y,k}(\sum n_{y,k}=n_o)$ 是 $y_{\mathrm{obs},k}$ 的维数，t_k 为观测时刻，$S+1$ 为总的观测时次，$l=1,\cdots,l_{\max}$ 为迭代

次数 ($l_{\max}$ 为最高迭代次数)。最优分析增量为

$$\boldsymbol{x}' = \boldsymbol{P}_x \beta^{l_{\max}} \tag{8.4}$$

依据 Zhang 和 Tian(2018b)，NLS-4DVar 仅需要 ~3 次迭代就可以达到的最小收敛标准，由于 SNAP 采用了多重网格技术且共有三个尺度组成，则每个尺度的最大迭代次数 $l_{\max} = 1$ 即可。当然，式 (8.1)~式 (8.4) 还没进行局地化处理。而根据之前的章节 (此处不再赘述)，很容易地给出其对应的局地化版本：

$$\begin{aligned}\beta_\rho^l =& \beta_\rho^{l-1} + \sum_{k=0}^{S} \left(\boldsymbol{P}_{y,k}^{*} < e > \rho_{\mathrm{o},k}\right)^{\mathrm{T}} L_k' \left(\boldsymbol{P}_{x,\rho}\beta_\rho^{l-1}\right) \\ &+ \sum_{k=0}^{S} \left(\boldsymbol{P}_{y,k}^{\#} < e > \rho_{\mathrm{o},k}\right)^{\mathrm{T}} \left[\boldsymbol{y}_{\mathrm{obs},k}' - L_k' \left(\boldsymbol{P}_{x,\rho}\beta_\rho^{l-1}\right)\right]\end{aligned} \tag{8.5}$$

以及

$$\boldsymbol{x}' = \boldsymbol{P}_{x,\rho} \beta_\rho^{l_{\max}} \tag{8.6}$$

8.2.2 初始样本生成与样本更新

初始样本的生成方式见第3章，此处不做过多的赘述。特别地，对于 SNAP 系统所采用的真实数值预报模式 WRF-ARW 而言，其状态变量包括水平风 u/v、扰动势能温度 T、扰动气压 P 和水汽混合比 q 等多个变量，为了减少计算代价及编码难度，以上的集合样本依照变量由 RSV 方法 (张洪芹, 2019) 逐个生成; 而其样本更新方式为第3章所介绍的保离散度更新方式。

8.2.3 系统评价指标

(1) 均方根误差 (RMSE) 与相关系数 (CC)：

$$\mathrm{RMSE} = \sqrt{\frac{1}{n}\sum_{i=1}^{n}(f_i - o_i)^2} \tag{8.7}$$

$$\mathrm{CC} = \frac{\sum\limits_{i=1}^{n}(f_i - \overline{f})(o_i - \overline{o})}{\sqrt{\sum\limits_{i=1}^{n}(f_i - \overline{f})^2}\sqrt{\sum\limits_{i=1}^{n}(o_i - \overline{o})^2}} \tag{8.8}$$

式中，o_i 为观测值；$\overline{o}$ 为所有观测值的平均；f_i 为预报值；$\overline{f}$ 为预报值的平均；n 为用于验证的观测站点数。

(2) TS (Precipitation threat score) 与 ETS(Equitable threat score) 指标：

$$\text{TS} = \frac{a}{a+b+c} \tag{8.9}$$

$$\text{ETS} = \frac{a-a_r}{a+b+c-a_r} \tag{8.10}$$

$$a_r = \frac{(a+b)(a+c)}{n} \tag{8.11}$$

式中，a 为预报正确的站 (次) 数；b 为空报的站 (次) 数；c 为漏报的站 (次) 数；d 为预报和实况均未达到阈值的正确站 (次) 数；$n = a+b+c+d$。

(3) RMSE 的 RPI (The relative percentage improvement，相对改善百分比，单位：%) 指标：

$$\text{RPI}_{\text{RMSE}} = 100\frac{\text{RMSE}_{\text{A}} - \text{RMSE}_{\text{B}}}{\text{RMSE}_{\text{A}}} \tag{8.12}$$

如果 RPI_{RMSE} 为正，代表试验 B 具有更小的 RMSE。

8.3　SNAP 个例评估试验

首先，我们设计了一组个例评估试验，通过常规观测数据的同化对 SNAP 和 SNAP-S 进行评估。

8.3.1　试验设计

2010 年 6 月 8 日 0 时至 9 日 0 时，我国华南地区出现强降水，降水集中、强度大。以下的数值试验使用 WRF-ARW 3.7.1 作为数值预报模式，试验区域覆盖了以 30°N、110°E 为中心点的中国全境 (15.5°N~43.5°N，88.5°E~131.5°E)。SNAP 采用三种网格尺度 (最粗、较细与最细) 进行同化分析，模式模拟与预报均在最细网格上操作，该网格的水平间距为 30km，包含 120×100 (经度 × 纬度) 个网格点。对应地，最粗与较细尺度上的网格点数分别为 30 × 25 和 60 × 50，水平分辨率分别为 120km 和 60km。需要指出的是，以上三种网格尺度的经纬度范围略有差异，这是因为三种尺度的模拟区域均基于相同的中心点 (30°N、110°E) 利用兰伯特投影生成，从而使网格点和分辨率会有不同。模式在垂直方向上分为 30 层，模式层顶取为 50hPa。模式选择的主要参数化方案有：RRTM 长波辐射方案 (Mlawer et al.,1997)、Dudhia 短波辐射方案 (Dudhia,1989)、YSU 边界层方案 (Hong et al.,2006)、Lin 等的微物理方案 (Lin et al.,1983; Chen and Sun,2022)、Noah LSM 陆面方案 (Chen and Dudhia,2001)；模式的初始场和边界条件均采用 1°×1° 的 NCEP/FNL 大气再分析资料 (http://rda.ucar.edu/datasets/ds083.2/)。

首先设计了两个窗口的循环同化试验：每个同化窗口的长度为 6h([−3, 3])。第

一个同化窗口 (名为 W1) 的时间范围为 2010 年 6 月 7 日 2100 UTC 至 8 日 0300 UTC，第二个同化窗口 (名为 W2) 的时间范围为 2010 年 6 月 8 日 0300~0900 UTC；分析时刻为每个同化窗口的初始时刻，通过极小化代价函数获得最优的分析场。每个同化窗口中，观测数据每小时获取一次；也就是说，每个同化窗口包含 7 个观测子窗口，同化的观测数据逐小时按批次进行处理，包括 ±3 h 子窗口内的数据 {(–3，–2.5]，(–2.5，–1.5]，(–1.5，–0.5]，(–0.5，0.5]，(0.5，1.5]，(1.5，2.5]，(2.5，3]}。W1 的背景场于提前分析时刻 12h 经由 NCEP/FNL 数据驱动 WRF 模式积分 12h 模拟得到。对照试验 (CTRL) 是在分析时刻 (2010 年 6 月 7 日 2100 UTC) 从 W1 背景场出发，利用 NCEP/FNL 全球再分析数据作为边界条件进行 27h 积分得到。同化试验共使用 120 个集合样本，模拟观测与新息增量通过将模式模拟与观测数据输入到 GSI 数据处理和观测算子模块生成。经过敏感性试验测试后，水平局地化半径选为 2100km；用于生成 ρ_m 和 ρ_o 的模式截断数分别为 $r_x=9$ 和 $r_y=7$ (Zhang and Tian,2018a)。W2 的背景场是利用 W1 初始时刻的分析场启动预报模式积分 6h 获得。用于同化的常规观测资料来自国家气象信息中心，该套资料也曾用于中国第一代全球大气再分析产品 (CRA-40) 的生产，由地表和高空的观测资料组成。地表观测数据来自船舶、漂流浮标、陆地观测和机场等；高空原位观测则来自于无线电探空仪、探空气球、飞机和风廓线数据。Liao 等 (2018) 较详细地介绍了常规观测数据的集成、质控、评估和剔除等详细流程。图8.2显示了经过 GSI 数据处理 (包括观测数据读入、数据稀释、数据时间和定位检查、重大

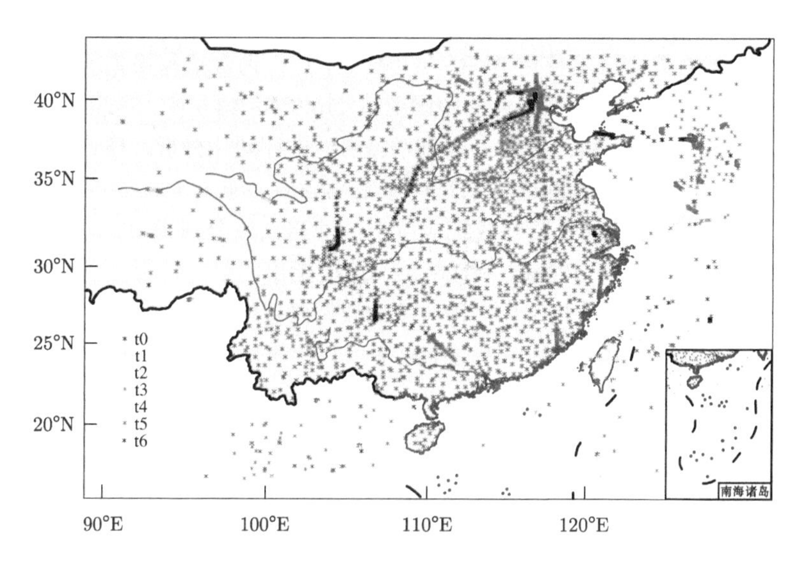

图 8.2　第一个同化窗口内的观测分布

不同颜色代表不同的观测时刻

误差检查) 和观测算子模块后的待同化观测数据的位置分布，不同颜色代表着不同时间时刻的观测数据。在这些评估试验中，我们将重点关注降水量的评估，采用的降水验证观测数据为 2400 多个国家观测站的每小时累积降水量观测。

8.3.2　试验结果

首先，我们特别利用第一同化窗口 (W1) 的同化试验来对 SNAP 系统进行全面的评估，以检验系统的正确性。降水预报的评估见降水预报技巧部分；最佳初始分析场则重点进行初始分析场 (相对于背景场) 改进的分析；系统参数的敏感性则主要通过敏感性试验确定 SNAP 系统的关键参数。此外，SNAP 的循环同化性能与集合样本更新方案的有效性则通过第二窗口 W2 的同化试验来检验。

1. 降水预报技巧

图8.3显示了从 2010 年 6 月 8 日 00 时至 9 日 00 时的 24h 累积降水量。图8.3(a) 显示了 2400 多个国家观测站的逐小时降水观测得到的累积降水量（OBS)。图8.3(b)~图8.3(d) 分别显示了由经过 CTRL 背景场、SNAP-S 及 SNAP 同化分析场初始化预报模式积分得到的降水预报。模式预报的降水强度 [图8.3(b)~图8.3(d)] 大于累积降水观测 [图8.3(a)]，最大降水量达到 100mm，主要发生在安徽、湖北东南部和湖南中部 [图8.3(a)]。同时，江西北部、广西东部和西部、广东西部也出现了不同程度的降水。安徽和湖北交界处有一个虚假的强降水中心，降水量达到 140mm[图8.3(b)]。江西中部出现明显的虚假降水，而湖南的降水中心过于靠近东南部。同时，广西西部的降水预报明显偏强，而粤西地区降水预报能力较弱。图8.3(c) 和图8.3(d) 显示了不同初始分析场 (SNAP-S、SNAP) 驱动预报模式的模拟降水预报，这两种分析场均由同化同一套常规观测资料生成。前者在单一网格尺度，后者则在三个网格尺度 (每个格网尺度只迭代一次) (SNAP) 上通过总共三次迭代实现。与 CTRL [图8.3(b)] 相比，SNAP 的常规观测资料同化减少了江西中部、安徽、湖北交界处以及广西西部的虚假降水，但依然无法预报出广东西部的降水。对比图8.3(c) 和8.3(d)，SNAP 的累积降水量分布更接近实况 [图8.3(a)]，尤其是安徽、江西北部等地区，这在一定程度上体现了多网格同化框架的重要性。

表8.1列出了降水预报与观测之间的 RMSE 与 CC 两个指标的定量分析结果。其中，CTRL 与降水观测的 RMSE 为 21.07174mm；同化常规观测资料之后，SNAP-S 与降水观测资料的 RMSE 下降为 18.87847mm; SNAP 与预降水观测资料的 RMSE (18.47027mm) 比 SNAP-S 更小，显然是因为后者采用了多重网格 NLS-4DVar 的同化框架，提高了同化精度。同时，SNAP 预报与降水观测值之间的 CC (0.702526，通过了 99% 置信度的 t 检验) 大于降水观测值与 CTRL/SNAP-S 之间的 CC (0.641511/0.686377，通过了 99% 置信度的 t 检验)，进一步定量表明 SNAP 的累积降水预报更接近降水观测值。

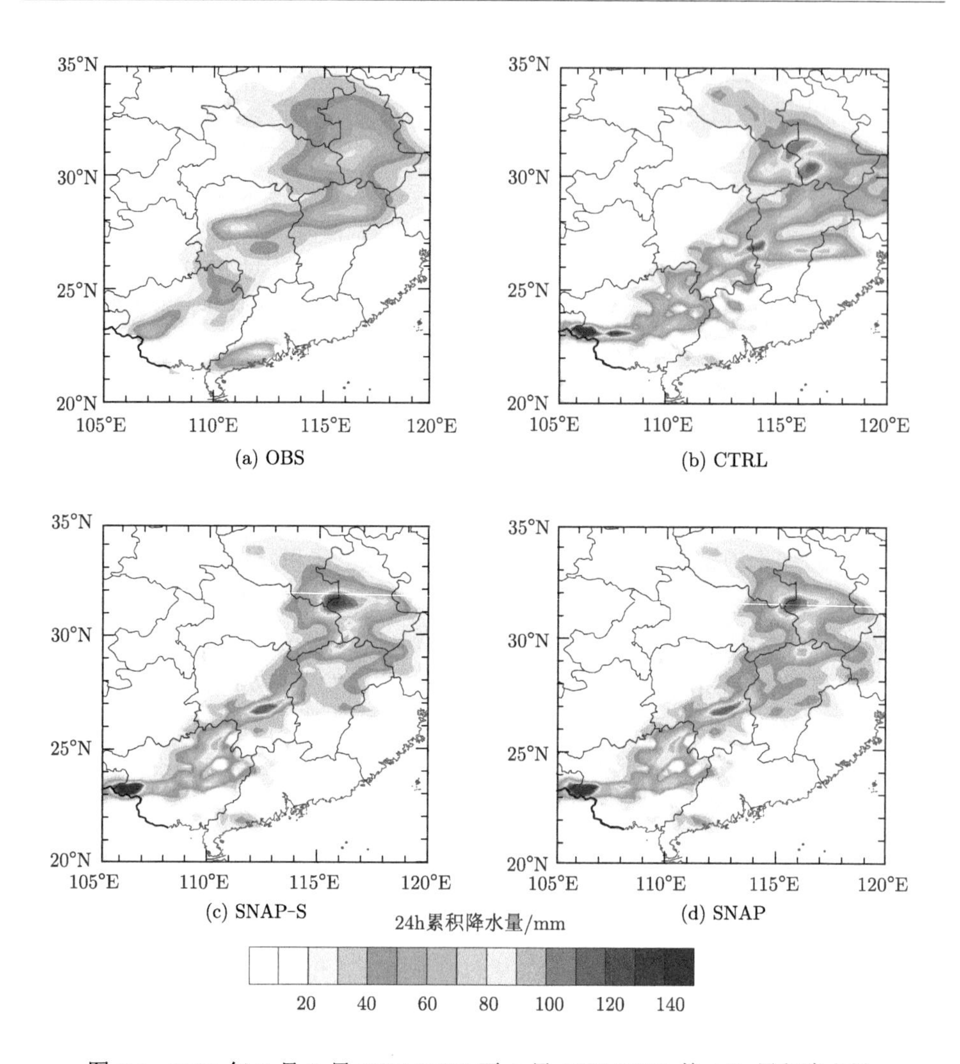

图 8.3　2010 年 6 月 8 日 0000 UTC 至 9 日 0000 UTC 的 24h 累积降水量

表 8.1　不同初始场 24h 累积降水量预报和观测的 RMSE 和 CC 值

	CTRL	SNAP-S	SNAP
RMSE/mm	21.07174	18.87847	18.47027
CC	0.641511	0.686377	0.702526

图 8.4对比了以不同初始场启动模式预报 24h 累积降水 TS 值。对于比较小的降水预报，虽然 SNAP-S 略好，但它与 SNAP 的得分几乎相同；对于中雨和大

雨，SNAP-S 和 SNAP 都优于 CTRL，而 SNAP 又优于 SNAP-S；对于暴雨级别，稍微有点遗憾，CTRL 似乎在数值略微好于 SNAP-S 和 SNAP，而 SNAP-S 优于 SNAP，但实际上三种方式的 TS 都非常低，几乎接近 0。这种结果的原因大概率有两个：一个是数值试验的分辨率相对较低；另一个是只同化了常规观测数据，这些数据相对稀疏，仅代表着较大尺度的信息，同化这种观测数据之后的 TS 值 (在中小雨级别) 高于 CTRL 也就不足奇怪。这些结果进一步证明，多重网格 NLS-4DVar 的同化框架可以进一步改善初始场乃至降水预报。

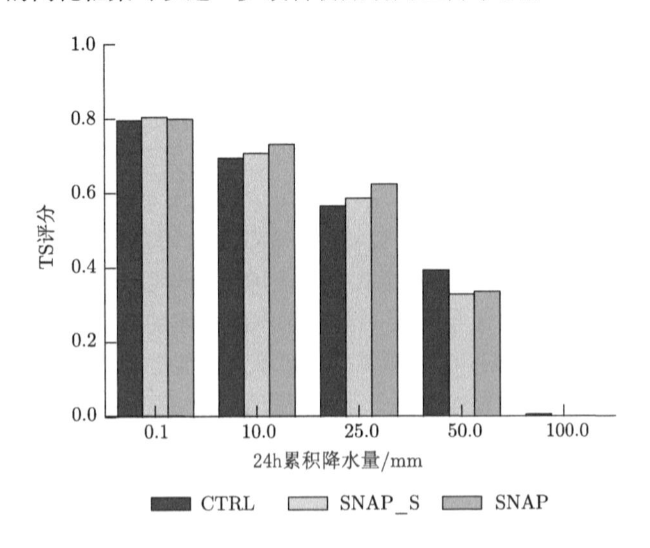

图 8.4　2010 年 6 月 8 日 0000 UTC 至 9 日 0000 UTC 24h 累积降水分类的 TS 评分

表 8.2 比较了 SNAP 和 SNAP-S 求解最优分析场所需要的 CPU 时间。我们的数值试验在国家超级计算天津中心的 TH-1A 系统平台上进行，该系统有 600 个 CPU (50 个节点 ×12 个内核) 和 5TB 内存，所有同化计算都在单节单核上串行进行。SNAP-S 求得最优分析场所需的 CPU 总时间为 129.52s，每次迭代同化 31584 个观测值；而 SNAP 的 CPU 总耗时为 102.22 s(表 8.2)，自然地，SNAP 比 SNAP-S 效率更高。这是因为在多网格同化框架下，每个网格尺度的经纬度与网格数都是不同的 (最细网格尺度覆盖范围最大、网格数最多，细网格尺度次之，最粗网格尺度覆盖范围与网格数最小)，其上的观测算子亦有不同，每个网格尺度上所同化的观测数据数量也存在着一定差异。在本次试验中，从最粗网格到最细网格分别包含了 28120 个、30338 个和 31584 个同化观测值。总之，使用多重网格同化框架的 SNAP 确实可以利用较少的观测数据、较低的计算成本，达成较高的同化精度 (表 8.2)，修正多尺度误差 (图8.3和图8.4, 表8.1)。

表 8.2 SNAP 和 SNAP-S 方法求解最优分析场所需 CPU 时间

(单位：s)

	CPU 时间	
	SNAP-S	SNAP
l_1/L_1	43.04	27.27
l_2/L_2	42.98	32.02
l_3/L_3	43.30	42.93
总 CPU 时间	129.32	102.22

注：l_i 表示数字 SNAP-S 的迭代次数，L_i 表示 SNAP 的第 i 层网格尺度

2. 最佳初始分析场

降水预报的改进自然归功于 SNAP 和 SNAP-S 对观测资料同化所获得的最优分析初始场。因此，下面将继续从初始场增量的角度分析降水预报改善的原因。图8.5显示了模式第 12 层分析时刻的水汽混合比的分析增量 (SNAP-CTRL 和 SNAP-S-CTRL)。江西中部、湖南中北部和安徽东北部的水汽混合比分析增量为负值，SNAP 和 SNAP-S 对其进行了不同程度的修正 [图8.5(a) 和图8.5(b)]，这与 SNAP-S 和 SNAP 相对于 CTRL 在江西中部、安徽、湖北和湖南中部虚假降水的减少是一致的 [图8.3(b)~图8.3(d)]。图8.6显示了水汽混合比分析增量 (SNAP-CTRL 和 SNAP-S-CTRL) 沿 28°N 的垂直分布。在垂直方向上，SNAP-S 和 SNAP 的 110°E~118°E 区域内的水汽混合比分析增量为负值，尤其是在 400 hPa 以下 (图 8.6)，这与 SNAP-S 和 SNAP 对江西中部和湖南中部的虚假降水的削弱是一致的 (图8.3)。通过比较图8.3中的降水预报和图8.5、图8.6中的分析增量场，可以看出，江西中部、湖南中部和安徽、湖北交界处的降水预报与分析增量之间有着很好的对应关系，SNAP-S 和 SNAP 同化系统均能够很好地吸纳观测资料、改善初始场的结构，从而改善降水预报。

3. 系统参数的敏感性

接下来，根据 24h 降水预报的 RMSE、CC 和 TS 以及同化计算所需的 CPU 时间，对 SNAP 中选择的水平局地化半径和局地化分解截断模态数进行敏感性试验 (表8.3)。当水平局地化半径为 2100km 时，RMSE 较小，CC 较大 (未给出)。同时，TS 指标表明，对于小雨、中雨和大雨，局地化半径为 2100km 的降水预报具有绝对优势；事实上，当本地化半径为 1000km 左右时，降水的分布和强度都已经有了明显的改善 (未显示)。不过，通过综合比较同化性能的各项指标，我们认为 2100km 是这些试验中的最佳局地化半径。对于待选的最佳截断模态数，重点讨论

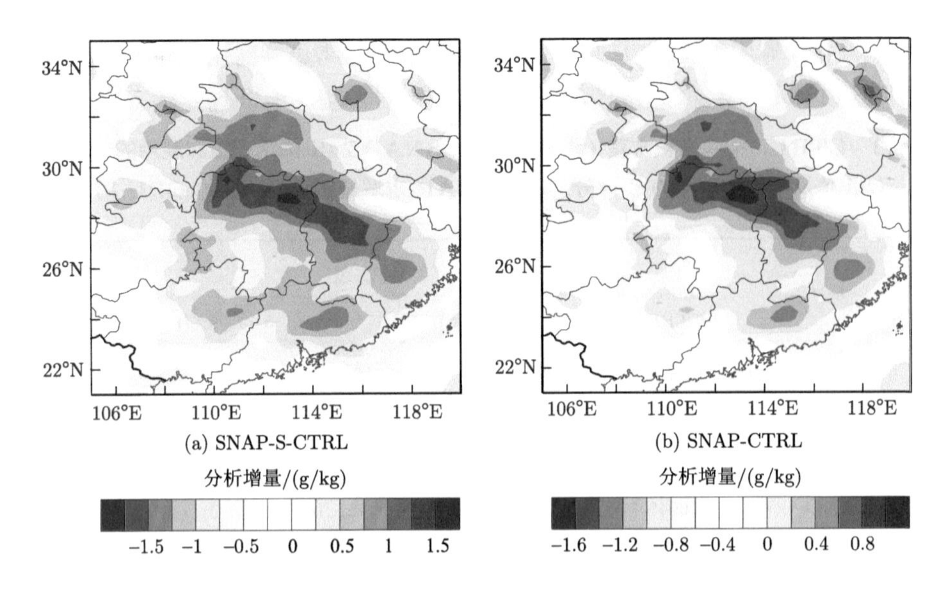

图 8.5　模式第 12 层水汽混合比的分析增量

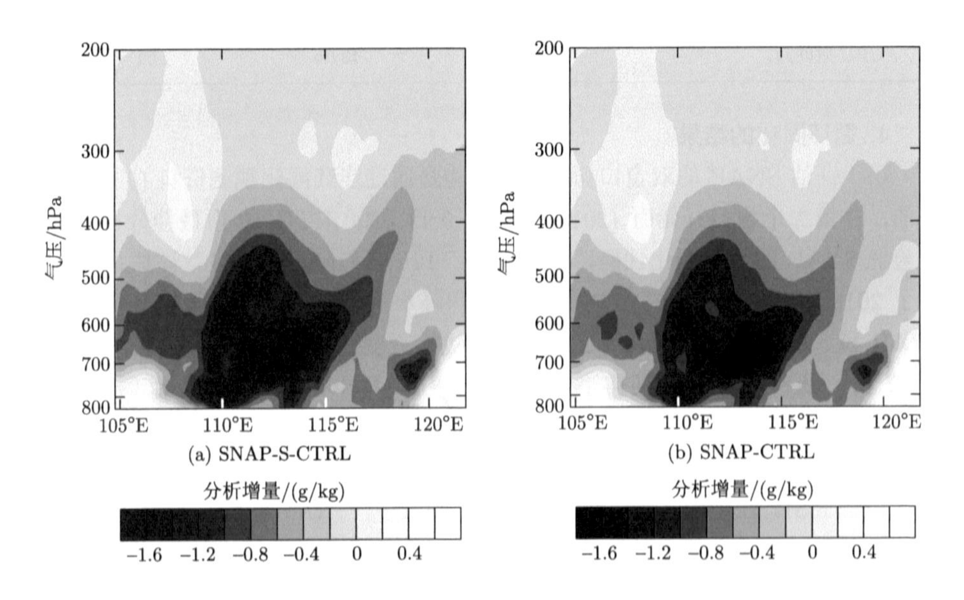

图 8.6　水汽混合比分析增量沿 28°N 的垂直分布

同化精度和计算效率，如表8.3所示。当累积方差大于 90% 时，同化精度显著提高 (表 8.3)。在统计误差方面，当累积方差为 95% 时，RMSE 较小，CC 较大 (通过了 99% 置信度的 t 检验)；在降水方面，除小雨外，累积方差为 99% 的降水预报 TS 优于累积方差为 95% 的降水预报 TS。然而，随着截断模态数 (累积方差) 的增加。同化计算所需的 CPU 时间也在增加。因此，考虑到同化精度和计算效率，我们选择了累积方差为 95% 的最佳截断模式数，即 $r_x = 9$ 和 $r_y = 7$。

表 8.3 CTRL、不同累积方差 (截断模态) 下 SNAP 24h 降水预报和观测的 RMSE、CC 值及不同阈值下 TS 评分，以及 SNAP 求解最优分析所需的 CPU 时间

项目	累积方差			
	CTRL	$90\%(r_x = 7, r_y = 6)$	$95\%(r_x = 9, r_y = 7)$	$99\%(r_x = 11, r_y = 9)$
RMSE	21.07174	19.06320	18.87847	19.09410
CC	0.641511	0.681729	0.686377	0.682230
Threshold=0.1(mm)	0.7957	0.8030	0.8039	0.8019
Threshold=10.0(mm)	0.6945	0.7114	0.7076	0.7095
Threshold=25.0(mm)	0.5647	0.5843	0.5856	0.5963
Threshold=50.0(mm)	0.3922	0.3315	0.3279	0.3405
Threshold=100.0(mm)	0.05	0.0	0.0	0.0
CPU 时间/s	–	38.99	43.04	51.09

4. 循环同化的结果

用于评估 SNAP 的双窗口循环同化试验是通过连续同化观测资料 (共 12h) 实现的，在第二个窗口开始时 (2010 年 6 月 9 日 0300 UTC) 获得最佳分析场。为了验证 SNAP 的循环同化性能，本节选择了 12h 累积降水结果进行评估。图8.7显示了 2010 年 6 月 9 日 3~15 时的 12h 累积降水量分布。通过同化常规观测资料，SNAP 和 SNAP-S 改善了降水预报，使其更接近观测资料 [图8.7(a)、图8.7(c) 和图8.7(d)]。表8.4显示了不同初始场 (CTRL、SNAP-S 和 SNAP) 的 12h 累积降水量预报的 RMSE 和 CC。SNAP-S 和 SNAP 的 RMSE 低于 CTRL，而 CC 高于 CTRL；SNAP 优于 SNAP-S。此外，除暴雨外，同化后降水预报的 TS 均优于 CTRL(图 8.8)。在小雨、中雨和暴雨的降水预报中，SNAP-S 与 SNAP 几乎相同，SNAP 在暴雨预报方面略微优于 SNAP-S。以上结果都证明了 SNAP 的循环同化能力和第二同化窗口采用的集合扰动更新方案的有效性。

表 8.4 不同初始场 12h 累积降水量预报和观测的 RMSE 和 CC 值

项目	CTRL	SNAP-S	SNAP
RMSE	8.831729	8.529635	8.470109
CC	0.7460064	0.7666475	0.7688572

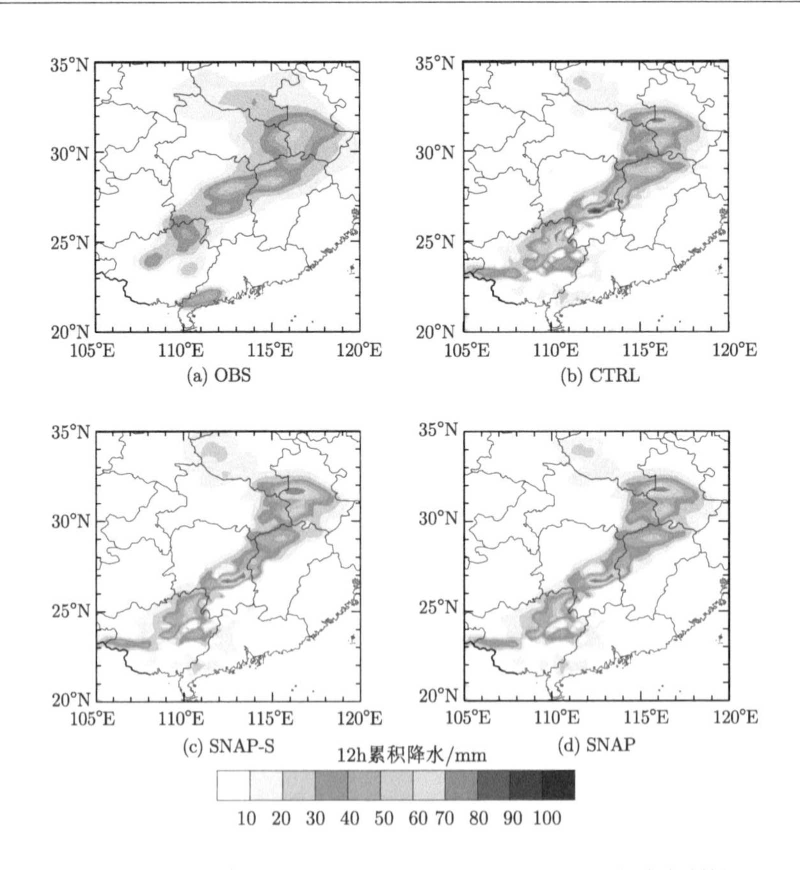

图 8.7　2010 年 6 月 9 日 0300~1500 UTC 12h 累积降水预报

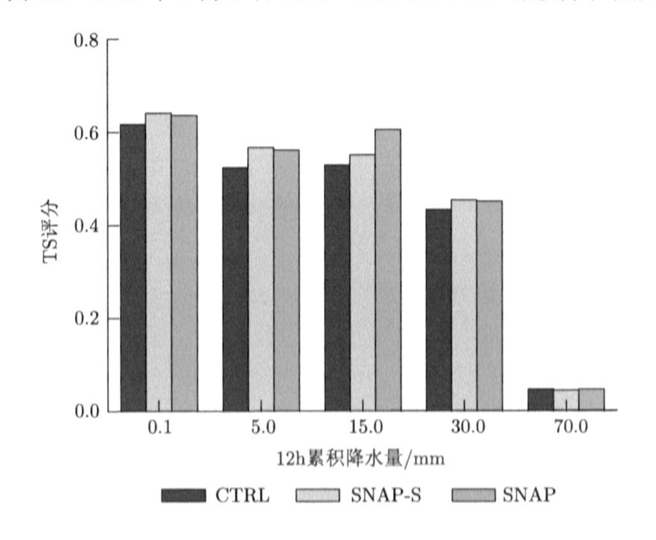

图 8.8　从 2010 年 6 月 9 日 0300~1500 UTC 12h 累积降水量分类的 TS 评分

8.4　一周循环数据同化试验

一周循环数据同化试验的目的是通过连续同化较长时段常规观测数据，进一步对 SNAP 与 GSI-4DEnVar 系统进行深入对比评估。试验中，我们分别使用 SNAP 和 GSI-4DEnVar 系统进行相同试验来获得分析结果；两个系统均采用了 SNAP 的集样本合生成和更新方案。

8.4.1　试验设置

为期一周 (2016 年 7 月 16 ~23 日) 的评估试验由连续的循环同化周期 (窗口长度为六小时) 组成，从 2016 年 7 月 16 日 0300 UTC 开始，到 2016 年 7 月 23 日 0300 UTC 结束。这一时段覆盖了 2016 年 7 月 18~21 日在华北地区 (35°N~43°N, 113°E~122°E) 发生的特大暴雨 (图8.9)。此次特大暴雨中，华北地区有两个暴雨中心，第一个位于太行山区，是对流降水的结果；第二个暴雨中心位于北京中南部，是由层流降水造成的。通过 6h 同化窗口连续 SNAP 同化分析后再进行 30h 的模式预报，同时使用 GSI-4DEnVar 系统进行平行试验，以便与之进行比较。需要指出的是，SNAP 与 GSI 在分析时刻和分析变量上存在着差异。例如，它们的分析时刻分别在同化窗口的起始与中间时刻，因此根据每 6h 循环一次的 GSI-4DEnVar 同化分析、同化与 SNAP 相同的观测资料，仅可以生成 27h 的预报。SNAP 分析变量为模式状态变量，而 GSI 的分析变量则为控制变量。两个试验都使用了每个同化窗口的 7 个观测时次 (如 8.3.1 节所述)，集合样本个数为 60 个; SNAP 和 GSI-4DEnVar 都只使用了集合背景误差协方差矩阵；GSI-4DEnVar 迭代求解总数

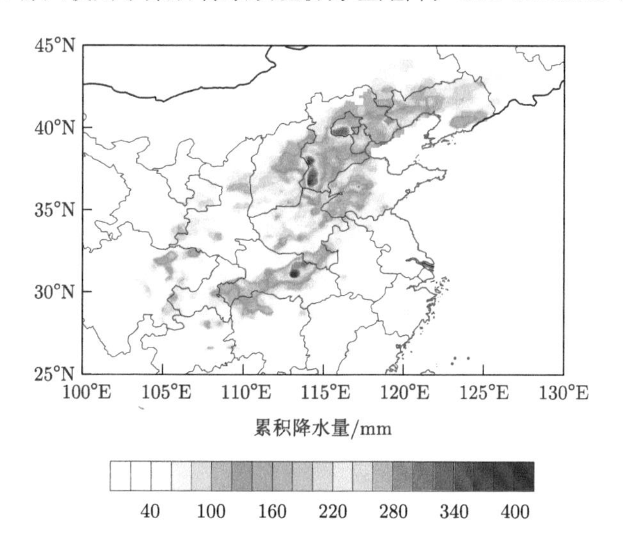

图 8.9　从 2016 年 7 月 18 日 0000 UTC 至 22 日 0000 UTC 的累积降水量观测值

为 100 次，由 2 次外循环和 50 次内循环组成。第一初猜场和边界条件均利用 ECMWF ERA-Interim 全球再分析数据生成①，这些数据每 6 h 提供一次，逐日更新。WRF-ARW 模式的设置也与 8.3.1 节相同。

在这些评估试验中，用于同化的常规观测数据是 GDAS PrepBUFR 数据，包括地面观测数据 (陆地报告站、船舶、浮标等) 和高空观测数据 (无线电、飞机、风廓线仪等)，这些观测数据提前按照背景和集合模拟的文件时次进行了处理。验证数据来自于国家气象信息中心 (该套数据也被用于中国第一代全球大气再分析数据 CRA-40 的生产)，又经过了 GSI 数据处理与观测算子模块处理；特别地，还将相对湿度转换为湿度; 降水预报的验证则采用了 2380 个国家观测站的逐小时降水观测资料。

8.4.2　试验结果

图 8.10 显示了一周连续同化后不同预报时长的预报与观测对比的区域平均均方根误差，主要包括 u/v 风分量、温度和湿度。可以看出，在大多数预报时段，就 u 风和温度而言，SNAP 的平均均方根误差略低于 GSI; 而在 v 风和湿度方面，SNAP 预报的改善更是显而易见的，这自然是由于多网格 NLS-4DVar 能够进行多尺度的误差校正，从而改善初始场和预报。图8.11 和图8.12分别显示了 6h 和 24h 预报与观测相比的平均均方根误差的垂直廓线，依然包括 u/v 风分量、温度和湿度。需要注意的是，1000 hPa 的统计值包括气压大于 1000hPa 情况下的结果。从图8.11可以看出，对于 u/v 风和温度，SNAP 和 GSI 在不同气压水平下各有优势。从图8.10和图8.11可以看出，在 u/v 风向上，SNAP 的 6h 预报的平均均方根误差略低于 GSI；而对于湿度这个变量，在大多数气压层上，SNAP 的 6h 预报的平均

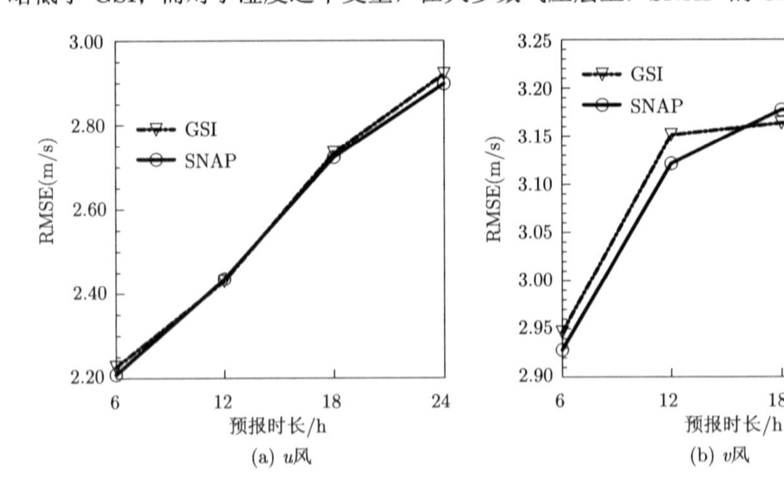

(a) u风　　(b) v风

① https://www.ecmwf.int/en/forecasts/dataset/ecmwf-reanalysis-interim。

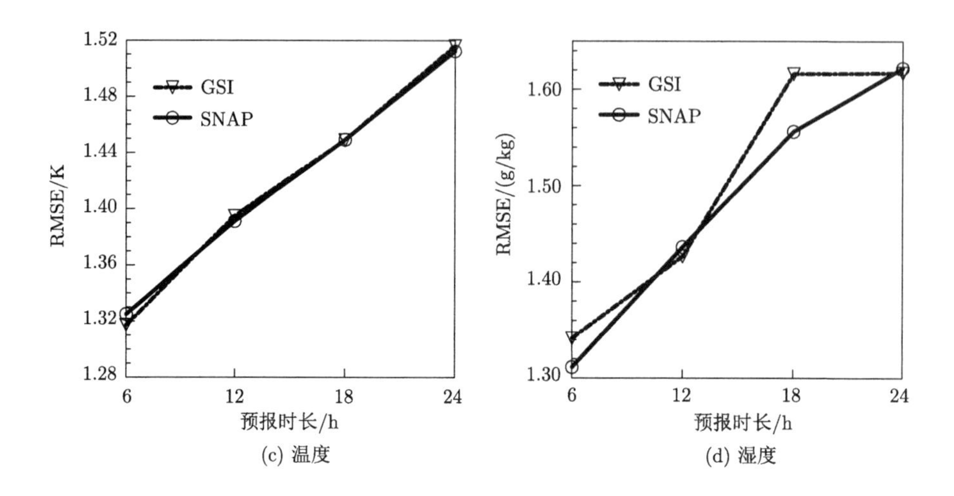

(c) 温度 (d) 湿度

图 8.10 一周连续同化后不同预报时长的预报与观测对比的区域平均均方根误差

均方根误差也都低于 GSI，表明其对所有气压层结构的优化能力更强 (图8.11和表8.5)。除了高层的 u 风和中低层 (700 hPa) 湿度的均方根误差较大外，在整个 24h 预报过程中，SNAP 的性能均优于 GSI (图8.12和表8.5)。在温度方面，SNAP 在高气压层的表现更好，这表明 SNAP 预报总体上要比 GSI 预报更符合观测资料。

为了量化 SNAP 相对于 GSI 的改进，进一步计算了 RMSE 的 RPI (表8.5)。从表8.5可以看出，在 u/v 风、温度和湿度的预测验证中，SNAP 产生的预测均方根误差整体上略低于 GSI-4DEnVar (图8.10~图8.12)，u 风的 6h 预报平均均方根误差在 50hPa 处提高了 20.81%，是所有变量中提高幅度最大的；400 hPa 以上的 24h 均方根误差为正，说明 SNAP 对中低层 u 风的预报效果较好; 而在湿度方面，除 700hPa 和 400hPa 水平外，24h RPI 值均为正值; 而对于 v 风和温度，SNAP 和 GSI 则在不同气压层各有优势。

图8.13显示了 2016 年 7 月 19 日 18 时至 20 日 6 时华北地区一次极端降水的 12h 累积降水量。图8.13(a) 给出的是 2380 个国家观测站的小时降水观测数据中获得的累积降水观测量 (OBS)，其 12h 累积降水量最大超过了 140mm；图8.13(b) 和图8.13(c) 分别为 SNAP 和 GSI 的 12h 累积降水预报图。从图8.13可以看出，降水预报强度 [图8.13(b) 和图8.13(c)] 弱于观测降水 [图 8.13(a)]，强降雨主要出现在太行山、北京中南部和天津地区。在预测降水位置方面，SNAP 也优于 GSI。此外，SNAP/GSI 的观测值与降水预报值之间的 RMSE 和 CC 分别是 30.20/30.39mm 和 0.82/0.81，这也定量地表明 SNAP 的性能优于 GSI。图8.14显示了阈值为 5mm、15mm、30mm、70mm 和 100mm 时的 12h 累积降水分类 ETS 值。可以看出，除了 70mm 和 100mm 外，在其他阈值下，SNAP 的性能均优于 GSI。

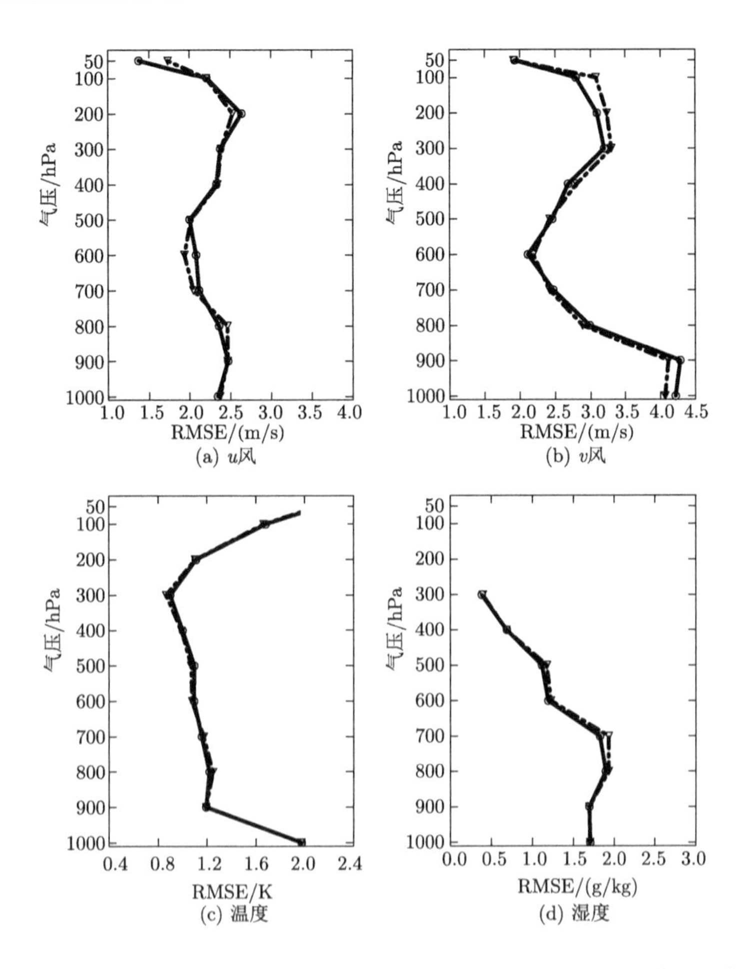

图 8.11 检验期间 SNAP 与 GSI 6h 预报与观测相比的 u 风、v 风、温度、湿度廓线的平均均方根误差

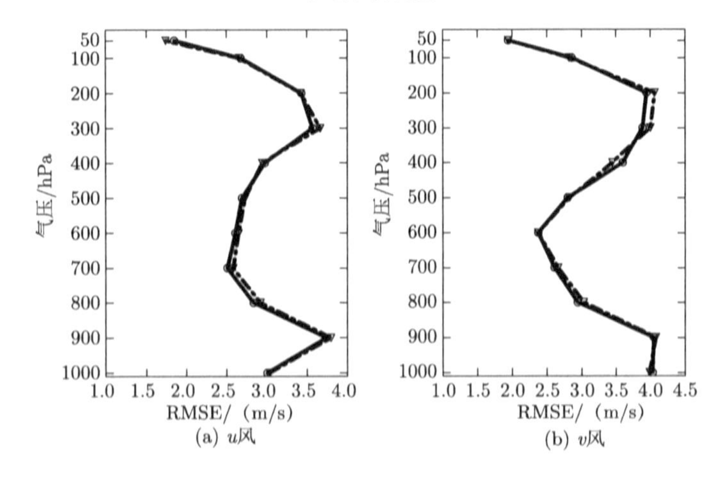

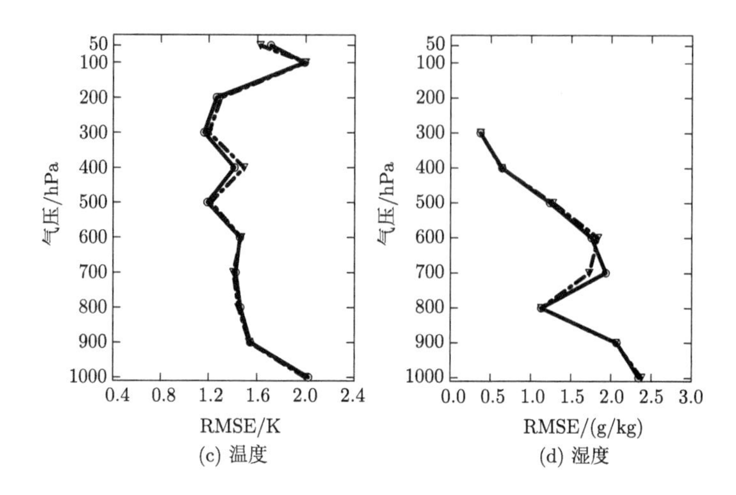

图 8.12 检验期间 SNAP 与 GSI 24h 预报与观测相比的 u 风、v 风、温度、湿度廓线的平均均方根误差

表 8.5 试验中所有预报周期的 6h 和 24h 预报 RMSE 的 RPI

(单位：%)

气压/hPa	RPI$_{RMSE}$							
	u 风		v 风		温度		湿度	
	6h	24h	6h	24h	6h	24h	6h	24h
50	20.81	−6.26	−0.85	0.07	−0.82	−5.44	–	–
100	−0.29	−0.82	9.29	−1.24	−0.9	0.37	–	–
200	−4.26	−0.23	4.46	2.89	−0.52	2.91	–	–
300	0.37	2.61	3.13	2.81	−3.99	3.29	3.36	0.35
400	0.56	−1.06	4.29	−4.51	−0.94	5.33	−0.72	−1.38
500	0.75	1.41	−1.447	0.96	−2.35	2.34	4.92	2.75
600	−7.35	1.51	3.31	−0.06	−1.42	0.54	2.67	4.34
700	−3.27	2.82	−2.27	1.93	1.24	−1.38	5.56	−11.95
800	4.16	2.91	−3.68	2.85	2.32	−1.19	1.93	0.01
900	−0.19	1.47	−4.09	0.68	−0.04	−0.54	−0.01	0.56
1000	1.06	0.96	−3.64	−1.04	−0.17	−1.28	−0.15	1.41

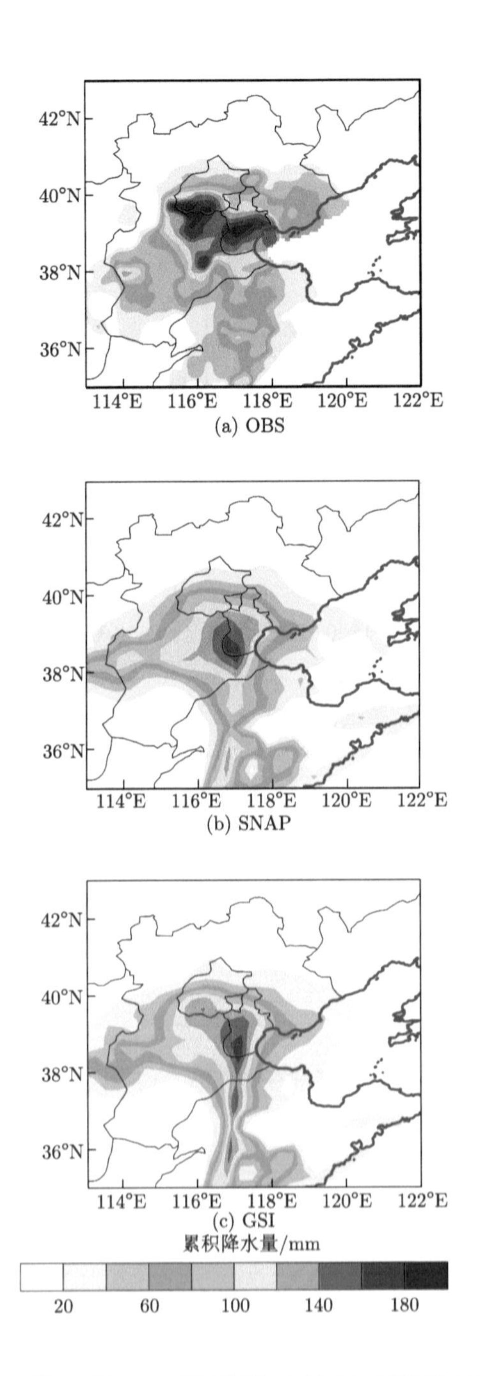

图 8.13 从 2016 年 7 月 19 日 1800 UTC 至 20 日 0600 UTC 12h 累积降水量预报

集合方法采用集合样本扰动的线性组合表征分析增量，所以它们的质量好坏对于集合数据同化方法异常重要，自然地，集合扰动的生成和更新策略的重要性不言而喻。我们选择 2016 年 7 月 19 日 3 时至 20 日 15 时进行样本离散度的测试，该时段包括 6 个同化窗口，覆盖着强降雨事件。图8.15 显示了测试期间 u/v 水平

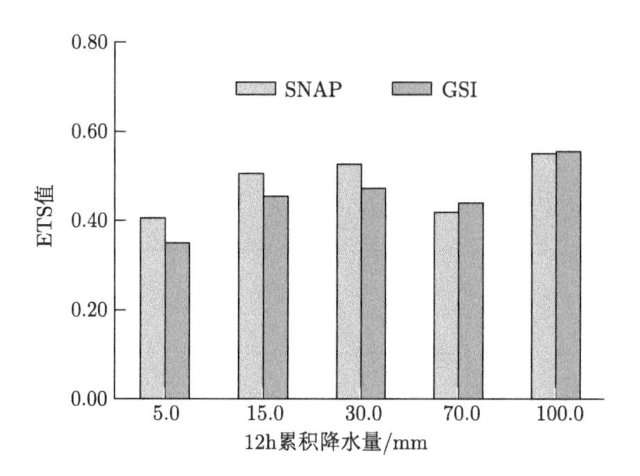

图 8.14 2016 年 7 月 19 日 1800 UTC 至 20 日 0600 UTC 12h 累积降水量的 ETS 值

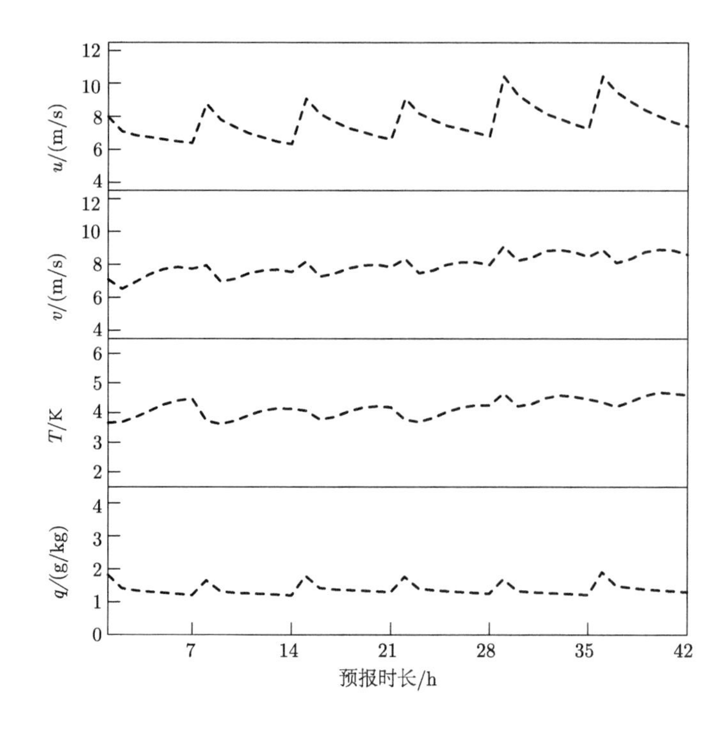

图 8.15 测试期间 u/v 水平风分量、扰动势温 T 和水汽混合比 q 等状态变量的集合离散度的时间序列

风分量、扰动势温 T 和水汽混合比 q 等状态变量的集合离散度的时间序列。从图8.15中可以看出，各个变量的集合离散度并没有随着预报时间的延长而减小，而是在同化过程中呈现出周期性的特点。对于 u 和 q 变量，在一个同化窗口中的集合离散度有所减小; 然而，对于 v 和 T 变量，在每个同化窗口中的集合偏差先小后大，这可能是数值模式本身的非线性发展造成的。同化结果表明，SNAP 系统采用的集合扰动生成和更新方案是有效的。

8.5 小　结

本章介绍了基于多重网格 NLS-4DVar 同化框架与 GSI 数据处理和观测算子模块新开发的 SNAP 同化系统，并利用 WRF-ARW 作为数值预报模式进而开展同化试验对其进行了全面评估。SNAP 的具体优势如下：

(1) 它能有效吸收多源 (常规、雷达和卫星) 观测数据；

(2) 它充分利用 GSI 丰富的数据处理 (包括质量控制和稀疏化) 和观测算子模块来生成模拟观测与新息增量；

(3) 多重网格 NLS-4DVar 同化框架可以依次修正多尺度误差、加速迭代收敛、提高同化精度和计算效率；

(4) 快速局地化方案的应用简化了复杂的局地化过程，使 NLS-4DVar 方法的实际业务应用成为可能；

(5) 保离散度的样本更新方式使得 SNAP 系统的循环同化更稳健。

目前，SNAP 系统其实已经完全实现了雷达与卫星的数据同化，相关的工作可以参阅 Zhang 等 (2020b),Zhang 和 Tian(2021) 同时也基本实现了大数据驱动多重网格 NLS-4DVar 与 SNAP 系统的耦合。如何自适应地、稳健性地选择精确的局地化半径，对建立成熟的同化系统起着至关重要的作用；相关算法已经被开发出来 (Zhang et al.,2022a)，将进一步嵌入 SNAP 系统里面。

第 9 章 NLS-4DVar 的应用：“贡嘎”系统

本章基于 NLS-4DVar 方法研发了全球大气反演系统“贡嘎”(global observation-based system for monitoring greenhouse gases, GONGGA)，该系统利用大气化学传输模式，通过吸纳多源卫星或地面观测得到更为准确的陆地与海洋碳通量。本章利用“贡嘎”系统同化卫星 CO_2 柱浓度观测生成了 2015~2022 年全球格点化陆地生态系统与海洋碳通量数据集；并利用卫星 CO_2 柱浓度观测及总碳观测网络 (TCCON) 柱浓度观测对反演的结果进行了验证，结果表明该地表碳通量数据集是有效可信的。

9.1 “贡嘎”全球大气反演系统

大气反演系统在已有的先验碳通量基础上，采用数据同化算法，结合大气 CO_2 浓度观测以及大气化学传输模式的 CO_2 浓度模拟，实现对陆地生态系统碳通量与海洋碳通量的优化。

9.1.1 “贡嘎”系统理论基础

“贡嘎”全球大气反演系统的流程图如图9.1所示。“贡嘎”的核心是一种新颖的双通同化策略以及 NLS-4DVar 同化方法。新颖的双通同化策略是指在一个循环同化窗口内进行两次同化，先进行 CO_2 通道同化，再进行通量通道同化，且两次同化的窗口长度是不同的。CO_2 通道同化的变量是初始 CO_2 浓度，此时同化窗口较短，窗口长度为 5 天。设置这一窗口长度是因为我们认为短时间内 CO_2 模式模拟偏差主要由初始 CO_2 浓度误差造成，碳通量的误差可以忽略，同化后可以获得较为准确的初始 CO_2 浓度。通量通道同化的变量是地表碳通量，此时同化窗口较长，窗口长度为 14 天。由于初始 CO_2 浓度误差已被大大削弱，此时的模式模拟偏差主要来自碳通量的误差，同化后可以获得更为准确的地表碳通量。这种双通同化策略的优势是能够在一定程度上将初始 CO_2 浓度误差以及通量误差造成的 CO_2 模拟偏差区分开。当前窗口同化完成后，为了保证质量守恒，联合使用同化前的初始 CO_2 浓度以及上一步同化后的碳通量驱动大气化学传输模式，使其由当前窗口的初始时刻继续模拟到下个窗口的初始时刻。接着重复上述过程，实现循环同化。

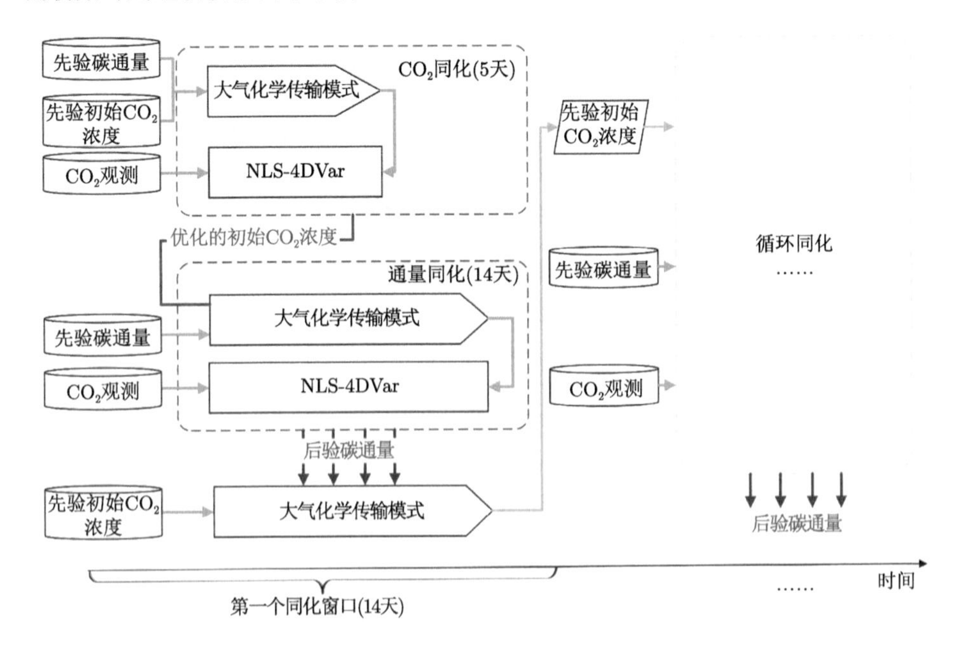

图 9.1 “贡嘎”全球大气反演系统流程图

“贡嘎”的另一个核心是 NLS-4DVar 同化方法 (Tian and Feng,2015；Tian et al.,2018)(第2～第5章)。大气反演需要极小化如下代价函数：

$$J(x) = \frac{1}{2}(\boldsymbol{x} - \boldsymbol{x}_a)^{\mathrm{T}}\boldsymbol{B}^{-1}(\boldsymbol{x} - \boldsymbol{x}_a) + \frac{1}{2}\sum_{k=0}^{S}[\boldsymbol{y}_k - H_k M_{t_0\to t_k}(\boldsymbol{x})]^{\mathrm{T}} \boldsymbol{R}_k^{-1}[\boldsymbol{y}_k - H_k M_{t_0\to t_k}(\boldsymbol{x})] \tag{9.1}$$

式中，$\boldsymbol{x}$ 和 $\boldsymbol{x}_a$ 分别为状态向量以及状态向量的先验值；$\boldsymbol{B}$ 为先验误差协方差矩阵；$\boldsymbol{R}_k$ 为观测误差协方差矩阵；$\boldsymbol{y}_k$ 为 t_k 时刻的观测，共有 $S+1$ 个观测；M 为模拟状态向量变化的模式，$M_{t_0\to t_k}$ 表示模式由 t_0 时刻模拟到 t_k 时刻；H_k 为 t_k 时刻的观测算子。

在实际运算中，CO_2 通道与通量通道的同化过程有所不同。CO_2 通道的状态向量为初始 CO_2 浓度，模式 M 为大气化学传输模式。通量通道虽然优化的是地表碳通量，但是实际的状态向量是通量的比例因子，通过比例因子的优化进而实现碳通量的优化。比例因子是指一组格点化数据，在每个模式格点的初始碳通量的基础上乘以对应的比例因子便得到这个格点真正的碳通量，即

$$\boldsymbol{f}_{i,j,t}^{\text{prior}} = \boldsymbol{\lambda}_{i,j}^{\text{prior}} \times \boldsymbol{f}_{i,j,t}^{\text{initial}} \tag{9.2}$$

$$\boldsymbol{f}_{i,j,t}^{\text{post}} = \boldsymbol{\lambda}_{i,j}^{\text{post}} \times \boldsymbol{f}_{i,j,t}^{\text{initial}} \tag{9.3}$$

式中，$\boldsymbol{f}_{i,j,t}^{\text{initial}}$ 为初始碳通量；$\boldsymbol{f}_{i,j,t}^{\text{prior}}$ 为先验碳通量；$\boldsymbol{\lambda}_{i,j}^{\text{prior}}$ 为先验比例因子；$\boldsymbol{f}_{i,j,t}^{\text{post}}$ 为后验碳通量；$\boldsymbol{\lambda}_{i,j}^{\text{post}}$ 为后验比例因子；$i = 1, 2, \cdots, I$；$j = 1, 2, \cdots, J$；$t = 1, 2, \cdots, T$；I、J 和 T 分别表示经向、纬向的格点个数以及一个窗口内通量数据的时次。在一个窗口内，不同时刻的通量使用相同的比例因子，因而通量通道的模式 M 为恒等算子，同化后的后验碳通量仍然保持初始碳通量的时空分辨率。在第一个同化窗口，先验比例因子在每个格点均取 1，在接下来的窗口，先验比例因子通过以下动态模型获得 (Peters et al.,2007)：

$$\boldsymbol{\lambda}^{\text{prior},w+1} = (\boldsymbol{\lambda}^{\text{post},w} + \boldsymbol{\lambda}^{\text{post},w-1} + 1)/3 \tag{9.4}$$

式中，$\boldsymbol{\lambda}^{\text{prior},w+1}$ 为第 $w+1$ 个窗口的先验比例因子；$\boldsymbol{\lambda}^{\text{post},w}$ 为第 w 个窗口的后验比例因子；$\boldsymbol{\lambda}^{\text{post},w-1}$ 为第 $w-1$ 个窗口的后验比例因子。

此外，在用 NLS-4DVar 方法极小化代价函数时我们还使用了局地化技术。由于 NLS-4DVar 方法用样本误差协方差矩阵近似先验误差协方差矩阵，因而构造的先验误差协方差矩阵会存在空间上的虚假相关。局地化技术可以用来缓解这种虚假相关性，对于每一个格点来说，在该点局地化半径外的格点被认为与之不存在相关性，并对局地化半径内的格点间的协方差进行订正。“贡嘎”采用的是一种快速局地化方案，能够高效准确地完成高维空间相关矩阵的分解 (Zhang and Tian,2018a)。考虑局地化后，最终的代价函数求解公式如下：

$$\boldsymbol{x}^{i,*} = \boldsymbol{x}^{i-1,*} + \boldsymbol{P}_{x,\rho}^{i-1} \delta\beta_{\rho}^{i-1} \tag{9.5}$$

$$\delta\beta_{\rho}^{i-1} = (\boldsymbol{P}_{y,\rho}^{\#,i-1})^{\text{T}} \boldsymbol{R}^{-1} \boldsymbol{y}'^{,i-1} + (\boldsymbol{P}_{y,\rho}^{\#,i-1})^{\text{T}} \boldsymbol{x}'^{,i-1,*} \tag{9.6}$$

$$\boldsymbol{P}_{x,\rho}^{i-1} = (\rho_{\text{m}} < e > \boldsymbol{P}_{x}^{i-1}) = (\rho_{\text{m}} \circ \boldsymbol{P}_{x,1}^{*,i-1}, \rho_{\text{m}} \circ \boldsymbol{P}_{x,2}^{*,i-1}, \cdots, \rho_{\text{m}} \circ \boldsymbol{P}_{x,N}^{*,i-1}) \tag{9.7}$$

$$\boldsymbol{P}_{y,\rho}^{\#,i-1} = (\rho_{\text{o}} < e > \boldsymbol{P}_{y}^{\#,i-1}) \tag{9.8}$$

$$\boldsymbol{P}_{x,\rho}^{\#,i-1} = (\rho_{\text{m}} < e > \boldsymbol{P}_{x}^{\#,i-1}) \tag{9.9}$$

式中，$\boldsymbol{P}_{x,\rho}^{i-1}$、$\boldsymbol{P}_{y,\rho}^{\#,i-1}$、$\boldsymbol{P}_{x,\rho}^{\#,i-1}$ 分别为 $\boldsymbol{P}_{x}^{i-1}$、$\boldsymbol{P}_{y}^{\#,i-1}$、$\boldsymbol{P}_{x}^{\#,i-1}$ 局地化后的结果；ρ_{m} 与 ρ_{o} 分别为空间相关矩阵在模式空间以及观测空间分解得到的矩阵；运算符“$< e >$”的定义如式 (9.7) 所示；$\boldsymbol{P} \circ \boldsymbol{Q}$ 表示矩阵 $\boldsymbol{P}$ 与 $\boldsymbol{Q}$ 的舒尔积（$\boldsymbol{P}$ 与 $\boldsymbol{Q}$ 为任意维数相同的矩阵）；$\boldsymbol{P}_{x,j}^{*,i-1} (j = 1, 2, \cdots, N)$ 是一个 $n_{\text{m}} \times r$ 维矩阵，它的每一列都是向量 $\boldsymbol{P}_{x,j}^{i-1}$，$r$ 为选择的截断模态数；ρ_{m} 与 ρ_{o} 的具体计算参照 Zhang 和 Tian(2018a)。经过敏感性试验测试，“贡嘎”中的局地化半径为 2000 km，经向的截断模态数为 22，纬向的模态数为 12。

9.1.2 大气化学传输模式与先验碳通量

“贡嘎”使用的全球大气化学传输模式为 GEOS-Chem 12.9.3 版本 (https://geos-chem.seas. harvard.edu/) (Nassar et al.,2013,2010; Suntharalingam et al.,2004)。GEOS-Chem 的水平分辨率为 2°× 2.5°（纬向 × 经向），垂直方向共 47 层。GEOS-Chem 需要气象数据、初始 CO_2 浓度数据以及碳通量数据驱动。模式使用的气象数据为 MERRRA-2(Modern-Era Retrospective analysis for Research and Applications 2)(Gelaro et al.,2017)，初始 CO_2 浓度来自 CarbonTracker 的 CO_2 浓度数据 (Peters et al.,2007)。“贡嘎”共使用四种碳通量来驱动 GEOS-Chem，分别为陆地生态系统碳通量/净生态系统碳交换 (net ecosystem exchange, NEE)、海洋碳通量、化石燃料燃烧排放以及生物质燃烧排放。由于先验碳通量的选择会对同化结果产生一定的影响，本书对当下的地表碳通量数据集做了广泛调研，最终使用的先验 NEE 为 ORCHIDEE-MICT 模型的模拟结果 (Guimberteau et al.,2018)。系统使用的先验海洋碳通量为 CT2022 的 $p\mathrm{CO_2}$-Clim 先验值，该数据从 Takahashi 等 (2009) 关于海水 CO_2 分压的气候学估计推导而来。“贡嘎”中使用的化石燃料燃烧碳排放为全球碳收支格点化石燃料碳排放数据集 (Global Carbon Budget Gridded Fossil Emissions Dataset, GCP-GridFED; 版本 2023.1) (Jones et al.,2021)。“贡嘎”使用的生物质燃烧数据为 GFED4.1s 逐日数据 (Randerson et al.,2015; van Der Werf et al.,2017)。在大气反演系统中，一般认为，NEE 与海洋碳通量存在较大的不确定性，而假设其他碳通量是不存在误差的 (Jiang et al.,2021; Crowell et al.,2019; Nassar et al.,2011; Peters et al.,2007)。“贡嘎”也采用这一假定，只对 NEE 与海洋碳通量进行优化。

9.1.3 OCO-2 卫星观测数据

目前，“贡嘎”同化的是 OCO-2 卫星 Level 2 Lite 数据集中的 CO_2 柱浓度产品，数据版本为 11r(O'Dell et al.,2012, 2018)。“贡嘎”从 2014 年 9 月 6 日开始有 OCO-2 卫星观测的这一天进行同化，同化时间段为 2014 年 9 月 6 日 ~2022 年 12 月 31 日，2014 年 9 月 6 日 ~12 月 31 日的同化结果作为系统的 spin-up (Jiang et al., 2021)。OCO-2 卫星在 705km 高的太阳同步轨道上飞行，具有 16 天 (233 个轨道) 的地面轨道重复周期。OCO-2 在天底模式下的足迹大小为 $1.29{\times}2.25\ \mathrm{km}^2$，共有 8 个交叉轨道足迹，形成了 10.3 km 的条带宽度。在数据过滤和偏差订正后，OCO-2 第 7 版本在天底、耀斑以及目标观测模式下反演的 XCO_2 与对应的 TCCON 地基观测十分吻合，两者中位数差值的绝对值 < 0.4 ppm[①]，差值的均方根误差 < 1.5 ppm (Wunch et al.,2017)。之后的 OCO-2 第 8 版本的数据相较于第 7 版本又有了进一步的提升，OCO-2 反演结

① ppm, parts per million, 百万分之一。

果相较于 TCCON 观测的误差协方差在陆地上减少了 20%，在海洋上减少了 40%，同时陆地上天底与耀斑模式的反演结果也更为一致 (O'Dell et al.,2018)。

考虑到 OCO-2 XCO_2 产品的质量和庞大的数量，同化该观测前我们进行了观测的预处理，包括观测的质量控制和稀疏化，以剔除部分观测结果。由于大气反演系统是通过大气 CO_2 浓度观测的约束实现对地表碳通量的调整优化的，因而观测预处理步骤的不同将导致进入系统的观测不同，从而直接影响同化结果。为了最大限度地保留观测本身的特征，质控包括 xco2_quality_flag 筛选这一步，即根据 OCO-2 XCO_2 产品提供的 xco2_quality_flag 参数选择观测，xco2_quality_flag=0 表示反演的 XCO_2 质量好，xco2_quality_flag = 1 表示质量差，系统只选择了 xco2_quality_flag = 0 的观测。质控完成后是观测的稀疏化，考虑到 GEOS-Chem 模式的空间分辨率以及 OCO-2 反演结果的空间相关性，我们将每天同化的观测数量的上限设置为 20000 个，如果在质量控制之后剩余的观察数量超过该阈值，则进行观测稀疏化。假设 r 是不小于观测数与阈值之比的最小整数，则每 r 个观测保留一个观测，但如果剔除的观测与前一个观测距离太远，该观测也将被保留，以保证卫星观测的空间覆盖程度。

在最优化的过程中，需要考虑卫星观测以及状态向量对应的模拟观测之间的差异，在一定程度上根据观测对状态向量进行调整。优化时需要通过观测算子将状态向量转换为模拟观测，同时考虑观测误差的影响。观测误差协方差矩阵 $\boldsymbol{R}$ 可根据 OCO-2 Level 2 Lite 产品提供的 xco2_uncertainty 参数构造，并且假设不同观测的误差是相互独立的。观测算子在 CO_2 通道与通量通道有不同的表现形式。CO_2 通道的观测算子将模式空间的大气 CO_2 浓度映射为卫星观测空间的 CO_2 柱浓度；通量通道的观测算子首先利用碳通量驱动大气化学传输模式，得到模式空间的大气 CO_2 浓度，再将模式空间的大气 CO_2 浓度映射为卫星观测空间的 CO_2 柱浓度。模式模拟的 CO_2 浓度与卫星观测的 CO_2 柱浓度之间的映射关系为 (Connor et al.,2008)

$$\mathrm{XCO}_2^m = \mathrm{XCO}_2^a + \boldsymbol{h}^{\mathrm{T}} \boldsymbol{A}(\boldsymbol{x} - \boldsymbol{x}_a) \tag{9.10}$$

式中，XCO_2^m 为模式模拟的 CO_2 柱浓度；XCO_2^a 为 OCO-2 产品提供的先验柱浓度；$\boldsymbol{h}$ 为气压权重函数；$\boldsymbol{A}$ 为平均核矩阵；$\boldsymbol{x}$ 为模式模拟的 CO_2 廓线；$\boldsymbol{x}_a$ 为 OCO-2 产品提供的先验 CO_2 廓线。

9.1.4 后验碳通量的评估与验证

后验碳通量的不确定性是评估大气反演系统性能的重要指标，它表明同化后得到的碳通量受大气 CO_2 观测约束的程度。通量的不确定性可根据样本扰动集合 $\boldsymbol{P}_x$ 计算得出，根据Evensen (2009)，同化后的后验样本扰动集合为

$$\boldsymbol{P}_x^{\mathrm{post}} = \boldsymbol{P}_x \boldsymbol{V}_2 \sqrt{I - \Sigma_2^{\mathrm{T}} \Sigma_2} \boldsymbol{\Phi}^{\mathrm{T}} \tag{9.11}$$

获得后验样本扰动集合后便可计算后验误差协方差矩阵 $\boldsymbol{B}^{\text{post}}$。先验误差协方差矩阵 $\boldsymbol{B}$ 与后验误差协方差矩阵 $\boldsymbol{B}^{\text{post}}$ 分别代表先验、后验比例因子的不确定性。根据比例因子与通量之间的关系，可以得到通量总的不确定性 (Niwa, 2020)。

$$\sigma_{\text{total}}^{\text{prior}} = \sqrt{(\boldsymbol{f}^{\text{initial}})^{\text{T}}\boldsymbol{B}(\boldsymbol{f}^{\text{initial}})} \tag{9.12}$$

$$\sigma_{\text{total}}^{\text{post}} = \sqrt{(\boldsymbol{f}^{\text{initial}})^{\text{T}}\boldsymbol{B}^{\text{post}}(\boldsymbol{f}^{\text{initial}})} \tag{9.13}$$

计算通量不确定性时认为通量误差在时间上是相互独立的。由于通量观测的缺乏，直接对后验碳通量进行验证是不现实的。因此，我们将后验碳通量驱动 GEOS-Chem 模拟得到的 CO_2 浓度与大气 CO_2 浓度观测进行比较，以实现对后验碳通量的间接验证 (Wang et al.,2019；Jiang et al.,2021；Liu et al.,2021)。后验碳通量的验证包括两部分, 首先，用 OCO-2 中未被同化的 CO_2 柱浓度观测验证模式模拟结果，我们称这一部分未被同化的观测为独立观测。接下来，用 TCCON 观测验证模式模拟结果，我们使用了 TCCON 站点 GGG2014 版本的观测数据 (Wunch et al.,2011)。

为了对验证结果进行统计评估，我们计算了四个统计量，分别为均方根误差 (root mean square，RMSE)、平均偏差 (BIAS)、平均绝对误差 (mean absolute error，MAE) 以及相关系数 (CORR)：

$$\text{RMSE} = \sqrt{\frac{1}{L}\sum_{j=1}^{L}(h(\boldsymbol{x})_j - \boldsymbol{y}_j)^2} \tag{9.14}$$

$$\text{BIAS} = \frac{1}{L}\sum_{j=1}^{L}(h(\boldsymbol{x})_j - \boldsymbol{y}_j) \tag{9.15}$$

$$\text{MAE} = \frac{1}{L}\sum_{j=1}^{L}|h(\boldsymbol{x})_j - \boldsymbol{y}_j| \tag{9.16}$$

$$\text{CORR} = \frac{\sum_{j=1}^{L}(h(\boldsymbol{x})_j - \overline{h(\boldsymbol{x})})(\boldsymbol{y}_j - \overline{\boldsymbol{y}})}{\sqrt{\sum_{j=1}^{L}(h(\boldsymbol{x})_j - \overline{h(\boldsymbol{x})})^2}\sqrt{\sum_{j=1}^{L}(\boldsymbol{y}_j - \overline{\boldsymbol{y}})^2}} \tag{9.17}$$

式中，$h(\boldsymbol{x})_j$ 与 $\boldsymbol{y}_j$ 分别表示第 j 个模拟观测以及真实观测；L 为观测个数；观测上的横线表示观测的平均值。

9.2　全球碳通量数据集

本章使用“贡嘎”大气反演系统吸收 OCO-2 卫星 CO_2 柱浓度观测，生成了 2015~2022 年全球格点化 CO_2 通量数据集。通量数据具体包含“贡嘎”优化后的 NEE 与海洋碳通量以及两者的后验不确定性，同时还包括化石燃料燃烧碳排放和生物质燃烧碳排放。通量数据的时间分辨率为 3h，空间分辨率为 $2°\times2.5°$（纬向 × 经向）。数据用户可以计算他们感兴趣的任意区域内的通量以及不确定性。

9.2.1　全球碳通量评估

我们用“贡嘎”系统估算了全球碳收支的五个主要组成部分，包括化石燃料燃烧碳排放 ($E_{\rm FOS}$)、生物质燃烧碳排放 ($E_{\rm FIRE}$)、大气 CO_2 浓度增长率 ($G_{\rm ATM}$)、海洋碳汇 ($S_{\rm OCEAN}$) 和陆地生态系统碳汇 ($S_{\rm LAND}$) (图 9.2)；本章中的 $S_{\rm LAND}$ 指的是 NEE。2015~2022 年，$E_{\rm FOS}$ 为 (9.71 ± 0.20) PgC/a，2020 年的排放最少，为 9.44 PgC/a，2022 年的排放最多，为 9.94 PgC/a；$E_{\rm FIRE}$ 为 (1.86 ± 0.22) PgC/a，2022 年排放最少，为 1.47 PgC/a，2019 年排放最多，为 2.14 PgC/a。在这 8 年期间，NEE 的年际变化很大 (4.08 ± 0.53 PgC/a)；2015 年和 2016 年的陆地碳汇明显弱于其他年份。2015~2016 年的 NEE 为 –3.35 PgC/a，而 2017~2022 年的 NEE 为 4.33 PgC/a。陆地碳汇的减少主要与 2015~2016 年的厄尔尼诺事件有关，该事件导致了热带地区大量的碳释放 (Wang et al.,2013; Liu et al.,2017; Piao et al.,2020; Dannenberg et al.,2021)。与 NEE 相比，海洋碳汇的年际变化要小得多 (-2.32 ± 0.18

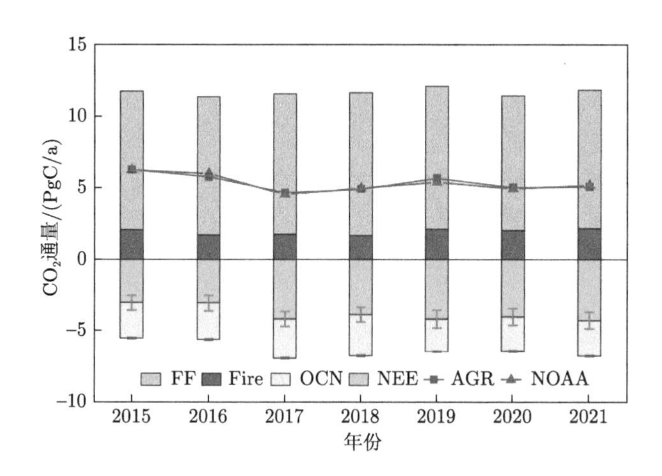

图 9.2　GONGGA 估算的 2015~2022 年全球碳收支

FF：化石燃料燃烧碳排放；Fire：生物质燃烧碳排放；OCN：海洋碳汇；NEE：净生态系统碳交换；AGR：GONGGA 反演的大气 CO_2 浓度增长率；NOAA：NOAA 观测到的大气 CO_2 增长率

PgC/a)。2015~2022 年，陆地生态系统和海洋分别吸收了 CO_2 排放总量 (E_{FOS} 和 E_{FIRE} 之和) 的约 35% 和 20%，最终导致 GATM 为 5.17 ± 0.68 PgC/a。根据美国国家海洋和大气管理局 (National Oceanic and Atmospheric Administration，NOAA) 提供的大气 CO_2 浓度观测结果直接估算出的 2015~2022 年全球 GATM 为 5.24 ± 0.59 PgC/a，这与“贡嘎”的结果相吻合。

9.2.2 区域碳通量评估

图9.3给出了“贡嘎”估算的 2015~2022 年净生物圈碳交换 (net biosphere exchange, NBE) 和海洋碳通量的全球分布情况。从图9.3中可以看出，陆地碳汇主要分布在北美洲温带、南美洲中部、非洲南部、欧洲、亚洲北部、印度、中国东部和澳大利亚大部分地区。陆地碳源主要分布在美洲西部、亚马孙东部、非洲中部、东南亚、澳大利亚东南沿海和新西兰。海洋碳源主要分布在热带海洋和南大洋高纬度地区；赤道太平洋是最主要的碳源区。碳汇主要出现在两个半球的中纬度地区和北大西洋的高纬度地区。总体而言，与海洋碳通量相比，NBE 的空间分布更为复杂，不确定性更高。

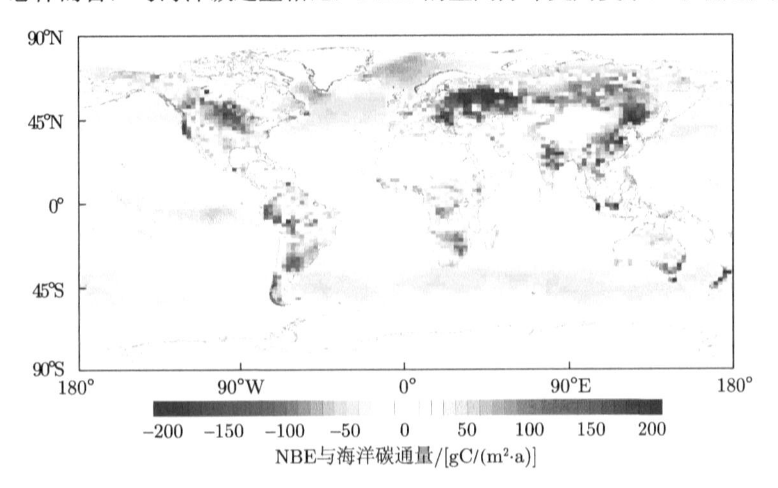

图 9.3 GONGGA 估算的全球平均 (2015~2022 年)NBE 与海洋碳通量的空间分布

9.3 碳通量数据集的验证

为了对 CO_2 通量进行验证，我们利用先验以及后验碳通量驱动 GEOS-Chem 模拟大气 CO_2 浓度，并将模拟浓度和 OCO-2 独立观测以及 TCCON 地基观测作对比。

9.3.1 OCO-2 独立观测验证

在同化 OCO-2 观测之前，系统进行了观测的预处理，有大批观测没有进入同化系统。在这些未被同化的观测中，再进行一次观测的质量控制与稀疏化，最后得到的观测被称为独立观测，用于碳通量的验证。图9.4给出了由先验和后验碳通量驱动 GEOS-Chem 得到的模拟观测以及与对应的 OCO-2 独立观测之间的关系。这里给出的 XCO_2 为日平均模拟或观测结果，各个统计量根据该日内的模拟观测以及 OCO-2 观测计算得出。模式模拟的 XCO2 以及 OCO-2 观测均呈现逐年递增的趋势，且具有明显的季节变化特征。先验的模拟偏差存在比较明显的季节波动，基本上是春夏两季大于秋冬两季。同化后，后验模拟的 XCO_2 与 OCO-2 独立观测更为吻合，且各个统计量趋于稳定，统计量随季节变化的特征也被大大削弱。2015~2022 年的统计结果显示，后验模拟观测与 OCO-2 独立观测之间的 RMSE 由 1.10 ppm 降至 0.92 ppm，BIAS 由–0.16 ppm 变为–0.18 ppm，MAE 由 0.83 ppm 降至 0.69 ppm，CORR 由 0.98 升至 0.99。这些结果进一步表明，“贡嘎”很好地吸纳了 OCO-2 柱浓度观测，并且对 NEE 与海洋碳通量进行的优化是有效的。

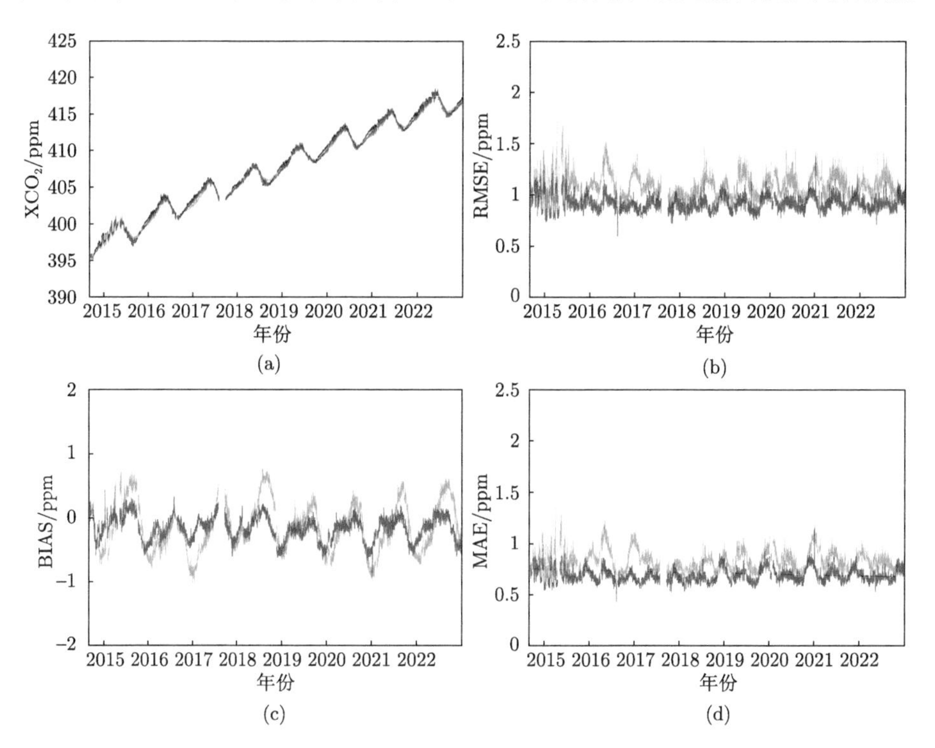

图 9.4 先验以及后验 XCO_2 模拟结果与对应 OCO-2 独立观测的对比

(a) 为模式模拟以及观测的日平均 XCO_2 的时间序列；(b) 为模拟结果与观测之间每日的 RMSE；(c) 为模拟结果与观测之间每日的 BIAS；(d) 为模拟结果与观测之间每日的 MAE。(a) 中的红线表示后验模拟结果；蓝线表示先验模拟结果；黑线表示 OCO-2 观测。(b)~(d) 中的红线表示后验模拟结果与观测之间的统计量；蓝线表示先验模拟结果与观测之间的统计量。线段的中断是由 OCO-2 观测的缺失造成的

9.3.2　TCCON 观测验证

我们将后验 CO_2 通量驱动的月平均 XCO_2 模拟值与 27 个 TCCON 站点的观测值进行了对比 (表 9.1、图9.5)。模拟的全球平均 RMSE 为 0.81，BIAS 为 0.24 ppm。通过同化 OCO-2 观测数据，大气 CO_2 模拟与先验相比有了很大改进，先验的模拟在全球范围内的 RMSE 和 BIAS 分别为 1.15 ppm 和 0.51 ppm。在大多数站点，后验 RMSE 小于 1 ppm，BIAS 在–0.5~1 ppm(图 9.6)。先验的模拟普遍高估了 CO_2 浓度，尤其是在冬季。反演后，大多数站点的正偏差都得到了充分缓解。最大的模拟偏差出现在 Eureka 站，模拟结果高估了该站冬季的 XCO_2。这种高估现象在位于北半球高纬度地区的 Ny Ålesund 站和 Sodankylä 站也很明显。对于上述站点，考虑到北半球高纬度地区冬季卫星观测的缺乏，反演对先验通量的订正不够理想。

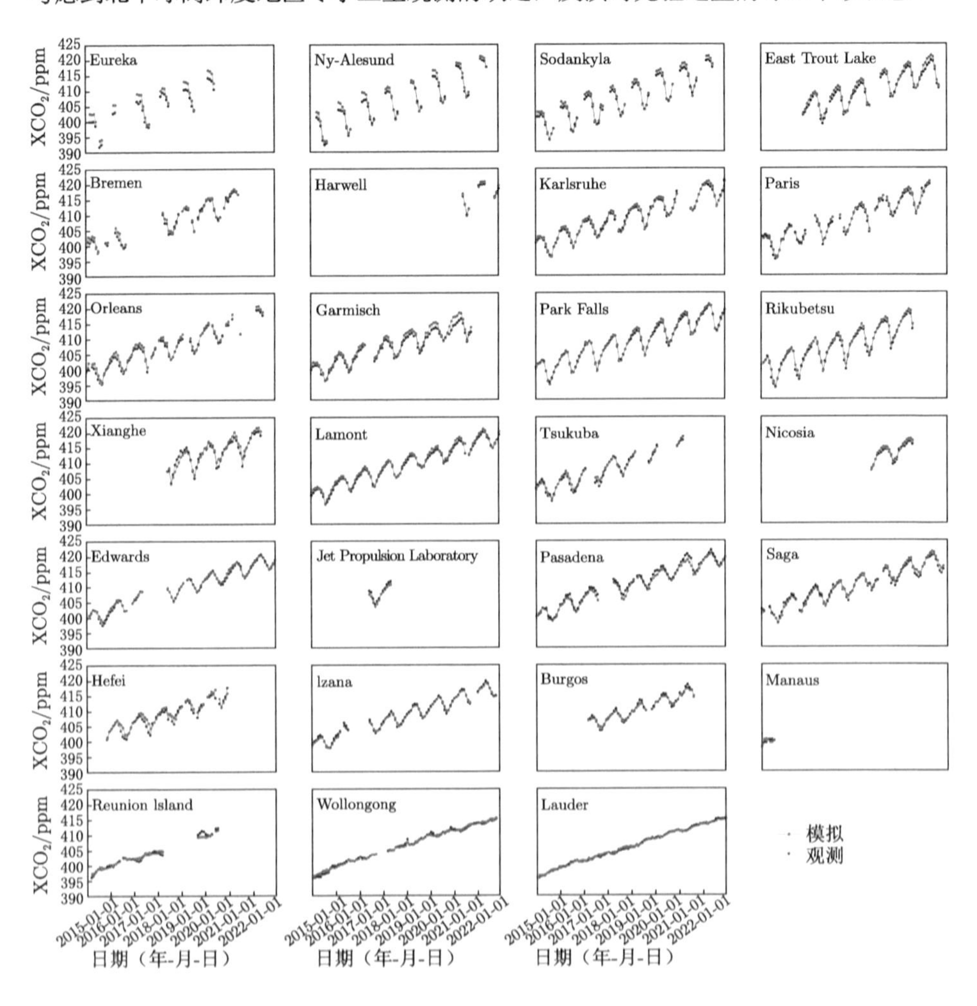

图 9.5　TCCON 站点月平均观测和模拟时间序列

表 9.1 用于验证碳通量的 TCCON 站点的地理位置，以及 TCCON 数据的相关引用

站点	纬度	经度	国家	数据引用
Eureka	80.0°N	86.4°W	加拿大	Strong 等 (2022)
Ny Ålesund	78.9°N	11.9°E	挪威	Buschmann 等 (2022)
Sodankylä	67.4°N	11.9°E	芬兰	Kivi 等 (2022)
East Trout Lake	54.4°N	105.0°W	加拿大	Wunch 等 (2022)
Bremen	53.1°N	8.9°E	德国	Notholt 等 (2022)
Harwell	51.6°N	1.3°W	英国	Weidmann 等 (2023)
Karlsruhe	49.1°N	8.4°E	德国	Hase 等 (2022)
Paris	49.0°N	2.4°E	法国	Té 等 (2014)
Orléans	48.0°N	2.1°E	法国	Warneke 等 (2022)
Garmisch	47.5°N	11.1°E	德国	Sussmann 和 Rettinger(2023)
Park Falls	46.0°N	90.3°W	美国	Wennberg 等 (2022d)
Rikubetsu	43.5°N	143.8°E	日本	Morino 等 (2022b)
Xianghe	39.8°N	117.0°E	中国	Zhou 等 (2022)
Lamont	36.6°N	97.5°W	美国	Wennberg 等 (2022b)
Tsukuba	36.1°N	140.1°E	日本	Morino 等 (2022a)
Nicosia	35.1°N	33.4°E	塞浦路斯	Petri 等 (2022)
Edwards	35.0°N	117.9°W	美国	Iraci 等 (2022b)
Jet Propulsion Laboratory	34.2°N	118.2°W	美国	Wennberg 等 (2022a)
Pasadena	34.1°N	118.1°W	美国	Wennberg 等 (2022c)
Saga	33.2°N	130.3°E	日本	Shiomi 等 (2022)
Hefei	31.9°N	117.2°E	中国	Liu 等 (2022)
Izana	28.3°N	16.5°W	西班牙	García 等 (2022)
Burgos	18.5°N	120.7°E	菲律宾	Morino 等 (2022c)
Manaus	3.2°S	60.6°W	巴西	Dubey 等 (2022)
Réunion Island	20.9°S	55.5°E	法国	De Mazière 等 (2022)
Wollongong	34.4°S	150.9°E	澳大利亚	Deutscher 等 (2023)
Lauder	45.0°S	169.7°E	新西兰	Sherlock 等 (2022); Pollard 等 (2022)

注：站点按照纬度由北至南排列

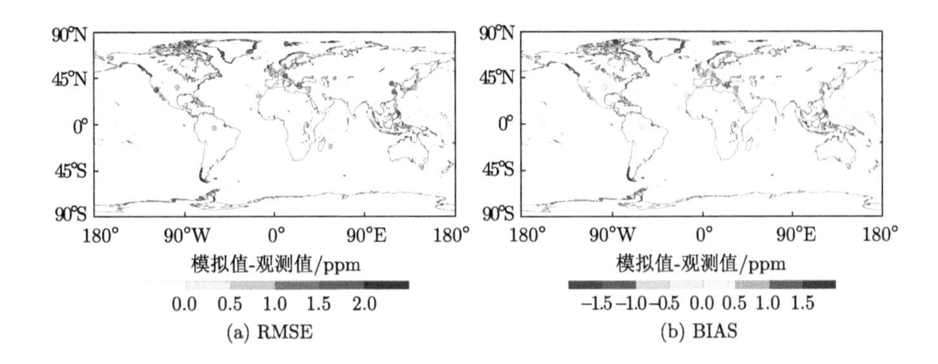

(a) RMSE (b) BIAS

图 9.6 XCO_2 后验模拟与各 TCCON 站点相应观测值之间的 RMSE、BIAS 的空间分布

参 考 文 献

付梦印，邓志红，闫莉萍. 2003. Kalman 滤波理论及其在导航系统中的应用. 北京：科学出版社.

金哲, 2022. 基于 NLS-4DVar 的卫星 CO_2 柱浓度的反演与同化. 北京：中国科学院大气物理研究所.

刘成思，薛纪善. 2005. 关于集合 Kalman 滤波的理论和方法的发展. 热带气象学报, 21(6).

申思. 2015. 降维投影四维变分同化方法的改进及在 GRAPES 全球模式中的初步应用. 北京：中国科学院大气物理研究所.

托马斯, 陈葆德, 李泓, 等. 2017. 数值天气和气候预测. 北京：气象出版社.

王澄海，杨毅，隆霄. 2011. 大气数值模式及模拟. 北京：气象出版社.

张洪芹. 2019. 非线性最小二乘集合四维变分同化方法的发展与应用. 北京：中国科学院大气物理研究所.

张璐, 2020. 多重网格 NLS-4DVar 数据同化系统 SNAP 的发展与应用. 北京：中国科学院大气物理研究所.

张珊. 2022. 基于 NLS-4DVar 方法的 PM2.5 数据同化系统构建与应用. 北京：中国科学院大气物理研究所.

朱江. 1995. 观测资料的四维质量控制:变分法. 气象学报, 53(4): 480-487.

邹晓蕾. 2009. 资料同化理论和应用. 北京：气象出版社.

Kalnay E. 2005. 大气模式、资料同化与可预报性. 蒲朝霞，等译. 北京：气象出版社.

Warner T T. 2017. 数值天气和气候预测. 陈葆德，李泓，王晓峰，等译. 北京：气象出版社.

Aberson S D. 2003. Targeted observations to improve operational tropical cyclone track forecast guidance. Monthly Weather Review, 131: 1613-1628, https://doi.org/10.1175//2550.1.

Aberson S D, Majumdar S J, Reynolds C A, et al. 2011. An observing system experiment for tropical cyclone targeting techniques using the global forecast system. Monthly Weather Review, 139: 895-907, https://doi.org/10.1175/2010MWR3397.1.

Ancell B, Hakim G J. 2007. Comparing adjoint-and ensemble-sensitivity analysis with applications to observation targeting. Monthly Weather Review, 135: 4117-4134, https://doi.org/10.1175/2007MWR1904.1.

Anderson J L. 2001. An ensemble adjustment Kalman filter for data assimilation. Monthly Weather Review, 129: 2884-2903.

Anderson J L. 2007. Exploring the need for localization in ensemble data assimilation using a hierarchical ensemble filter. Physical D: Nonliner Phenomena, 230: 99-111.

Anderson J L. 2012. Localization and sampling error correction in ensemble Kalman filter data assimilation. Monthly Weather Review, 140: 2359-2371.

Barker D, Huang X Y, Liu Z Q, et al. 2012. The weather research and forecasting model's community variational/ensemble data assimilation system: WRFDA. Bulletin of the American Meteorological Society, 93: 831-843.

Benjamin S G, Dévényi D, Weygandt S S, et al. 2004. An hourly assimilation-forecast cycle: The RUC. Monthly Weather Review, 132: 495-518, https://doi.org/10.1175/1520-0493(20

04)132<0495:AHACTR>2.0.CO;2.

Benjamin S G, Weygandt S S, Brown J M, et al. 2016. A North American hourly assimilation and model forecast cycle: The rapid refresh. Monthly Weather Review, 144: 1669-1694, https://doi.org/10.1175/MWR-D-15-0242.1.

Bergthörsson P, Döös B R. 1955. Numerical weather map analysis. Tellus, 7(3): 329-340.

Bishop C H, Etherton B, Majumdar S J. 2001. Adaptive sampling with the ensemble transform Kalman filter-Part I: Theoretical aspects. Monthly Weather Review, 129: 420-436.

Bishop C H, Hodyss D. 2007. Flow adaptive moderation of spurious ensemble correlations and its use in ensemble-based data assimilation. Quarterly Journal of the Royal Meteorological Society, 133: 2029-2044, doi:10.1002/qj.169.

Bishop C H, Hodyss D. 2009a. Ensemble covariances adaptively localized with ECO-RAP. Part 1: Tests on simple error models. Tellus, 61A: 84-96, doi:10.1111/j.1600-0870.2008.00371.x.

Bishop C H, Hodyss D. 2009b. Ensemble covariances adaptively localized with ECO-RAP. Part 2: A strategy for the atmosphere. Tellus, 61A: 97-111, doi:10.1111/j.1600-0870.2008.00372.x.

Bishop C H, Hodyss D. 2011. Adaptive ensemble covariance localization in ensemble 4D-VAR state estimation. Monthly Weather Review, 139: 1241-1255.

Bishop C H, Hodyss D, Steinle P, et al. 2011. Efficient ensemble covariance localization in variational data assimilation. Monthly Weather Review, 139: 573-580.

Bishop C H, Toth Z. 1999. Ensemble transformation and adaptive observations. Journal of the Atmospheric Sciences, 56: 1748-1765.

Bjerknes V. 1904. Das Problem der Wettervorhers-age, betrachtet vom Standpunkte der Mechanik und der Physik. Meteorological Zeits, 21: 1-7.

Briggs W, Henson V E, McCormic S F. 2000. A multigrid Tutorial (Second Edition). Philadelphia, SIAM.

Bouttier F, Courtier P. 2002. Data Assimilation Concepts and Methods.https://www.ecmwf.int/en/elibrary/79860-data-assimilation-concepts-and-methods.

Buehner M. 2005. Ensemble-derived stationary and flow-dependent background-error covariances: Evaluation in a quasi-operational NWP setting. Quarterly Journal of the Royal Meteorological Society, 131: 1013-1043.

Buehner M, Houtekamer P L, Charette C, et al. 2010a. Intercomparison of variational data assimilation and the ensemble Kalman filter for global deterministic NWP. Part I: Description and single-observation experiments. Monthly Weather Review, 138: 1550-1566.

Buehner M, Houtekamer P L, Charette C, et al. 2010b. Intercomparison of variational data assimilation and the ensemble Kalman filter for global deterministic NWP. Part II: One-month experiments with real observations. Monthly Weather Review, 138: 1567-1586.

Buehner M. 2012. Evaluation of a spatial/spectral covariance localization approach for atmospheric data assimilation. Monthly Weather Review, 140: 617-636.

Burgers G, van Leeuwen P J, Evensen G. 1998. Analysis scheme in the ensemble Kalman Filter. Monthly Weather Review, 126: 1719-1724.

Buschmann M, Petri C, Palm M, et al. 2022. TCCON data from Ny-Ålesund, Svalbard (NO),

Release GGG2020.R0.

Charney J, FjÖrtoft R, von Neumann J. 1950. Numerical integration of the barotropic vorticity equation. Tellus, 2: 237-254. DOI: 10.3402/tellusa.v2i4.8607.

Chen F, Dudhia J. 2001. Coupling an advanced land-surface/hydrology model with the Penn State/NCAR MM5 modeling system. Part I: Model description and implementation. Monthly Weather Review, 129: 569-585.

Chen M, Mao S, Liu Y. 2014. Big data: A survey. Mobile Networks and Applications, 19(2): 171-209. https://doi.org/10.1007/s11036-013-0489-0.

Chen S H, Sun W Y. 2002. A one-dimensional time dependent cloud model. Journal of the Meteorological Society of Japan, 80: 99-118.

Chou K H, Wu C C, Lin P H, et al. 2011. The impact of dropwindsonde observations on typhoon track forecasts in DOTSTAR and T-PARC. Monthly Weather Review, 139: 1728-1743, https://doi.org/10.1175/2010MWR3582.1.

Clayton A M, Lorenc A C, Barker D M. 2013. Operational implementation of a hybrid ensemble/4D-Var global data assimilation system at the Met Office. Quarterly Journal of the Royal Meteorological Society, 139: 1445-1461, doi:10.1002/qj.2054.

Cressman G P. 1959. An operational objective analysis system. Monthly Weather Review, 87: 367-374.

Crowell S, Baker D, Schuh A, et al. 2019. The 2015-2016 carbon cycle as seen from OCO-2 and the global in situ network. Atmospheric Chemistry and Physics, 19: 9797-9831, 10.5194/acp-19-9797-2019.

Connor B J, Boesch H, Toon G, et al. 2008. Orbiting carbon observatory: Inverse method and prospective error analysis. Journal of Geophysical Research: Atmospheres, 113: https://doi.org/10.1029/2006jd008336.

Courtier P, Thépaut J N, Hollingsworth A. 1994. A strategy for operational implementation of 4D-Var, using an incremental approach. Quarterly Journal of the Royal Meteorological Society, 120: 1367-1387.

Courtier P, Anderson E, Heckley W, et al. 1998. The ECMWF implementation of three-dimensional variational assimilation (3D-Var). I: Formulation. Quarterly Journal of the Royal Meteorological Society, 124: 1783-1807.

Daescu D N, Navon I M. 2004. Adaptive observations in the context of 4D-Var data assimilation. Meteorology and Atmospheric Physics, 85: 205-226, https://doi.org/10.1007/s00703-003-0011-5.

Dennis J E Jr, Schnabel R B. 1996. Numerical Methods for Unconstrained Optimization and Nonlinear Equations (Classics in Applied Mathematics). Philadelphia: SIAM.

De Mazière M, Sha M K, Desmet F, et al. 2022. TCCON data from Réunion Island (RE), Release GGG2020.R0 (R0). https://doi.org/10.14291/tccon.ggg2020.reunion01.R0.

Deutscher N M, Griffith D W T, Paton-Walsh C, et al. 2023. TCCON data from Wollongong (AU), Release GGG2020.R0 (R0). https://doi.org/10.14291/tccon.ggg2020.wollongong01.R0.

Dubey M K, Henderson B G, Allen N T, et al. 2022. TCCON data from Manaus (BR), Release GGG2020.R0 (R0). https://doi.org/10.14291/tccon.ggg2020.manaus01.R0.

Dudhia J. 1989. Numerical study of convection observed during the winter monsoon experiment using a mesoscale two-dimensional model. Journal of the Atmospheric Sciences, 46: 3077-3107.

Epstein I. 1969. A (uvby) study of RR Lyrae stars. Astronomical Journal, 74:1131-1151.

Evensen G. 1992. Using the extended Kalman filter with a multiplayer quasi-geostrophic ocean model. Journal of Geophysical Research, 97: 17905-17924.

Evensen G. 1993. Open boundary conditions for the extended Kalman filter with a quasi-geostrophic model. Journal of Geophysical Research, 98(C9): 529-546.

Evensen G. 1994. Sequential data assimilation with a nonlinear quasi-geostrophic model using Monte-Carlo methods to forecast error statistics. Journal of Geophysical Research, 99(C5): 10143-10162.

Evensen G, van Leeuwen P J. 2000. An ensemble Kalman smoother for nonlinear dynamics. Monthly Weather Review, 128: 1852-1867.

Evensen G. 2003. The Ensemble Kalman Filter: Theoretical formulation and practical implementation. Ocean Dynamics, 53: 343-367.

Evensen G. 2004. Sampling strategies and square root analysis schemes for the EnKF. Ocean Dynamics, 53: 539-560.

Evensen G. 2009. Data Assimilation-The Ensemble Kalman Filter. Berlin: Springer.

Etherton B J, Bishop C H. 2004. Resilience of hybrid ensemble/3DVar analysis schemes to model error and ensemble covariance error. Monthly Weather Review, 132: 1065-1080.

Fairbairn D, Pring S R, Lorenc A C, et al. 2014. A comparison of 4DVar with ensemble data assimilation methods. Quarterly Journal of the Royal Meteorological Society, 140: 281-294, doi:10.1002/qj.2135.

Fertig E J, Harlim J, Hunt B R. 2007. A comparative study of 4D-VAR and a 4D Ensemble Kalman Filter: Perfect model simulations with Lorenz-96. Tellus A: Dynamic Meteorology and Oceanography, 59: 96-100, DOI: 10.1111/j.1600-0870.2006.00205.

Gaspari G, Cohn S E. 1999. Construction of correlation functions in two and three dimensions. Quarterly Journal of the Royal Meteorological Society, 125: 723-757.

Gandin L S. 1963. Objective analysis of meteorological fields. Israeli Program for Scientific Translations.

Garcĺa O E, Schneider M, Herkommer B, et al. 2022. TCCON data from Izana (ES), Release GGG2020.R1 (R1). https://doi.org/10.14291/tccon.ggg2020.izana01.R1.

Gauthier P, Tanguay M, Laroche S. 2007. Extension of 3DVAR to 4DVAR: Implementation of 4DVAR at the meteorological service of Canada. Monthly Weather Review, 135: 2339-2364, doi:10.1175/MWR3394.1.

Geng X, Xie Z, Zhang L, et al. 2018. An inverse method to estimate emission rates based on nonlinear leastsquares-based ensemble four-dimensional variational data assimilation with local air concentration measurements. Journal of Environmental Radioactivity, 183: 17-26.

Gelaro R, McCarty W, Suárez M J, et al. 2017. The modern-era retrospective analysis for research and applications, version 2 (MERRA-2). Journal of Climate, 30: 5419-5454, https://doi.org/10.1175/JCLI-D-16-0758.1.

Gilchrist B, Cressman G P. 1954. An experiment in objective analysis. Tellus, 6(4): 309-318.

Greybush S J, Kalnay E, Miyoshi T, et al. 2011. Balance andensemble Kalman filter localization techniques. Monthly Weather Review, 139: 511-522.

Griffith A K, Nichols N K. 2000. Adjoint methods in data assimilation for estimating model error. Flow, Turbulence and Combustion, 65(3-4): 469-488. https://doi.org/10.1023/a: 1011454109203.

Guimberteau M, Zhu D, Maignan F, et al. 2018. ORCHIDEE-MICT (v8.4.1), a land surface model for the high latitudes: Model description and validation. Geoscientific Model Development, 11: 121-163, 10.5194/gmd-11-121-2018.

Hamill T M, Snyder C. 2000. A hybrid ensemble Kalman filter-3D variational analysis scheme. Monthly Weather Review, 128: 2905-2919.

Hamill T M, Whitaker J S, Snyder C. 2001. Distance-dependent filtering of background error covariance estimates in an ensemble Kalman filter. Monthly Weather Review, 129: 2776-2790.

Hase F, Herkommer B, Groß J, et al. 2022. TCCON data from Karlsruhe (DE), Release GGG2020.R0 (R0). https://doi.org/10.14291/tccon.ggg2020.karlsruhe01.R0.

Hersbach H, Bell B, Berrisford P, et al. 2020. The ERA5 global reanalysis. Quarterly Journal of the Royal Meteorological Society, 146: 1999-2049.

Hong S Y, Noh Y, Dudhia J. 2006. A new vertical diffusion package with an explicit treatment of entrainment processes. Monthly Weather Review, 134: 2318-2341.

Hossen M J, Navon I M, Daescu D N. 2012. Effect of random perturbations on adaptive observation techniques. International Journal for Numerical Methods in Fluids, 69(1): 110-123, https://doi.org/10.1002/fld.2545.

Houtekamer P L, Mitchell H L. 1998. Data assimilation using an ensemble Kalman filter technique. Monthly Weather Review, 126: 796-811.

Houtekamer P L, Mitchell H L. 2001. A sequential ensemble Kalman filter for atmospheric data assimilation. Monthly Weather Review, 129: 123-137.

Houtekamer P L, Mitchell H L. 2005. Ensemble Kalman filtering. Quarterly Journal of the Royal Meteorological Society, 131: 3269-3289.

Houtekamer P L, Pellerin G, Buehner M, et al. 2005. Atmospheric data assimilation with an ensemble Kalman filter: Results with real observations. Monthly Weather Review, 133: 604-620.

Houtekamer P L, He B, Mitchell H L. 2014. Parallel implementation of an ensemble Kalman filter. Monthly Weather Review, 142: 1163-1182, doi:10.1175/MWR-D-13-00011.1.

Hu M, Shao H, Stark D, et al. 2013. Gridpoint Statistical Interpolation (GSI) Version 3.2 User's Guide, Developmental Testbed Centre. http://www.dtcenter.org/com-GSI/users/index.php.

Hu M, Ge G, Zhou C, et al. 2018. Grid-point Statistical Interpolation (GSI) User's Guide Version 3.7. Developmental Testbed Center. http://www.dtcenter.org/com-GSI/users/docs/index.php.

Hunt B R, Kalnay E, Kostelich E J, et al. 2004. Four-dimensional ensemble Kalman filtering. Tellus, 56A: 273-277.

Hunt B R, Kostelich E J, Ott E, et al. 2007. Efficient data assimilation spatiotemporal chaos: A local ensemble transform Kalman filter. Physical D, 230: 112-126.

Iraci L T, Podolske J R, Roehl C, et al. 2022. TCCON data from Edwards (US), Release GGG2020.R0 (R0). https://doi.org/10.14291/tccon.ggg2020.edwards01.R0.

Jiang F, Wang H, Chen J M, et al. 2021. Regional CO_2 fluxes from 2010 to 2015 inferred from GOSAT XCO_2 retrievals using a new version of the Global Carbon Assimilation System. Atmospheric Chemistry and Physics, 21: 1963-1985, 10.5194/acp-21-1963-2021.

Jiang, Z, Chen Z, Chen J, et al. 2014. The estimation of regional crop yield using ensemble-based four-dimensional variational data assimilation. Remote Sensing, 6: 2664-2681. https://doi.org/10.3390/rs6042664.

Jin Z, Wang T, Zhang H, et al. 2023. Constraint of satellite CO_2 retrieval on the global carbon cycle from a Chinese atmospheric inversion system. Science China Earth Sciences, 66(3): 609-618.

Joly A, Jorgensen D, Shapiro M A, et al. 1997. The fronts and Atlantic storm-track experiment (FASTEX): Scientific objectives and experimental design. Bulletin of the American Meteorological Society, 78: 1917-1940, https://doi.org/10.1175/1520-0477(1997)078<1917:TFAAST>2.0.CO;2.

Joly A, Browning K A, Bessemoulin P. 1999. Overview of the field phase of the fronts and Atlantic Storm-Track EXperiment (FASTEX) project. Quarterly Journal of the Royal Meteorological Society, 125: 3131-3163, https://doi.org/10.1002/qj.49712556103.

Jones R. 1965. An experiment in non-linear prediction. Journal of Applied Meteorology, 4: 701-705.

Jones M W, Andrew R M, Peters G P, et al. 2021. Gridded fossil CO_2 emissions and related O_2 combustion consistent with national inventories 1959-2018. Scientific Data, 8: 2.

Kalnay E. 2005. Atmospheric Modeling, Data Assimilation and Predictability (in Chinese). Beijing: China Meteorological Press.

Kalnay E, Li H, Miyoshi T, et al. 2007. 4-D-Var or ensemble Kalman filter?. Tellus A: Dynamic Meteorology and Oceanography, 59(5): 758-773, DOI: 10.1111/j.1600-0870.2007.00261.x

Kalman R E. 1960. A new approach to linear filtering and prediction problems. Journal of Basic Engineering, 82: 34-45.

Kivi R, Heikkinen P, Kyrö E. 2022. TCCON data from Sodankylä (FI), Release GGG2020.R0 (R0). https://doi.org/10.14291/tccon.ggg2020.sodankyla01.R0.

Kleist D T, Parrish D F, Derber J C, et al. 2009. Introduction of the GSI into NCEP Global Data Assimilation System. Weather and Forecasting, 24: 1691-1705.

Kuhl D D, Rosmond T E, Bishop C H, et al. 2013. Comparison of hybrid ensemble/4DVar and

4DVar within the NAVDAS-AR data assimilation framework. Monthly Weather Review, 141: 2740-2758, doi:10.1175/ MWR-D-12-00182.1.

Langland R H, Rohaly G D. 1996. Adjoint-based targeting of observations for FASTEX cyclones//Proceedings of the 7th Mesoscale Processes Conference. American Meteorological Society, 369-371.

Langland R H, Gelaro R, Rohaly G D, et al. 1999a. Targeted observations in FASTEX: Adjoint-based targeting procedures and data impact experiments in IOP17 and IOP18. Quarterly Journal of the Royal Meteorological Society, 125: 3241-3270, https://doi.org/10.1002/qj.49712556107.

Langland R H, Toth Z, Gelaro R, et al. 1999b. The North Pacific experiment (NORPEX-98): Targeted observations for improved North American weather forecasts. Bulletin of the American Meteorological Society, 80: 1363-1384, https://doi.org/10.1175/1520-0477(1999)080<1363:TNPENT>2.0.CO;2.

Lewis J M, Derber J C. 1985. The use of the adjoint equation to solve a variational adjustment problem with advective constraints. Tellus A, 37: 309-322.

Le Dimet F X, Talagrand O. 1986. Variational algorithms for analysis and assimilation of meteorological observations: Theoretical aspects. Tellus, 38A: 97-110.

Li H, Kalnay E, Miyoshi T. 2009. Simultaneous estimation of covariance inflation and observation errors within an ensemble Kalman filter. Quarterly Journal of the Royal Meteorological Society, 135(639): 523-533. https://doi.org/10.1002/qj.371.

Li S, Zhang L, Xiao J, et al. 2022. Simulating carbon and water fluxes using a coupled process-based terrestrial biosphere model and joint assimilation of leaf area index and surface soil moisture. Hydrology and Earth System Sciences, 26: 6311-6337, https://doi.org/10.5194/hess-26-6311-2022.

Li W, Xie Y F, Deng S M, et al. 2010. Application of the multigrid method to the two-dimensional doppler radar radial velocity data assimilation. Journal of Atmospheric Oceanic Technology, 27(2): 319-332.

Li Z. 2011. A multi-scale three-dimensional variational data assimilation scheme and its application to coastal oceans. Retrieved from http://gmao.gsfc.nasa.gov/events/adjoint_workshop-9/presentations/Li.pdf.

Li Z, Chao Y, Farrara J D, et al. 2013. Impacts of distinct observations during the 2009 Prince William Sound field experiment: A data assimilation study. Continental Shelf Research, 63: S209-S222, ISSN0278-4343.

Li Z, Chao Y, McWilliams JC, et al. 2008. A three-dimensional variational data assimilation scheme for the Regional Ocean Modeling System: Implementation and basic experiments. Journal of Geophysical Research, 113: C05002, doi:10.1029/2006JC004042.

Li Z, McWilliams J C, Ide K, et al. 2015a. Coastal ocean data assimilation using a multi-scale three-dimensional variational scheme. Ocean Dynamics, 65: 1001-1015, doi:10.1007/s10236-015-0850-x.

Li Z, McWilliams J C, Ide K, et al. 2015b. A Multiscale Variational Data Assimilation Scheme:

Formulation and Illustration. Monthly Weather Review, 143: 3804-3822.

Liang X D, Wang B, Chan J C L, et al. 2007a. Tropical cyclone forecasting with model-constrained 3D-Var, Part I: Description. Quarterly Journal of the Royal Meteorological Society, 133: 147-153.

Liang X D, Wang B, Chan J C L, et al. 2007b. Tropical cyclone forecasting with model-constrained 3D-Var, II: Improved cyclone track forecasting using AMSU-A, QuikSCAT and cloud-drift wind data. Quarterly Journal of the Royal Meteorological Society, 133: 155-165.

Lin Y L, Farley R D, Orville H D. 1983. Bulk parameterization of the snow field in a cloud model. Journal of Climate and Applied Meteorology, 22: 1065-1092.

Liu C, Wang W, Sun Y, et al. 2022. TCCON data from Hefei (PRC), Release GGG2020.R0 (R0). https://doi.org/10.14291/tccon.ggg2020.hefei01.R0.

Liu C, Xiao Q, Wang B. 2008. An ensemble-based four dimensional variational data assimilation scheme. Part I: Technical formulation and preliminary test. Monthly Weather Review, 136: 3363-3373, doi:10.1175/2008MWR2312.1.

Liu C, Xiao Q, Wang B. 2009. An ensemble-based four-dimensional variational data assimilation scheme. Part II: Observing system simulation experiments with Advanced Research WRF. Monthly Weather Review, 137: 1687-1704, doi:10.1175/2008MWR2699.1.

Liu C, Xiao Q. 2013. An ensemble-based four-dimensional variational data assimilation scheme. Part III: Antarctic applications with Advanced Research WRF using real data. Monthly Weather Review, 141: 2721-2739, doi:10.1175/MWR-D-12-00130.1.

Liu C, Xue M. 2015. Relationships among four-dimensional hybrid ensemble-variational data assimilation algorithms with full and approximate ensemble covariance localization. Monthly Weather Review, 144: 591-606.

Liu D C, Nocedal J. 1989. On the limited memory BFGS method for large scale optimization. Mathematical Programming, 45: 503-528.

Liu J, Baskaran L, Bowman K, et al. 2021. Carbon monitoring system flux net biosphere exchange 2020 (CMS-Flux NBE 2020) . Earth System Science Data, 13: 299-330, https://doi.org/10.5194/essd-13-299-2021.

Lorenz E. 1996. Predictability: A problem partly solved. Seminar on Predictability. https://www.ecmwf.int/en/elibrary/75462-predictability-problem-partly-solved.

Lorenc A C, Ballard S P, Bell R S, et al. 2000. The Met. Office global three dimensional variational data assimilation scheme. Quarterly Journal of the Royal Meteorological Society, 126: 2991-3012.

Lorenc A C. 2003a. The potential of the ensemble Kalman filter for NWP: A comparison with 4D-VAR. Quarterly Journal of the Royal Meteorological Society, 129: 3183-3203.

Lorenc A C. 2003b. Modelling of error covariances by 4D-Var data assimilation. Quarterly Journal of the Royal Meteorological Society, 129: 3167-3182, doi:10.1256/qj.02.131.

Lorenc A C. 2013. Recommended nomenclature for EnVar data assimilation methods. Research Activities in Atmospheric and Oceanic Modelling, WGNE, 2 pp. http://www.wcrpclimate

.org/WGNE/BlueBook/2013/individual-articles/01_Lorenc_Andrew_EnVar_nomenclature.pdf.

Lorenc A C, Bowler N E, Clayton A M, et al. 2015. Comparison of hybrid-4DEnVar and hybrid-4DVar data assimilation methods for global NWP. Monthly Weather Review, 143: 212-229, doi:10.1175/MWR-D-14-00195.1.

Ma R, Zhang L, Tian X J, et al. 2017. Assimilation of Remotely-Sensed Leaf Area Index into a Dynamic Vegetation Model for Gross Primary Productivity Estimation. Remote Sensing, 9(3): 188; doi:10.3390/rs9030188.

Majumdar S J. 2016. A review of targeted observations. Bulletin of the American Meteorological Society, 97: 2287-2303, https://doi.org/10.1175/BAMS-D-14-00259.1.

Matsuno T. 1966. Numerical integration of the primitive equations by a simulated backward difference method. Journal of the Meteorological Society of Japan, 44(1): 76-84. https://doi.org/10.2151/jmsj1965.44.1_76.

Meng Z, Zhang F Q. 2007. Tests of an ensemble Kalman filter for mesoscale and regional-scale data assimilation. Part II: Imperfect model experiments. Monthly Weather Review, 135: 1403-1423.

Miyoshi T. 2011. The Gaussian approach to adaptive covariance inflation and its implementation with the local ensemble transform Kalman filter. Monthly Weather Review, 139(5): 1519-1535. https://doi.org/10.1175/2010MWR3570.1.

Miyoshi T, Kondo K. 2013. A multi-scale localization approach to an ensemble Kalman filter. SOLA, 9: 170-173, doi:10.2151/sola.2013-038.

Mlawer E J, Taubman S J, Brown P D, et al. 1997. Radiative transfer for inhomogeneous atmosphere: RRTM, a validated correlated-k model for the longwave. Journal of Geophysical Research, 102(D14): 16663-16682.

Morino I, Ohyama H, Hori A, et al. 2022a. TCCON data from Tsukuba (JP), 125HR, Release GGG2020.R0 (R0). https://doi.org/10.14291/tccon.ggg2020.tsukuba02.R0.

Morino I, Ohyama H, Hori A, et al. 2022b. TCCON data from Rikubetsu (JP), Release GGG2020.R0 (R0). https://doi.org/10.14291/tccon.ggg2020.rikubetsu01.R0.

Morino I, Velazco V A, Hori A, et al. 2022c. TCCON data from Burgos, Ilocos Norte (PH), Release GGG2020.R0 (R0). https://doi.org/10.14291/tccon.ggg2020.burgos01.R0.

Mu M, Duan W S, Wang B. 2003. Conditional nonlinear optimal perturbation and its applications. Nonlinear Processes in Geophysics, 10: 493-501, https://doi.org/10.5194/npg-10-493-2003.

Mu M, Zhou F F, Wang H L. 2009. A method for identifying the sensitive areas in targeted observations for tropical cyclone prediction: Conditional nonlinear optimal perturbation. Monthly Weather Review, 137: 1623-1639, https://doi.org/10.1175/2008MWR2640.1.

Mu M. 2013. Methods, current status, and prospect of targeted observation. Science China: Earth Sciences, 56: 1997-2005, https://doi.org/10.1007/s11430-013-4727-x.

Muscarella P A, Carrier M, Ngodock H, 2014. An examination of a multi-scale three-dimensional variational data assimilation scheme in the Kuroshio Extension using the naval coastal ocean model, Continental Shelf Research, 73:41-48.

Nassar R, Napier-Linton L, Gurney K R, et al. 2013. Improving the temporal and spatial distribution of CO2 emissions from global fossil fuel emission data sets. Journal of Geophysical Research: Atmospheres, 118: 917-933, https://doi.org/10.1029/2012jd018196.

Nassar R, Jones D B A, Kulawik S S, et al. 2011. Inverse modeling of CO_2 sources and sinks using satellite observations of CO_2 from TES and surface flask measurements. Atmospheric Chemistry and Physics, 11: 6029-6047, https://doi.org/10.5194/acp-11-6029-2011.

Nassar R, Jones D B A, Suntharalingam P, et al. 2010. Modeling global atmospheric CO_2 with improved emission inventories and CO_2 production from the oxidation of other carbon species. Geoscientific Model Development, 3: 689-716, https://doi.org/10.5194/gmd-3-689-2010.

Niwa Y, Fujii Y. 2020. A conjugate BFGS method for accurate estimation of a posterior error covariance matrix in a linear inverse problem. Quarterly Journal of the Royal Meteorological Society, 146: 3118-3143, 10.1002/qj.3838.

Notholt J, Petri C, Warneke T, et al. 2022. TCCON Data from Bremen (DE), Release GGG2020.R0 (R0). https://doi.org/10.14291/tccon.ggg2020.bremen01.R0.

O' Dell CW, Connor B, Bösch H, et al. 2012. The ACOS CO_2 retrieval algorithm. Part 1: Description and validation against synthetic observations. Atmospheric Measurement Techniques, 5: 99-121.

O' Dell CW, Eldering A, Wennberg PO, et al. 2018. Improved retrievals of carbon dioxide from Orbiting Carbon Observatory-2 with the version 8 ACOS algorithm. Atmospheric Measurement Techniques, 11: 6539-6576.

Ott E, Hunt B R, Szunyogh I, et al. 2004. A local ensemble Kalman Filter for atmospheric data assimilation. Tellus, 56A: 415-428.

Palmer T N, Gelaro R, Barkmeijer J, et al. 1998. Singular vectors, metrics, and adaptive observations. Journal of the Atmospheric Sciences, 55: 633-653, https://doi.org/10.1175/1520-0469(1998)055<0633:SVMAAO>2.0.CO;2.

Pan Y J, Zhu K F, Xue M, et al. 2014. A GSI-based coupled EnSRF-En3DVar hybrid data assimilation system for the operational rapid refresh model: Tests at a reduced resolution. Monthly Weather Review, 142, 3756-3780, https://doi.org/10.1175/MWR-D-13-00242.1.

Pan Y J, Xue M, Zhu K F, et al. 2018. A prototype regional GSI-based EnKF-variational hybrid data assimilation system for the Rapid Refresh forecasting system:Dual-resolution implementation and testing results. Advance in Atmospheric Sciences, 35(5): 518-530, https://doi.org/10.1007/s00376-017-7108-0.

Parrish D F, Derber J C. 1992. The National Meteorological Center's Spectral Statistical-Interpolation Analysis System. Monthly Weather Review, 120:1747.

Peters W, Jacobson A R, Sweeney C, et al. 2007. An atmospheric perspective on North American carbon dioxide exchange: Carbontracker. Proceedings of the National Academy of Science USA, 104: 18925-18930.

Petri C, Vrekoussis M, Rousogenous C, et al. 2022. TCCON data from Nicosia, Cyprus (CY),

Release GGG2020.R0 (R0). https://doi.org/10.14291/tccon.ggg2020.nicosia01.R0.

Piao S, Wang X, Wang K, et al. 2020. Interannual variation of terrestrial carbon cycle: Issues and perspectives, Global Change Biology, 26:300-318.

Pollard D F, Robinson J, Shiona H. 2022. TCCON data from Lauder (NZ), Release GGG2020.R0 (R0). https://doi.org/10.14291/tccon.ggg2020.lauder03.R0.

Philip A M, Carrier M J, Ngodock H E. 2014. An examination of a multi-scale three-dimensional variational data assimilation scheme in the Kuroshio Extension using the naval coastal ocean model. Continental Shelf Research, 73: 41-48.

Pu Z X, Kalnay E, Sela J, et al. 1997. Sensitivity of forecast errors to initial conditions with a quasi-inverse linear method. Monthly Weather Review, 125: 2479-2503, https://doi.org/10.1175/1520-0493(1997)125<2479:SOFETI>2.0.CO;2.

Qin X H, Mu M. 2011. A study on the reduction of forecast error variance by three adaptive observation approaches for tropical cyclone prediction. Monthly Weather Review, 139: 2218-2232, https://doi.org/10.1175/2010MWR3327.1.

Qiu C J, Shao A M, Xu Q, et al. 2007. Fitting model fields to observations by using singular value decomposition: an ensemble-based 4DVar approach. Journal of Geophysical Research, 112: D11105. DOI: 10.1029/2006JD007994.

Rabier F, Jarvinen H, Klinker E, et al. 2000. The ECMWF operational implementation of four-dimensional variational physics. Quarterly Journal of the Royal Meteorological Society, 126: 1143-1170.

Randerson J T, van der Werf G R, Giglio L, et al. 2017. Global Fire Emissions Database, Version 4.1 (GFEDv4), ORNL Distributed Active Archive Center. https://doi.org/10.3334/ORNLDAAC/1293.

Rawlins F, Ballard S P, Bovis K J, et al. 2007. The Met Office global 4-dimensional data assimilation system. Quarterly Journal of the Royal Meteorological Society, 133: 347-362, doi:10.1002/qj.32.

Richardson L F. 1922. Weather Prediction by Numerical Process. Cambridge: Cambridge University Press.

Rosmond T, Xu L. 2006. Development of NAVDAS-AR: Nonlinear formulation and outer loop tests. Tellus, 58A: 45-59, doi:10.1111/j.1600-0870.2006.00148.x.

Rutledge S A, Hobbs P V. 1984. The mesoscale and microscale structure and organization of clouds and precipitation in midlatitude cyclones. XII: A diagnostic modeling study of precipitation development in narrow cloud-frontal rain bands, Journal of the Atmospheric Sciences, 20: 2949-2972.

Panofsky H. 1949. Objective weather-map analysis. Journal of Applied Meteorology, 6: 386.

Sasaki Y. 1958. An objective analysis based on the variational method. Journal of the Meteorological Society of Japan, 36: 1-12.

Shaw J A, Daescu D N. 2017. Sensitivity of the model error parameter specification in weak-constraint four-dimensional variational data assimilation. Journal of Computational Physics, 343, 115-129. https://doi.org/10.1016/j.jcp.2017.04.050.

Sherlock V, Connor B, Robinson J, et al. 2022. TCCON data from Lauder (NZ), 125HR, Release GGG2020.R0 (R0). https://doi.org/10.14291/tccon.ggg2020.lauder02.R0.

Shiomi K, Kawakami S, Ohyama H, et al. 2022. TCCON data from Saga (JP), Release GGG2020.R0 (R0). https://doi.org/10.14291/tccon.ggg2020.saga01.R0.

Siegel M J. 1982. A UVBY beta photometric study of RR Lyrae stars. Publications of the Astronomical Society of the Pacific, 94(557):122-136.

Skamarock W C, Klemp J B. 2008. A time-split nonhydrostatic atmospheric model for weather research and forecasting applications. Journal of Computational Physics, 227: 3465-3485, https://doi.org/10.1016/j.jcp.2007.01.037.

Snyder C, Zhang F Q. 2003. Tests of an ensemble Kalman filter for convective-scale data assimilation. Monthly Weather Review, 131:1663-1677.

Strong K, Roche S, Franklin J E, et al. 2022. TCCON data from Eureka (CA), Release GGG2020.R0 (R0). https://doi.org/10.14291/tccon.ggg2020.eureka01.R0.

Suntharalingam P, Jacob D J, Palmer P I, et al. 2004. Improved quantification of Chinese carbon fluxes using CO2 /CO correlations in Asian outflow. Journal of Geophysical Research: Atmospheres, 109: D18S18, https://doi.org/10.1029/2003jd004362.

Sussmann R, Rettinger M. 2022. TCCON data from Garmisch (DE), Release GGG2020.R0 (R0). https://doi.org/10.14291/tccon.ggg2020.garmisch01.R0.

Takahashi T, Sutherland S C, Wanninkhof R, et al. 2009. Climatological mean and decadal change in surface ocean pCO_2 , and net sea-air CO_2 flux over the global oceans. Deep-Sea Research II, 56: 554-577, https://doi.org/10.1016/j.dsr2.2008.12.009.

Talagrand O, Courtier P. 1987. Variational assimilation of meteorological observations with the adjoint vorticity equation. I: Theory. Quarterly Journal of the Royal Meteorological Society, 113: 1311-1328.

Té Y, Jeseck P, Janssen C. 2014. TCCON data from Paris (FR), Release GGG2020.R0 (R0). https://doi.org/10.14291/tccon.ggg2020.paris01.R0.

Tian X J, Xie Z H, Dai A G. 2008. An ensemble-based explicit four-dimensional variational assimilation method. Journal of Geophysical Research, 113, doi: 10.1029/2008JD010358.

Tian X J, Xie Z H, Dai A G. 2010a. An ensemble conditional nonlinear optimal perturbation approach: formulation and applications to parameter calibration. Water Resource Research, 46: W09540. doi :10.1029/2009WR008508.

Tian X J, Xie Z H, Dai A G, et al. 2009. A dual-pass variational data assimilation framework for estimating soil moisture profiles from AMSR-E microwave brightness temperature, Journal of Geophysical Research: Atmospheres, 114(D16),doi:. 10.1029/2008JD011600.

Tian X J, Xie Z H, Dai A G, et al. 2010. A microwave land data assimilation system: Scheme and preliminary evaluation over China, Journal of Geophysical Research: Atmospheres, 115:D21113, doi:10.1029/2010JD014370.

Tian X J, Xie Z H, Sun Q. 2011. A POD-based ensemble four dimensional variational assimilation method. Tellus, 63A: 805-816.

Tian X J, Xie Z H. 2012. Implementations of a square-root ensemble analysis and a hybrid, localization into the POD-based ensemble 4DVar. Tellus A, 64: 18375.

Tian X J, Feng X B. 2015. A non-linear least squares enhanced POD-4DVar algorithm for data assimilation. Tellus A, 67: 25340, http://dx.doi.org/10.3402/tellusa.v67.25340.

Tian X J, Zhang H Q, 2019. Implementation of a modified adaptive covariance inflation scheme for the big data-driven NLS-4DVar algorithm, Earth and Space Science, 6: 2593-2604.

Tian X J, Feng X B, Zhang H Q, et al. 2016. An enhanced ensemble-based method for computing CNOPs using an efficient localization implementation scheme and a two-step optimization strategy: Formulation and preliminary tests. Quarterly Journal of the Royal Meteorological Society, 142: 1007-1016, https://doi.org/10.1002/qj.2703.

Tian X J, Feng X B. 2017. A nonlinear least-squares-based ensemble method with a penalty strategy for computing the conditional nonlinear optimal perturbations. Quarterly Journal of the Royal Meteorological Society, 143: 641-649, https://doi.org/10.1002/qj.2946.

Tian X J, Zhang H Q, Feng X B, et al. 2018. Nonlinear Least Squares En4DVar Methods for Data Assimilation: Formulation, Analysis and Performance Evaluation. Monthly Weather Review, 146: 77-93.

Tian X J, Zhang H Q. 2019. A big data-driven nonlinear least squares four - dimensional variational data assimilation method: Theoretical formulation and conceptual evaluation. Earth and Space Science, 6. https://doi.org/10.1029/2019EA000735.

Tian X J, Feng X B. 2019. An adjoint-free CNOP-4DVar hybrid method for identifying sensitive areas targeted observations: Method formulation and preliminary evaluation. Advances in Atmospheric Sciences, 36: 721-732.

Tian X J, Han R, Zhang H. 2020. An adjoint - free alternating direction method for four - dimensional variational data assimilation with multiple parameter Tikhonov regularization. Earth and Space Science, 7: e2020EA001307. https://doi.org/10.1029/2020EA001307.

Tian X J, Zhang H Q, Feng X B, et al. 2021. i4DVar: An integral correcting four-dimensional variational data assimilation method. Earth and Space Science, 8: e2021EA001767. https://doi.org/10.1029/2021EA001767.

Tian X J, Zhang H Q, Jin Z, et al. 2022. Handling errors in four-dimensional variational data assimilation by balancing the degrees of freedom and the model constraints: A new approach. arXiv preprint arXiv:2212.09973.

Trémolet Y. 2006. Accounting for an imperfect model in 4D-Var. Quarterly Journal of the Royal Meteorological Society, 132(621): 2483-2504.

Trémolet Y. 2007. Model-error estimation in 4-DVar. Quarterly Journal of the Royal Meteorological Society, 133(626): 1267-1280. https://doi.org/10.1002/qj.94.

van der Werf G R, Randerson J T, Giglio L, et al. 2017. Global fire emissions estimates during 1997 - 2016. Earth System Science Data, 9: 697-720, https://doi.org/10.5194/essd-9-697-2017.

Wang B, Liu J J, Wang S, et al. 2010. An economical approach to four-dimensional variational data assimilation. Advance in Atmospheric Sciences, 27: 715-727. DOI: 10.1007/s00376-009-9122-3.

Wang B, Liu J, Liu L, et al. 2018. An approach to localization for ensemblebased data assimilation. PLoS One, 13(1): e0191088. https://doi.org/10.1371/journal.pone.0191088.

Wang H, Jiang F, Wang J, et al. 2019. Terrestrial ecosystem carbon flux estimated using GOSAT and OCO-2 XCO_2 retrievals. Atmospheric Chemistry and Physics, 19: 12067-12082, https://doi.org/10.5194/acp-19-12067-2019.

Wang J, Zhang L, Guan J, et al. 2020. Evaluation of combined satellite and radar data assimilation with POD-4DEnVar method on rainfall forecast. Applied Sciences, 10: 5493; doi:10.3390/app10165493.

Wang W, Ciais P, Nemani R R, et al. 2013. Variations in atmospheric CO_2 growth rates coupled with tropical temperature, Proceedings of the National Academy of Sciences, 110: 61-66.

Wang X G, Bishop C H. 2003. A comparison of breeding and ensemble transform Kalman filter ensemble forecast schemes. Journal of the Atmospheric Sciences, 60: 1140-1158.

Wang X G, Hamill T M, Whitaker J S, et al. 2007a. A comparison of hybrid ensemble transform Kalman filter-OI and ensemble square root filter analysis schemes. Monthly Weather Review, 135: 1055-1076.

Wang X G, Snyder C, Hamill T M. 2007b. On the theoretical equivalence of differently proposed ensemble-3DVAR hybrid analysis schemes. Monthly Weather Review, 135: 222-227.

Wang X G, Hamill T M, Whitaker J S, et al. 2006. A comparison of hybrid ensemble transform Kalman filter–OI and ensemble square-root filter analysis schemes. Monthly Weather Review,135(5):1055-1076.

Wang X G, Barker D, Snyder C, et al. 2008a. A hybrid ETKF-3DVARdata assimilation scheme for the WRF model. Part I: Observing system simulation experiment. Monthly Weather Review, 136: 5116-5131.

Wang X G, Barker D, Snyder C, et al. 2008b. A hybrid ETKF-3DVAR data assimilation scheme for the WRF model. Part II: Real observation experiments. Monthly Weather Review, 136: 5132-5147.

Wang X G, Hamill T M, Whitaker J S, et al. 2009. A comparison of the hybrid and EnSRF analysis schemes in the presence of model error due to unresolved scales. Monthly Weather Review, 137: 3219-3232.

Wang X G, Parrish D, Kleist D, et al. 2013. GSI 3DVarbased ensemble-variational hybrid data assimilation for NCEP Global Forecast System: Single-resolution experiments. Monthly Weather Review, 141: 4098-4117, doi:10.1175/MWR-D-12-00141.1.

Wang Y L, Tian X J, Chevallier F, et al. 2022. Constraining China's land carbon sink from emerging satellite CO_2 observations: Progress and challenges. Global Change Biology, 28(23): 6838-6846.

Wang Y L, Tian X J, Duan M, et al. 2023. Optimal design of surface CO_2 observation network to constrain China's land carbon sink. Science Bulletin, 68(15): 1678-1686.

Warneke T, Petri C, Notholt J, et al. 2022. TCCON data from Orléans (FR), Release GGG2020.R0 (R0). https://doi.org/10.14291/tccon.ggg2020.orleans01.R0.

Weidmann D, Brownsword R, Doniki S. 2023. TCCON data from Harwell, Oxfordshire (UK), Release GGG2020.R0 (R0). https://doi.org/10.14291/tccon.ggg2020.harwell01.R0.

Wennberg P O, Roehl C M, Blavier J F, et al. 2022a. TCCON data from Jet Propulsion Laboratory (US), 2011, Release GGG2020.R0 (R0). https://doi.org/10.14291/TCCON.GGG2014.JPL02.R1/1330096.

Wennberg P O, Wunch D, Roehl C M, et al. 2022b. TCCON data from Lamont (US), Release GGG2020.R0 (R0). https://doi.org/10.14291/TCCON.GGG2014.LAMONT01.R1/1255070.

Wennberg P O, Roehl C M, Wunch D, et al. 2022c. TCCON data from Caltech (US), Release GGG2020.R0(R0).https://doi.org/10.14291/TCCON.GGG2014.PASADENA01.R1/1182415.

Wennberg P O, Roehl C M, Wunch D, et al. 2022d. TCCON data from Park Falls (US), Release GGG2020.R1 (R1). https://doi.org/10.14291/tccon.ggg2020.parkfalls01.R1.

Whitaker J S, Hamill T M. 2002. Ensemble Data Assimilation without perturbed observations. Monthly Weather Review, 130(7):1913-1924.

Wiener N. 1949. Extrapolation, Interpolation, and Smoothing of Stationary Time Series. New York: Wiley.

Wu C C, Chou K H, Lin P H, et al. 2007a. The impact of dropwindsonde data on typhoon track forecasts in DOTSTAR. Weather Forecasting, 22: 1157-1176, https://doi.org/10.1175/2007WAF2006062.1.

Wu W S, Purser R J, Parrish D F. 2002. Three-dimensional variational analysis with spatially inhomogeneous covariances. Monthly Weather Review, 130: 2905-2916.

Wunch D, Toon G C, Blavier J F L, et al. 2011. The total carbon column observing network. Philosophical Transactions of the Royal Society A, 369: 2087-2112, 10.1098/rsta.2010.0240.

Wunch D, Mendonca J, Colebatch O, et al. 2022. TCCON data from East Trout Lake, SK (CA), Release GGG2020.R0 (R0). https://doi.org/10.14291/tccon.ggg2020.easttroutlake01.R0.

Wunch D, Wennberg P O, Osterman G, et al. 2017. Comparisons of the Orbiting Carbon Observatory-2 (OCO-2) XCO_2 measurements with TCCON. Atmospheric Measurement Techniques, 10: 2209-2238, https://doi.org/10.5194/amt-10-2209-2017.

Xie Y F, Koch S E, McGinley J A, et al. 2005. A Sequential Variational Analysis Approach for Mesoscale Data Assimilation. Washington, DC: Preprints, 21st Conf. on Weather Analysis and Forecasting/17th Conference on Numerical Weather Prediction. , Washington, DC, Amer. Meteor. Soc., http://ams.confex.com/ams/pdfpapers/93468.pdf.

Xie Y F, Koch S, McGinley J, et al. 2011. A space-time multiscale analysis system: A sequential variational analysis approach. Monthly Weather Review, 139: 1224-1240, doi:10.1175/2010MWR3338.1.

Xu Q. 1996. Generalized adjoint for physical processes with parameterized discontinuities. Part I: Basic issues and heuristic examples. Journal of the Atmospheric Sciences, 53: 1123-1142, https://doi.org/10.1175/1520-0469(1996)053<1123:GAFPPW>2.0.CO;2.

Yu R, Zhang Y, Wang J, et al. 2019. Recent progress in numerical atmospheric modeling in China. Advances in Atmospheric Sciences, 36: 938-960.

Zhang B, Tian X J, Sun J H, et al. 2015. PODEn4DVar-based radar data assimilation scheme: formulation and preliminary results from real-data experiments with advanced research WRF (ARW). Tellus A, 67: 26045, http://dx.doi.org/10.3402/tellusa.v67.26045.

Zhang B, Tian X J, Zhang L F, et al. 2017a. The radar data assimilation system based on NLS-4DVar and its application in heavy rain forecast. Chinese Journal of Atmospheric Sciences, 41(2): 321-332.

Zhang B, Tian X J, Zhang L F, et al. 2017b. Handling non-linearity in radar data assimilation using the non-linear least squares enhanced POD-4DVar. Science China Earth Sciences, 60: 478-490.

Zhang F, Snyder C, Sun J. 2004. Impacts of initial estimate and observations on the convective-scale data assimilation with an ensemble Kalman Filter. Weather Monthly Review, 132:12381253.

Zhou F F, Mu M. 2011. The impact of verification area design on tropical cyclone targeted observations based on the CNOP method. Advance in Atmospheric Sciences, 28(5): 997-1010, https://doi.org/10.1007/s00376-011-0120-x.

Zhang F, Snyder C, Sun J, 2004. Impacts of initial estimate and observation availability on convectivescale data assimilation with an ensemble Kalman filter. Monthly Weather Review, 132, 1238-1253.

Zhang F Q, Weng Y, Sippel J A, et al. 2009. Cloud-resolving hurricane initialization and prediction through assimilation of Doppler radar observations with an ensemble Kalman filter. Weather Monthly Review, 137: 2105-2125, doi:10.1175/2009MWR2645.1.

Zhang H Q, Tian X J. 2018a. An efficient local correlation matrix decomposition approach for the localization implementation of ensemble-based assimilation methods. Journal of Geophysical Research: Atmospheres, 123: https://doi.org/10.1002/2017JD027999.

Zhang H Q, Tian X J. 2018b. A multigrid nonlinear least-squares four-dimensional variational data assimilation scheme with the advanced research weather research and forecasting model. Journal of Geophysical Research: Atmospheres, 123: https://doi.org/10.1029/2017 JD027529.

Zhang H Q, Tian X J, Feng X B. 2022. A mini-batch stochastic optimization based adaptive localization scheme and its implementation in NLS-i4DVar. Earth and Space Science, 9(8): e2022EA002254.

Zhang H Q, Tian X J. 2022. Integral correction of initial and model errors in system of multigrid NLS-4DVar data assimilation for numerical weather prediction (SNAP). Quarterly Journal of the Royal Meteorological Society, https://doi.org/10.1002/qj.4313.

Zhang H Q, Tian X J. 2021. Evaluating the forecast impact of assimilating ATOVS radiance with the regional system of multigrid NLS-4DVar Data Assimilation for Numerical Weather Prediction (SNAP). Journal of Advances in Modeling Earth Systems, 13: e2020MS002407. https://doi.org/10.1029/2020MS002407.

Zhang H Q, Tian X J, Cheng W, et al. 2020a. System of multigrid nonlinear least-squares four-dimensional variational data assimilation for numerical weather prediction (SNAP): System formulation and preliminary evaluation. Advance in Atmospheric Sciences, https://doi.org/10.1007/s00376-020-9252-1.

Zhang H, Xue J, Zhuang S, et al. 2004. Idea experiments of GRAPES three-dimensional variational data assimilation system, Acta Meteorologica Sinica, 62: 31-41.

Zhang L, Tian X J, Zhang H Q, et al. 2020b. Impacts of multigrid NLS-4DVar-based Doppler radar observation assimilation on numerical simulations of landfalling Typhoon Haikui (2012). Advance in Atmospheric Sciences, 37(8): 873-892, https://doi.org/10.1007/s00376-020-9274-8.

Zhang M, Zhang F Q. 2012. E4DVar: Coupling an ensemble Kalman filter with four-dimensional variational data assimilation in a limited-area weather prediction model. Monthly Weather Review, 140: 587-600.

Zhang M, Zhang L, Zhang B. 2018. FY-3A microwave data assimilation based on the POD-4DEnVar method. Atmosphere, 9: 189; doi:10.3390/atmos9050189.

Zhang S, Tian X J, Han X, et al. 2022. Improvement of PM2.5 forecast over China by the joint adjustment of initial conditions and emissions with the NLS-4DVar method. Atmospheric Environment, 271: 118896.

Zhang S, Tian X J, Zhang H, et al. 2021. A nonlinear least squares four-dimensional variational data assimilation system for PM2. 5 forecasts (NASM): Description and preliminary evaluation. Atmospheric Pollution Research, 12: 122-132.

Zhang Y, Xie Y F, Wang H L, et al. 2016. Ensemble transform sensitivity method for adaptive observations. Advance in Atmospheric Sciences, 33(1): 10-20, https://doi.org/10.1007/s00376-015-5031-9.

Zhen Y, Zhang F Q. 2014. A probabilistic approach to adaptive covariance localization for serial ensemble square root filters. Monthly Weather Review, 142: 4499-4518, doi:10.1175/MWR-D-13-00390.1.

Zheng X G, Wu G C, Zhang S P, et al. 2013. Using analysis state to construct a forecast error covariance matrix in ensemble Kalman filter assimilation. Advances in Atmospheric Sciences, 30(5): 1303-1312. https://doi.org/10.1007/s00376-012-2133-5.

Zhou M Q, Wang P C, Kumps N, et al. 2022. TCCON data from Xianghe, China, Release GGG2020.R0 (R0). https://doi.org/10.14291/tccon.ggg2020.xianghe01.R0.

Zhu K F, Pan Y J, Xue M, et al. 2013. A regional GSI-based ensemble Kalman filter data assimilation system for the rapid refresh configuration: Testing at reduced resolution. Monthly Weather Review, 141: 4118-4139, https://doi.org/10.1175/MWR-D-13-00039.1.

Zhu S, Wang B, Zhang L, et al. 2022. A four dimensional ensemble-variational (4DEnVar) data assimilation system based on GRAPES-GFS: system description and primary tests. Journal of Advances in Modeling Earth Systems, 14: e2021MS002737.

Zou X, Vandenberghe F, Pondeca M, et al. 1997. Introduction to Adjoint Techniques and the MM5 Adjoint Modeling System (No. NCAR/TN-435+STR). University Corporation for Atmospheric Research. doi:10.5065/D6F18WNM.

Zupanski M. 2005. Maximum likelihood ensemble filter: Theoretical aspects. Monthly Weather Review, 133: 1710-1726.

后　　记

不敢妄谈多少年磨一剑，但这本书确实写了有七八年之久。

2004 年我开始学习数据同化，那个时候数据同化很热、很时髦，但国内真正投身于这一领域的人并不多，系统性的入门书籍也少，学习起来很苦且茫然，这么多年好像并没有多大的改变，也是一种遗憾。

我从卡尔曼滤波及集合卡尔曼滤波的纸笔推导入手，慢慢进入这个领域，逐渐形成了自己的一套方法体系，也就是本书所介绍的非线性最小二乘集合四维变分同化方法 NLS-4DVar。在这个过程中，我逐渐萌发出将这一套方法体系写成书的念头，为此还专门重新把之前自己用过的 Latex 拾起来。但真正写起来，我还是发现自己准备不足，梦想是要写一本通俗易懂的同化专业书，给读者以亲近，而非压迫感，但“通俗易懂”对于专业书籍而言，其实是个很高、很难的要求。我硬着头皮写下来，完成了前五章，写完之后非常不满意，甚至还有一种说不出的挫败感，就这样搁置了下来。

后面这本小册子也开始在自己的课题组里面使用，作为刚入学研究生的入门材料，他们的反馈还不错，这给予了我很大的信心。同时，我们的研究继续推进，方法理论进一步完善，自己对数据同化的理解又有了新的提高。三年疫情，恰逢我从中国科学院大气物理研究所调动到中国科学院青藏高原研究所工作，工作上遇到了很多困难；其间父亲去世又给我更大打击。这些事情叠加在一起，让我莫名有一种逃避现实的心理。于是，我想再重新把这本书写起来，也好让自己有事干。闲暇时，我开始重新构思这本书，力求全书篇幅控制在 200 页以内、深入浅出地介绍数据同化以及 NLS-4DVar 方法的理论与应用，历时近三年完成。算是了却了自己的一个心愿，权当一个交代或者记录，记录过往那些努力学习数据同化的年轻岁月。

希望这本书可以对那些渴望进入数据同化这个领域、苦于没有入门材料的同学、同行有所帮助。当然，自己对于数据同化的理解还非常浅薄，一直在努力学习，肯定还有很多不当之处，恳请大家批评指正。

感谢戴永久院士与朴世龙院士百忙之中为本书做序。成书乃至自己科研过程中得到了太多前辈、同仁的帮助与指导，借此机会一并表达真诚谢意。同时要感谢我的学生们，感谢大家跟我一起从事数据同化这个苦差事，包括已经毕业的孙琴博士、宋海清博士、张斌博士、张洪芹博士、金哲博士、张璐博士、张珊博士以及在读的研究生罗银海、杨兴超、谈艳艳、范志隆与何炳良同学，还有博士后赵敏博士。感谢张洪芹博士和金哲博士分别就本书第 4、5、8 章与第 9 章的内容与我进行的深入讨论，同时感谢两位在校稿过程中给予的帮助；感谢谈艳艳与范志隆两位同学在 Latex 编译与排版上的辛苦付出；还要感谢杨春燕女士在图书出版合同签订过程中的协调工作。感谢我的家人们在诸多人生艰难时刻给予我的关爱与鼓励，这本书特别献给我远行的父亲。

田向军

2024 年 3 月 16 日于北京